Mobility Data: Modeling, Management, and Understanding

移动性数据建模、管理和分析

〔意大利〕基娅拉·伦索
(Chiara Renso)
〔瑞士〕斯特凡诺·斯帕卡皮埃特拉　编著
(Stefano Spaccapietra)
〔比利时〕埃斯特班·齐马尼
(Esteban Zimányi)

张海涛　朱少楠　乐　洋　等　译

科　学　出　版　社

北　京

图字：01-2023-5069 号

内 容 简 介

本书系统地阐述了移动性数据建模、管理和分析的内容，从移动性数据建模与表达、移动性数据分析、移动性数据应用三个方面深入介绍了移动数据管理技术和应用。本书由四篇组成：第一篇涉及移动性数据处理的基本概念和术语、数据采集与存储管理的基本技术；第二篇涉及移动性知识的管理过程，具体包括移动性数据挖掘、知识发现的方法与系统、可视化知识提取的方法与系统等；第三篇展示了移动性数据在城市交通、海事、航空、动物移动、人群移动等各方面的具体应用；第四篇给出了移动性数据的最新发展形势和用途。

本书可供地理信息系统专业、通信与计算机相关专业的高年级本科生、研究生，以及从事时空数据挖掘分析的相关应用开发、技术研究的工程技术人员使用。

审图号：GS 京（2023）2227 号

图书在版编目（CIP）数据

移动性数据建模、管理和分析/（意）基娅拉·伦索，（瑞士）斯特凡诺·斯帕卡皮埃特拉，（比）埃斯特班·齐马尼编著；张海涛等译. —北京：科学出版社，2023.11

书名原文：Mobility Data: Modeling, Management, and Understanding
ISBN 978-7-03-074084-7

Ⅰ. ①移… Ⅱ. ①基… ②斯… ③埃… ④张… Ⅲ. ①移动存贮器–数据模型 Ⅳ. ①TP333.91

中国版本图书馆 CIP 数据核字（2022）第 231841 号

责任编辑：周　丹　沈　旭/责任校对：郝璐璐
责任印制：赵　博/封面设计：许　瑞

科学出版社 出版
北京东黄城根北街 16 号
邮政编码：100717
http://www.sciencep.com

北京厚诚则铭印刷科技有限公司印刷
科学出版社发行　各地新华书店经销

*

2023 年 11 月第 一 版　开本：720×1000　1/16
2024 年 8 月第二次印刷　印张：20 1/2
字数：414 000
定价：169.00 元
（如有印装质量问题，我社负责调换）

项 目 资 助

江苏省重点研发计划——社会发展面上项目（BE2016774）

江苏省研究生科研与实践创新计划项目（KYCX21_0764、KYCX21_0765）

南京邮电大学 2021 年度学科建设专项研究项目（XKZX2021001-015）

横向项目：标绘系统软件（2021 外 199）

横向项目："地理环境虚拟仿真"项目技术咨询、服务（2021 外 130）

横向项目：智慧烟草 GIS 可视化分析（2021 外 345）

横向项目：Arduino 嵌入式系统应用开发（2022 外 040）

人员和货物的移动性在全球经济中至关重要。与移动性相关的路线和模式跟踪技术的发展为不同领域开发新的智能应用程序提供了前所未有的机会。当前的许多研究致力于开发概念、模型和工具，以便于理解移动性数据并将其用于应用管理。

本书探讨了移动性数据的各个方面，从时空数据建模到数据聚合存储，再到数据分析，其中尤为关注对人类（驾驶员、飞机乘客、人群），甚至野生动物运动的监测。本书由世界各地移动性数据研究领域知名的专家共同撰写，提出了一个有助于全方位理解的一致框架：从基本定义到最新的概念和技术，有助于研究人员和专家对移动性数据应用的透彻了解以及进一步开发。

基娅拉·伦索（Chiara Renso）是意大利国家研究委员会信息科学与技术研究所的终身研究员。她的研究方向包括时空数据挖掘、推理，数据挖掘查询语言，语义数据挖掘，以及移动轨迹数据挖掘。

斯特凡诺·斯帕卡皮埃特拉（Stefano Spaccapietra）是瑞士联邦理工学院（洛桑）计算机与通信科学学院的名誉教授。他在该学院担任数据库实验室主任已有二十多年，并与 Christine Parent 一起开发了 MADS。MADS 是一种支持多种表示的时空概念性数据模型，目前该模型在国际上享有盛誉，并在多种系统中广泛应用。

埃斯特班·齐马尼（Esteban Zimányi）是布鲁塞尔自由大学计算机与决策工程系的教授、系主任。他目前的研究方向包括商业智能、地理信息系统、时空数据库、数据仓库和语义网。他在时空建模、时空数据仓库和商业智能领域与他人合著了两本专著，并合编了四本著作。

编 委 简 介

Gennady Andrienko   Fraunhofer Institute IAIS, Schloss Birlinghoven, Sankt Augustin, Germany

Natalia Andrienko   Fraunhofer Institute IAIS, Schloss Birlinghoven, Sankt Augustin, Germany

Thomas Behr   FernUniversität in Hagen, Hagen, Germany

Michele Berlingerio   IBM Technology Campus （Building 3）, Damastown Industrial Estate, Dublin, Ireland

Francesca Cagnacci   Department of Biodiversity and Molecular Ecology, Research and Innovation Centre, Fondazione Edmund Mach, Trento, Italy

Maria Luisa Damiani   Dipartimento di Informatica, Universita degli Studi di Milano, Milano, Italy

Thomas Devogele   Laboratoire d'informatique, Université François Rabelais de Tours, Blois, France

Christian Düntgen   FernUniversität in Hagen, Hagen, Germany

Laurent Etienne   Department of Industrial Engineering, Dalhousie University, Halifax, NS, Canada

Stefano Focardi   Istituto Dei Sistemi Complessi, ISC-CNR, Sesto Fiorentino, Italy

Fosca Giannotti   KDD Lab, ISTI-CNR, Pisa, Italy

Ralf Hartmut Güting   FernUniversität in Hagen, Hagen, Germany

Christophe Hurter   Ecole Nationale de l'Aviation Civile （ENAC）, Toulouse Cedex, France

Davy Janssens   Transportation Research Institute （IMOB）, Hasselt University, Diepenbeek, Belgium

Gerasimos Marketos   Department of Informatics, University of Piraeus, Piraeus, Greece

Anna Monreale   Computer Science Department, University of Pisa, Pisa, Italy

Mirco Nanni   KDD Lab, ISTI-CNR, Pisa, Italy

Tijs Neutens   Department of Geography, Ghent University, Gent, Belgium

Luca Pappalardo   KDD Lab, ISTI-CNR, Pisa, Italy

Christine Parent   ISI-HEC, Université de Lausanne, Lausanne, Switzerland

Dino Pedreschi   KDD-Lab, Computer Science Department, University of Pisa, Pisa, Italy

Nikos Pelekis	Department of Statistics and Insurance Science, University of Piraeus, Piraeus, Greece
Cyril Ray	Naval Academy Research Institute, Brest Cedex 9, France
Chiara Renso	KDD Lab, ISTI-CNR, Pisa, Italy
Salvatore Rinzivillo	KDD Lab, ISTI-CNR, Pisa, Italy
Mahmoud Sakr	FernUniversität in Hagen, Hagen, Germany
Claudio Silvestri	Università Ca' Foscari di Venezia, Mestre（VE）, Italy
Stefano Spaccapietra	Faculté IC, Ecole Polytechnique Fédérale de Lausanne（EPFL）, Lausanne, Switzerland
Laura Spinsanti	JRC-TP262, Ispra（VA）, Italy
Yannis Theodoridis	Department of Informatics, University of Piraeus, Piraeus, Greece
Roberto Trasarti	KDD Lab, ISTI-CNR, Pisa, Italy
Alejandro A. Vaisman	Department of Computer and Decision Engineering（CoDE）, Université Libre de Bruxelles, Bruxelles, Belgium
Nico Van de Weghe	Department of Geography, Ghent University, Gent, Belgium
Mathias Versichele	Department of Geography, Ghent University, Gent, Belgium
Dashun Wang	Center for Complex Network Research, Department of Physics, Northeastern University, Boston, MA, USA
Zhixian Yan	Samsung R&D Center, San Jose, CA, USA
Esteban Zimányi	Department of Computer and Decision Engineering（CoDE）, Université Libre de Bruxelles, Bruxelles, Belgium

译 者 序

近年来，随着全球定位系统、传感器网络和移动设备的普遍使用，众多的行业部门积累了大量的移动轨迹数据。这些移动轨迹数据具有用户数量多、时空尺度大等传统时空数据不可替代的优势。对行业应用产生的移动轨迹数据进行分析，将移动轨迹数据与众多行业的专题数据进行集成、关联及数据挖掘，可以发现具有语义隐喻信息的移动性规律。这些移动性规律不仅可以促生个性化医疗、数字金融、精准营销等新型商业模式，还可为科研工作者开展智能交通、城市规划、人口流动、疾病传播研究工作提供重要支撑。

相对于国际移动性数据分析挖掘技术研究的蓬勃发展，国内移动性数据建模、管理和分析的系统性知识成果较为缺乏。为此，以我们为主的科研教学团队，结合近年来对移动性数据管理技术及应用的跟踪研究成果，在一系列科研基金项目的资助下，开展了国外优秀经典专业书籍的翻译工作。本书译自意大利 Chiara Renso 研究员、瑞士 Stefano Spaccapietra 教授及比利时 Esteban Zimányi 教授负责编写的经典著作 *Mobility Data: Modeling, Management, and Understanding*。该书从移动性数据建模与表达、移动性数据分析、移动性数据应用三个方面深入介绍移动数据管理技术和应用。此外，该书章节安排合理、结构严谨。在翻译时，我们力争做到内容准确，行文流畅。

在翻译过程中，张海涛负责全书的统稿，并重点负责第 1 章、第 5 章、第 6 章、第 9 章、第 15 章、第 16 章、第 17 章的翻译；朱少楠负责第 3 章、第 4 章、第 8 章的翻译；乐洋负责第 2 章、第 12 章的翻译；陈德良负责第 7 章的翻译；宋锐负责第 13 章的翻译；刘晋源负责第 10 章的翻译；杨雨鑫负责第 11 章的翻译；杨莹负责第 14 章的翻译。此外，冀康、沈慧娴、李济平、罗城、刘苏杭、刘海峰、蒋慧祥等参与了图表制作、文字校对等工作，在此深表谢意！

此外，感谢我的导师闾国年教授对本书的指导；感谢南京超达信息科技有限公司的何向东董事长、高兆亚总经理、庄炜副总经理，南京盛境图云科技有限公司叶春总经理、陈鋆副总经理为本书提出的宝贵意见以及提供的项目资金支持！最后，在本书的出版过程中还得到科学出版社的大力支持，周丹编辑做了大量的工作，使本书得以顺利出版，在此一并表示衷心的感谢！

　　本书涉及知识领域广泛，而今科学技术发展日新月异，由于时间和水平有限，书中不足之处在所难免，敬请读者批评、指正！

张海涛

2023 年 9 月

原　书　序

从车轮的发明到登月火箭，几千年来的技术进步产生了越来越强大的运输工具，从而使人类出行变得越来越便捷。电信领域的最新技术进展为移动性增加了新的应用场景。现在，我们可以自动跟踪旅行路线，并用照片等信息记录我们去过的地方。这促使从小型到大型数据库的不断涌现，以存储、管理我们在世界各地的位置和时间以及每天前往工作场所的行程中的移动性数据。另外，众多领域已经或正在开发越来越多的应用，以智能地使用移动性数据。

众所周知，配备全球定位系统（GPS）功能的手机和汽车会定期发射信号，以传输地理位置（及其他表达运动特性的数据，如加速度和瞬时速度）。但是，对于接下来如何使用数据、由谁使用及使用的目的等内容，大家并不是十分了解。本书旨在介绍这些问题的潜在答案。书中对移动性数据相关基本知识的介绍，是便于计算机科学和地理信息科学专业的读者能轻松阅读。本书尤其注重提供详尽的实例，以帮助读者对所讨论问题的理解。此外，面向应用程序的章节内容，进一步展示了受益于移动性数据的应用领域。本书中对所有主题涵盖的内容都进行了详略得当的介绍。

虽然移动性数据处理的最终目标是解决高级问题，如了解物体（包括人和动物）如何移动，何时、何地移动及最终的移动原因，但回答这些问题需要一个复杂的、多步骤的实现过程：分析数据采集设备（如 GPS／GSM 设备）发送的数据，然后将其逐步转换成可用于特定目标应用的信息。该过程有时也被称为从原始数据到知识的知识发现（KD）过程。

本书首先概述了应用于移动性数据的知识发现过程。从第 1 章至第 8 章，每一章分别讨论其中的一个问题。

第 1 章介绍移动性数据的基本概念和术语，即轨迹概念与轨迹处理方法的定义。第 2 章介绍了最重要的技术：从数据采集设备中收集原始数据，并对其进行转换、均化，以将其有效用于那些满足用户需求的应用。其中包括为满足隐私安全要求而对原始数据的潜在修改（如匿名化和模糊化）。第 3 章重点介绍如何将移动性数据存储在数据库中，以便用户可以充分使用数据库管理的专业优势。这对于实现数据的无延时操作非常重要。类似地，第 4 章研究了移动性数据在数据仓库中的存储管理，以便将其用于决策应用。这些决策应用重点关注的是基于轨迹汇总的知识级别，而不是单个轨迹的数据级别。第 5 章讨论如何解决移动性数据固有的不确定性问题。因为位置测量受到观测误差的影响，通常无法确保应用程序所期望的精确性。本章最后对移动性数据管理所需的基本数据处理技术进行了总结。

本书的第二篇介绍移动性知识管理过程。在第 6 章中，读者将了解移动性知识管理过程的核心，即如何分析收集到的移动性数据以发现针对特定应用的聚合特征。运动模式或轨迹行为是本章的核心内容。但是，发现的运动模式由于缺乏语义信息，通常很难解析。为了解决从移动性数据中提取的知识与应用移动性信息的需求之间的不匹配，第 7 章引入了语义维度。通过对移动对象语义行为的识别，实现知识发现（KD）过程的最终目标。此外，第 7 章还介绍了一种支持整个移动性知识发现过程的 M-Atlas 系统。知识提取内容的最后部分是第 8 章，本章通过大量示例图表明：移动性数据的可视化可以成为发现变化趋势和检测奇异点的有效分析工具。

本书第二篇的最后一章，即第 9 章，介绍了移动性数据涉及的隐私问题，即如何确保使用移动性数据时不违反旨在保护个人隐私数据免遭过度披露的法律法规。这是一个非常重要的问题：流动人员相关的移动性数据可以揭示其生活细节，通常这些生活细节是不希望被泄露的。此外，作为手机和计算机的用户，我们并不了解这些设备上电子系统收集移动性数据的用途，而且在大多数情况下数据收集的过程是隐匿的，并不为用户所感知。

本书的第三篇详细介绍了许多应用实例，这些实例向读者展示了移动性数据在各个领域中的具体应用。首先是广为人知的应用领域——汽车交通。显然，该应用领域的流行主要得益于近年来配备 GPS 的汽车产生了大量的移动性数据。第 10 章介绍了利用各种移动性数据的交通应用。

第 11 章也介绍交通分析，但其移动对象是船只，移动空间是海洋。船只的交通分析场景与城市中行驶的汽车有很大的不同，因为船只的导航规则和导航路径与汽车完全不同。环境数据完全不同在于城市中有大量可以与人类移动轨迹相关联的地标，并且同一地标（如商业中心）可以容纳多种设施，这些设施都可以是人们移动的目的地。但是，对于船只而言，其目的地通常是非常清晰的，而且行驶路径必须是规定的，这样才能避开潜在的障碍物。

第 12 章是交通分析的最后一章，该章介绍了航空交通管制的应用，其中将诸如气象数据等多种数据源与飞机的轨迹数据相结合，以确保绝对的飞行安全。该类应用的主要特点是可视化工具在快速地辅助决策中起着至关重要的作用。

生态学是另一个受益于移动性数据的热点领域。第 13 章讨论了模拟动物移动的科研方法的演变：从最初提出假设的定义到支持统计研究的现代数学模型。此外，本章还讨论了目前用于采集动物移动轨迹数据的设备。

接下来，第 14 章介绍了涉及人类移动的各方面应用。人类移动具有几个独有的特征，如移动路线不受限制、不可预测和突然发生变化、采用多种交通方式、相比于动物的移动通常有更多的原因等。此外，在某些情况（如拥挤的行人）下，传统的移动性测量方法不能满足定量分析需要。本章介绍了蓝牙跟踪方法及其相对于其他方法的优点。尽管采集的移动性数据的精度不高，但是仍可以获得一些令人满意的分析结果，如人群规模估计、流量分析、模式发现和画像分析等。

本书的第四篇介绍移动性数据发展的新形式和新用途，该部分包括三个章节。第 15 章探讨了如何将网络科学的最新发展成果用于移动性数据分析。这种学科领域的融合，有助于增强我们对移动性的理解。第 16 章探讨了一种特殊形式的移动性数据——日益流行的社交网络产生的数据。社交网络数据不一定表现为移动轨迹的形式，其是隐式表达人们移动性的数据。因此，如何智能地提取这些数据并进行分析是一个新的挑战。最后，第 17 章从未来应用的角度，对未来的一些研究方向进行总结。很显然，这些内容只是几个实例，移动性数据应用研究的真正潜力是无限的！

致　　谢

我们要向许多人表示最深切的感谢，没有他们就没有本书。

我们感谢所有作者的出色贡献，他们毫无怨言地致力于相关章节的撰写和多次修订。众所周知，将多个作者，尤其是来自不同学科和不同观点作者的文章进行融合是非常困难的。作为主编，我们尽可能地提供帮助，但也设置了一些约束和准则，以及出版商增加的限制和准则。我们非常感谢作者们的配合。此外，我们也感谢那些接受额外任务（对其他作者所写章节的初稿进行评审）的作者。这些作者是我们的内部审核员，具体名单在后面列出。

我们要强调的是，Christine Parent 欣然地接受了编辑这本书所有流程的工作。她负责的工作包括：从章节的评审到多个章节的详细修改建议，以及建立词汇表和索引等，这使得本书最终达到了我们期望的质量。

我们还要特别感谢那些仔细审阅了本书第二版内容的同行，他们提供了外部的见解和真挚的评论，以帮助作者进行相应章节的改进。我们的感激不能弥补他们的辛勤工作。这些外部审核员的名单也在下面列出。

我们还要感谢欧洲项目 FP7-FET MODAP N.245410（http://www.modap.org/）及 COST Action MOVE N. IC0903（http://www.move-cost.info/）对本书作者和编辑的支持。

最后，我们要衷心感谢剑桥大学出版社的 Lauren Cowles 对本书的持续支持。从她向我们提出编辑本书的那天起,她的热情和鼓励贯穿了本书撰写的整个过程，极大地推动了本书的完成。

内部审核员

- Gennady Andrienko
- Natalia Andrienko
- Christophe Claramunt
- Maria Luisa Damiani
- Thomas Devogele
- Fosca Giannotti
- Ralf Hartmut Güting
- Anna Monreale
- Mirco Nanni
- Christine Parent
- Nikos Pelekis
- Salvatore Rinzivillo
- Claudio Silvestri
- Laura Spinsanti

- Yannis Theodoridis   · Alejandro A. Vaisman
- Nico Van de Weghe

外部审核员

Josep Domingo-Ferrer	Universitat Rovira i Virgili, Tarragona, Catalonia, Spain
Eric Feron	School of Aerospace Engineering, Georgia Institute of Technology, Atlanta, GA, USA
Georg Gartner	Institut für Geoinformation und Kartographie, Technischen Universität Wien, Austria
Leticia Gómez	Instituto Tecnológico de Buenos Aires, Argentina
Michael Goodchild	University of California, Santa Barbara, CA, USA
Patrick Laube	Department of Geography, University of Zurich, Switzerland
Michal May	Fraunhofer Institute for Intelligent Analysis and Informations Systems IAIS, Sankt Augustin, Germany
Gavin McArdle	School of Computer Science and Informatics, University College Dublin, Ireland
Rosa Meo	Dipartimento di Informatica, Università degli Studi di Torino, Italy
Mohamed Mokbel	Department of Computer Science and Engineering, University of Minnesota, Minneapolis, MN, USA
Alejandro Pauly	Department of Computer & Information Science & Engineering, University of Florida, Gainesville, FL, USA
Peter Smouse	Department of Ecology, Evolution & Natural Resources, Rutgers University, New Brunswick, NJ, USA
Chaoming Song	Department of Physics, Northeastern University, Boston, MA, USA
Kathleen Stewart	Department of Geography, The University of Iowa, Ames, IA, USA
Jack van Wijk	Department of Mathematics and Computer Science, Eindhoven University of Technology
Vassilios Verykios	Hellenic Open University, Greece

目　　录

第二篇　移动性数据分析

第三篇　移动性数据应用

第四篇　未来的挑战和结论

查看书中彩图，请扫此二维码

第一篇　移动性数据建模与表达

第 1 章 移动轨迹及其表达

Stefano Spaccapietra、Christine Parent 和 Laura Spinsanti

1.1 引　　言

长期以来,各类应用都在使用其关注目标的位置数据。例如,在城市规划中的交通和运输管理领域,一直都通过观察和监控交通流量来捕获其特征(即重要性和本地化),以期建立更好的交通调控模型,找到针对现有道路网络的未来发展方案。社会学家也一直在研究配备 GPS 车辆的运动信息,不过其关注的不是交通流量,而是个别车辆,目的是了解司机的驾驶习惯。在物流领域,企业通过监控货物从源位置到目的地期间的位置信息,既可实现对货物的实时定位,又可实现货物运输和配送策略的优化。同样地,跟踪飞机乘客及其行李,也可以实现类似的管理功能。生态学家通过卫星和信号发射器实时观察动物,以掌握动物的个体和群体行为。目前许多企业都期望从人们使用智能手机、电子书写板等设备时记录的跟踪信息,或者使用诸如 Flicker 和 Foursquare 等社交网络软件时记录的用户地理位置信息,来寻找其潜在的客户。

传统的移动数据获取通常采用静态设备,例如,用于交通流量测量和动物观察的各种传感器。随着嵌入式定位装置(如 GPS)的普及,移动性数据采集设备发生了巨大的变化。例如,现在的交通数据可以通过行驶中车辆配备的 GPS 发送的定位信号的序列数据来获取。

这些序列数据可能非常长,远超实际应用使用的理想处理单元。通常处理单元只是物体移动的某些数据段,而非全部。例如,对于动物研究,数据段只包括白天时段;对于企业员工,其数据段只包括工作时间,通常是上午 8 点到下午 6点;对于自然公园的徒步旅行者,其数据段包括从一个营地到另外一个营地的时间。这些移动的数据段现在称为"轨迹"。轨迹是应用程序处理移动数据时真正感兴趣的数据单元,这是本章研究的重点。

移动本质上是连续的,但是通常不能在计算机中实现连续的表达,因为计算机对于数据的存储都采用离散的方式。移动轨迹包括离散的空间位置和时间信息(由设备采集或人为输入)的序列。移动轨迹与应用程序无关,其精确的格式和内容依赖于具体的采集设备。移动轨迹经过分析和变换生成具体应用所需要的表达形式。不同的应用需要不同轨迹表达形式（包括结构和内容），本章定义了我们认为最为重要和常用的三种表达形式：连续、离散、分段。

然而，轨迹并不是表达移动的唯一方式。有的应用需要以全局的视角，对移动的表达方式进行设计，这需要对个体的移动数据进行聚合。例如，移动可以表达为给定连续场空间中的一个矢量场。矢量通过对个体的移动数据聚合可以表达指定时刻的空间中每个位置的移动特征（通常为速度和方向）。类似地，对于一些期望全局地分析移动对象在离散点集（城市中知名地点等）中运动的应用，需要将个体的移动轨迹聚合成节点之间的边。这些节点和边构成流向网络，第 15 章中的网络系统（如基于人类移动性的社交网络）将对其进行介绍。将移动轨迹聚合到连续场空间的各种表达方式将在第 8 章详细介绍。本章只针对移动轨迹进行分析。

此外，移动性数据本质上具有不准确性。主要是因为数据感知和数据传输设备具有不精确性，或者人工处理的误差，以及定位数据录入时产生的错误等。本章不解决这些问题，第 5 章将讨论不确定性问题及具体的处理方法。

移动数据的使用者很少了解位置的地理坐标表示，通常"我在埃菲尔铁塔"比"我在北纬 48°51′29″，东经 2°17′40″"更容易被理解。为了更加容易和多样化地使用移动数据，最近研究的重点是移动数据的重定义和多样化的方法，以期更好地满足应用需求和应用场景。具体的实现方法是为移动性数据增加场景数据。场景数据用于描述目标移动的位置（如走过的道路、停靠的地点等）、时间（如哪个时段、哪个事件发生期间等）、方式（如使用的交通方式等）、目的（如停下后从事的活动等）。目前这种多样化的移动轨迹被定义为"语义轨迹"。本书的第 6、7 章将介绍语义轨迹的构建和使用方法。

本章首先向读者介绍轨迹领域内容的概览，涵盖原始数据的采集、数据传输、语义丰富，以及为满足应用需求的数据分析。本章内容涵盖了轨迹域的静态表达（轨迹是什么、如何进行表达）和行为表达（如何从"移动的原因""移动时做了哪些事情""哪些是有意义的移动序列"等方面，对移动性进行理解和特征刻画）。针对应用的多样性需求，使用了多种轨迹表达方式。基本概念和术语则使用具体的例子进行定义、解释和证明。

1.2　轨迹：定义和应用场景

移动性的研究是一个新兴的领域，人们使用各种术语和概念对其进行描述，但目前并没有一致性的定义。为了避免混淆和误解，本节定义了一系列概念和词汇，建立一个统一的框架，以便对本书中有关轨迹及分析的理解。

移动数据处理的起点是移动对象，其空间位置（空间坐标）随着时间变化而改变。本书不考虑移动对象的变形问题（如飓风和石油泄漏，其面积和体积会发生改变），只考虑点状的移动对象。对移动对象的移动数据的记录包括连续的历史位置，也就是记录对象的过去、现在甚至是将来的位置，以及关联的时间。本节不讨论将来的位置信息，并将这样的移动记录称为移动踪迹。此外，记录的序列可以无限长，且两个连续位置信息之间的时间间隔也不一定是等间隔的。

　　定义 1.1　运动踪迹，一个移动对象的运动踪迹是时空位置信息的时间序列，时空位置信息由定位设备在移动对象的生命周期内产生。每条记录（时间、位置、特征）包含产生的时间、对象的二维或三维位置及设备可能捕获的其他特征（如瞬时速度、加速度、方向及角度等）。这里，同一时刻不能产生两条记录。　　□

　　在对轨迹是什么及如何将轨迹转换为对特定应用有用的信息等这些具体的细节进行分析之前，先介绍一个应用场景实例——巴黎旅游者的移动轨迹。

1.2.1　游客应用场景

　　旅游业是许多国家、地区和城市财政收入的重要来源。旅游宣传推广是一个非常重要的商业活动。获取游客的习惯、偏好以及可能吸引大量旅游者的当地特色，可以大大提高旅游宣传推广的效果。这些信息可以通过对游客现场活动的分析来获取。现场活动信息可以通过其配备 GPS 的智能手机及接入的社交网络平台进行收集。

　　从推广者的角度来看，游客的目的地是一个可以使其参观更多景点（如博物馆、公园、古迹等景点），并享受更多服务设施（如餐馆、酒店、商店及旅游公司等）的地理区域。而这些景点和服务设施，从游客的角度统称为兴趣点（points of interest, POI）。游客的日程就是从一个 POI 移动到另一个 POI，并在每个到访的POI 停留一段时间，以便于吃饭、休息、购物、参观、睡觉、观看表演或与他人会面等，如图 1.1 所示。

　　图 1.1 中的方向线给出了一位游客在巴黎一天的游览轨迹的空间路线。通常，应用只使用基于背景地图的移动空间表达。这种形式非常直观，但提供的时间信息非常少。时间信息只能通过事实隐含表达，即构成方向线的序列点是按照时间的先后顺序进行组合的。换句话说，沿着这条线走得越远（从它的起点到终点）对应的时间越晚。在图 1.2 中，轨迹的一些片段被立体化 (x, y, t) 展示。其中，轨迹使用图中上方的粗线表示，其在 (x, y) 平面上的投影显示出空间路线。时间不会停止，没有两个位置点有相同的时间值，因此三维粗线将会沿时间轴一直向前延伸。当一个移动对象停止时，它在 (x, y) 平面上的位置不发生变化。在立体化 (x, y, t) 中，一个对象的停止将产生一个垂直的线段，线段的长度对应于停止的时间。图 1.2 中的三条垂直线段对应三个停留点——协和广场、卢浮宫、巴比伦咖啡馆。

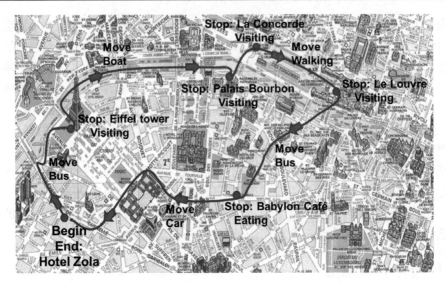

图 1.1　游客在巴黎一天参观多个旅游景点的行程（本书插图系原文插图，下同）

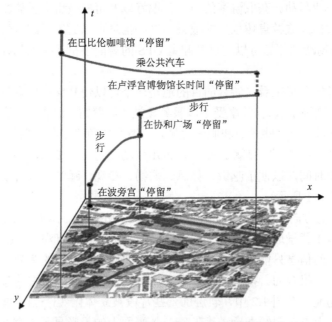

图 1.2　图 1.1 中旅客一天中部分路线的立体化

通过收集游客日常行程信息可以实现知识的抽取：游客最喜欢的景点、景点游览的顺序、在每个景点花费的时间等。这些知识可用于调整配套设施以更好地满足游客需求，控制游客流量以避免较长时间的排队等候。进一步地，这些信息可以用于建立游客的档案，以实现个性化的旅游和服务，为游客提供下一个感兴趣的景点等。一些研究论文描述了类似的人类移动场景,以用于各类功能分析。本章我们将使用这些场景进行各种概念的阐述。

1.2.2　轨迹定义

正如 1.1 节所述,虽然一些应用程序记录和分析整个运动踪迹,但更多的其他应用可能只对运动的特定部分感兴趣。我们将这种应用关注的移动片段称为移动轨迹。当然,整个运动只是移动轨迹的一个特例。

定义 1.2　移动轨迹,是移动对象在特定时间间隔 $[t_{\text{Begin}}, t_{\text{End}}]$ 运动的部分信息。移动轨迹是时间间隔 $[t_{\text{Begin}}, t_{\text{End}}]$ 映射到空间的连续函数。移动对象在 t_{Begin}(或 t_{End})的时空位置称作轨迹的 Begin(或 End)。　　　　□

图 1.3 中一个对象的移动信息包括虚线片段和连续线,其中连续线定义为移动轨迹。

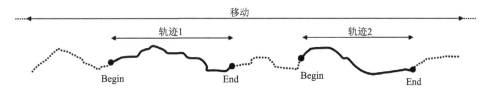

图 1.3　从一个对象运动信息中提取的两条移动轨迹

从移动信息中提取移动轨迹的准则依赖于具体的应用程序。例如,在游客场景中,为了整体分析一位游客在巴黎游览期间的表现,需要将该游客留下的所有踪迹生成一条单一的移动轨迹(空间范围是在"巴黎市内")。而对于分析游客在巴黎的一天内做了什么(无论他们待了多久),或他们在特定时间做了什么(如在周日、在 12 月 25 日等),则需要将每个游客在巴黎每天的踪迹都生成一条如图 1.1 所示的移动轨迹。

在现实世界,时间、移动和轨迹都是连续的,但是在应用实现的数字世界,这些信息只能进行离散存储。对于需要连续轨迹表达的应用,可以采用插值函数进行动态重构。

定义 1.3　轨迹连续表达(简称"连续轨迹"),是一种以连续方式描述对象在时间间隔 $[t_{\text{Begin}}, t_{\text{End}}]$ 内运动的表达方式。它通常包含一个有限的时空位置序列和一个差值函数,差值函数可计算移动对象在 $[t_{\text{Begin}}, t_{\text{End}}]$ 中任一时刻的时空位置。　　□

当运动踪迹过于稀疏、不能推断出移动对象原始的连续运动时,或者应用并不需要连续的运动表达时,有限的时空位置序列就可以采用离散的轨迹表达。目前一个典型的实例是第 16 章中由社交网络生成的运动踪迹。

定义 1.4　轨迹离散表达(简称"离散轨迹"),是一种使用有限时空位置列表来描述对象在时间间隔 $[t_{Begin}, t_{End}]$ 内运动的表达方式，其不提供对象移动的连续性。　　　　　　　　　　　　　　　　　　　　　　　　　　　　　　　□

图 1.4（a）使用一条线进行连续轨迹的可视化表达。图 1.4（b）使用一系列点进行离散轨迹的可视化表达。图 1.4（c）使用阶梯线进行移动轨迹的分段可视化表达（见 1.3 节）。

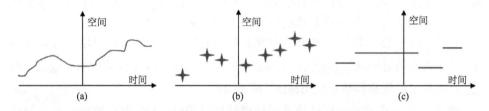

图 1.4　三种类型的移动表示：连续、离散和分段

为了保证移动轨迹概念体系的完整性，我们简单介绍两个轨迹概念——空洞（holes）和语义空白（semantics gaps），以便在概念层次理解缺失点（missing points）。这两个概念有助于更全面地理解移动轨迹。但是，这两个概念只在很少的应用中起到重要作用，这也是研究人员很少关注它们的原因。

缺失点是指在运动踪迹中存在两个连续记录位置之间的异常时间差距（高于采样频率），即在这个时间差距内对象的运动信息缺失。如果这是偶然的（如设备故障等），我们称之为"运动踪迹上的空洞"。发生这类偶然事件的典型情况是：GPS 设备通过隧道时，GPS 卫星信号会被断开。短暂的空洞有时可以被填充，例如，使用线性差值算法计算得到缺失点，即使得空洞消失。

在另外一些情况时，缺失点的产生并不是偶然的，而是程序设计者刻意为之，即在特定时段中断位置数据的获取。例如，组织巴黎一日游的公司可能会在其工作期间（上午 8 点到下午 6 点）对游客的位置进行跟踪，但在午餐时间（中午 12：30 到下午 2 点）并不跟踪。因此，游客的日常轨迹只包括两个时段的位置信息：从上午 8 点到中午 12：30 和从下午 2 点到下午 6 点。此时，午餐时间的断点就不是轨迹上的一个偶然空洞，我们称之为"语义空白"（其语义是午餐时间）。

包含语义空白的轨迹，通常采用一系列离散的时间间隔，而不是单一的时间间隔。为简化问题的描述，接下来我们只分析单一间隔的移动轨迹，即不包含语义空白的移动轨迹。

1.3　从原始轨迹到语义轨迹

定义 1.3 和 1.4 的两种轨迹表达都是直接基于运动踪迹的,因此它们经常被称作**原始轨迹**。原始轨迹对于诸如移动对象定位（如 2012 年 6 月 12 日晚上史密斯先生在哪？）、轨迹时空特征统计计算（如一日游轨迹中速度超过 7 km/h 游客的百分比是多少？）等应用比较合适。但是, 对许多应用来说, 这些信息还不够, 需要将原始轨迹数据与场景数据（如与移动轨迹数据具有时空关联关系的地理对象、事件等）及针对移动对象的专题数据（如年龄、性别等）进行联合。为满足这些应用的需求,可以通过以下两种方法实现：

（1）应用程序在其轨迹计算过程中动态地获取场景数据。

（2）应用程序先进行轨迹表达、场景信息丰富、重建等预处理, 再使用处理后的轨迹数据进行结果计算。

本书第 3 章（轨迹数据库）和第 8 章（移动性数据的可视化分析）都使用第一种方法,采用两种不同的方式进行轨迹的语义分析, 即用户结合场景（如分析移动对象和环境之间的关系）进行轨迹分析。本书第 6 章和第 7 章则使用第二种方法进行数据挖掘的轨迹分析：先进行轨迹数据的语义丰富, 再进行轨迹数据挖掘。对应于原始轨迹表达, 通过语义丰富和转换处理后得到的移动轨迹表达被称为**语义**轨迹表达。本章中, 我们关注第二种方法, 并分析应用中具体需要的语义轨迹表达的类型。

为建立轨迹的语义表达, 轨迹管理系统需要获取应用场景数据。典型的应用场景数据包括地理对象的信息（如在地理空间具有明确位置的地理要素对象）、区域内发生的事件、轨迹的时间跨度等。例如, 在旅游场景中, 城市地图信息是默认可以获取的信息, 其中的轨迹路径可以采用街道、交叉路口及人们会驻足停留的地点（如地标、重要建筑、纪念馆、博物馆、商店、餐厅、咖啡馆及体育中心等）等进行描述。还要收集正在发生的事件, 可以为表演、交易会、演唱会和足球比赛等, 这些事件有可能影响游客的旅游线路。我们将这些可以用于丰富轨迹数据语义的外源信息简称为"场景数据存储库"（contextual data repository）。

下面所有种类的信息都可以与原始轨迹联合用于轨迹的语义表达。

（1）兴趣点（POI）的地理对象、道路、轨迹经过的区域；

（2）与对象运动有关的事件；

（3）人们移动采用的交通方式；

（4）人类或动物停止时执行的活动。

移动轨迹中轨迹点对应地理对象的获取, 通常采用一种常见的空间数据语义丰富方法——**地理定位**（geo-localization）。使用该方法可以将空间坐标 (x, y) 映射到场景数据存储库中的地理对象。例如，在图 1.1 中，游客停留的时空位置坐标映射为对象的兴趣点（POI）——埃菲尔铁塔、波旁宫、卢浮宫等。游客移动时的位置可以映射到对应的街道上。本书的第 2 章对地理定位的过程进行了详细的介绍。类似地，可以为原始轨迹的时间数据找到对应的事件。例如，2012 年 5 月 17 日是法国的公共假日——耶稣升天节。

　　虽然理论上移动轨迹的所有时空轨迹点都可以进行信息关联，但是这样会造成大量的存储空间和处理时间的消耗。事实上，并不需要对每一个轨迹点进行信息关联，通常只需对轨迹点序列进行信息标注。例如，当游客参观卢浮宫时，他可能会在那里待上几个小时，如果对每个轨迹点都进行信息关联，则会产生几千个相同的"卢浮宫"标注。因此，一个常用的方法是：把轨迹划分成尽可能多的段，每段中的时空位置点都赋以相同的标注值。两个连续的分段具有不同的标注值。每个分段称为一个**片段**（episode），以片段为单位进行标注信息的存储。按照标注片段的类型，移动轨迹的分段可以分为两种类型——停止（stop）（对象基本上不移动的轨迹分段）和**移动**（move）（对象移动的轨迹分段）。对于移动轨迹的分段，通常依赖于对原始轨迹数据的计算。例如，按照对象的瞬时速度（不同的应用会有不同的精度值）进行分段。对于旅游场景，分段计算的布尔方程为：速度≤1 km/h，即当游客的速度≤1 km/h 时，其轨迹分段的标注片段类型为停止（stop），否则就为移动（move）。本书的第 2 章将对轨迹分段方法进行详细的介绍。

　　图 1.5 是图 1.1 中游客轨迹分段后的语义表达，其相对于连续表达更为精简。连续表达包含轨迹的时空位置序列，分段表达从语义的视角将轨迹表达为片段的序列。每个片段表示元组（时间间隔、标注值）。分段表达不能包括连续函数：移动对象从一个片段、标注值跳跃到下一个，即其对应于图 1.4（c）中的阶梯函数。

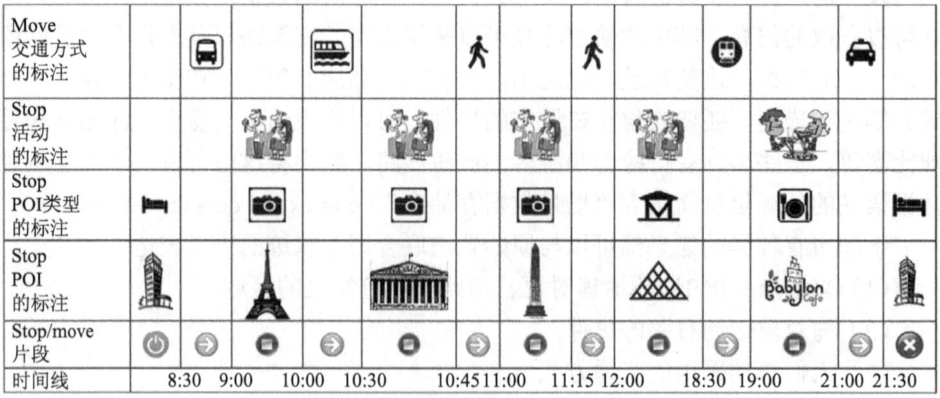

Move 交通方式的标注											
Stop 活动的标注											
Stop POI类型的标注											
Stop POI的标注											
Stop/move 片段											
时间线	8:30	9:00	10:00	10:30	10:45 11:00	11:15 12:00	18:30	19:00	21:00 21:30		

图 1.5　图 1.1 中游客轨迹的停止/移动分段表达

根据具体应用的需要，可以使用连续表达、分段表达，或者两者叠加。例如，图 1.1 中的游客轨迹就同时使用连续表达和停止/移动的分段表达。

定义 1.5　**轨迹分段表达**（简称"分段轨迹"）是一个阶梯函数，其将时间间隔 $[t_{Begin}, t_{End}]$ 映射到有限集合 D。函数的每一个阶梯称为一个片段，片段对应的 D 值实际上是片段的标注值。　　　　　　　　　　　　　　　　　　　□

事实上，一个分段轨迹表达是一个时序排列元组（时间间隔、注释值的定义、注释值）的子序列，其中，时间间隔不相交。

轨迹分段的另一个例子是按交通方式分段。第 2 章介绍了如何将原始轨迹数据与公共交通系统数据相结合，并利用有关交通方式的一些常识规则自动进行轨迹分段表达的方法。通常，人类的轨迹从第一个"步行"分段开始（至少是走出大楼，乘坐第一个交通工具），然后是"地铁"分段，再然后又是"步行"分段，以此类推。在这种情况下，分段表达是一个过程调用，其结果是相应的定义注释，如"步行"、"地铁"、"公交车"、"轿车"或"船"。

将移动轨迹构建成片段可采用不同方式，即使用不同表达方法。例如，游客的轨迹可以采用以下方式构建成片段：①停止和移动，②与时空位置中瞬时相对应的时间段（如早晨、中午、下午、傍晚、晚上等），③与时空位置中位置相对应的城市区域类别（如住宅区、旅游区、商业区、娱乐区、服务区、特殊区域等）。轨迹片段划分的数量不受限制，每种片段划分都是对轨迹的一种语义解释，这些语义解释根据需要可以进行叠加。

此外，虽然片段是通过定义的注释创建的，但它也可以像轨迹的其他组件（如时空位置）一样使用其他注释进一步注释。例如，假设游客的轨迹已经被划分成停止和移动片段，其中的停止片段可以进一步用最近的兴趣点（该兴趣点是游客在此停留期间最有可能访问过的）进行注释，而移动片段可以用交通方式进一步注释。以图 1.1 和图 1.5 中的移动轨迹为例：①首先划分成停止和移动片段，②移动片段增加一个新的注释，即移动时采用的主要交通方式，③停止片段增加两个新注释，即停止时所在的地理位置及停止期间游客的活动。图 1.5 中为停止片段提供了另一种注释：停止时所在位置的 POI 类型（如酒店、博物馆、餐厅等），而不是具体的 POI 本身（如左拉酒店、卢浮宫、巴比伦咖啡馆等）。

一旦构建了最佳的轨迹表达方式，应用程序分析人员即可进行各种统计分析，以及针对具体应用进行各种高级知识的提取。

1.4　轨迹模式和行为

1.3 节介绍了如何用场景数据丰富原始轨迹得到语义轨迹的方法。本节介绍从轨迹中提取相关语义知识时涉及的基本概念。目前，研究人员已经提出了基于移动数据的时空特征进行知识提取的一系列新技术。这些技术支持从轨迹中学习，而不仅仅是检索关于特定移动对象的事实数据（如牌号为 345FT92 的汽车在 t 时刻的位置）及计算移动对象的统计数据（如在工作日每小时有多少辆车在这条路上行驶）。

对于许多应用来说，至关重要的是识别移动对象群体所显示出的显著趋势。例如，社会学研究可能旨在比较通勤者的购物习惯和非通勤者的购物习惯。轨迹分析揭示了哪些人符合通勤者的条件，并确定他们喜欢的购物场所。同样，对游客轨迹进行分析，可以发现游客行为的趋势，为旅行社提供重要的信息，以优化旅游资源的配置。

一个显著趋势被认为是反复地出现在某些轨迹数据集中的轨迹特征。通常，显著趋势可采用基于数据挖掘技术的知识提取工具来"发现"。数据挖掘领域使用术语"模式"表示提取的结果，"频繁模式"则表示那些在源数据中频繁出现的模式且被当前应用认为是潜在、有趣的知识。例如，"轨迹结束于它开始的同一地方"是一个轨迹特征，可以表示为一个**循环模式**。该模式识别所有空间路径为一个整体且形成一个循环的轨迹。这种模式的定义只依赖于开始和结束的时空位置，我们称之为**时空模式**。

当轨迹分析仅使用原始轨迹而不使用场景数据时，只能生成时空模式，如上面的循环模式。自从语义轨迹和场景数据受到关注以来，一些学者尝试研究提取比传统时空模式更具语义知识的模式。例如，著名的"从家到工作单位"（HomeToWork）模式，该模式的提取需要人们每天例行的上班轨迹信息，以及人们的居住地和工作地点的信息（该场景信息可以从公开的个人和公司信息库中获取，也可以从对人们轨迹的分析推断中得到）。由于这种模式的定义依赖于与轨迹相关的语义和场景信息，我们将其称为**语义模式**。

值得注意的是，目前关于显著趋势的术语还没有形成共识，最近的研究倾向于使用模式、行为或行为模式，它们在使用时并没有明确的概念区分。本书也不例外，在接下来的章节中，读者会发现模式和行为这两个术语表示相同的概念。接下来对语义和时空行为/模式进行定义。

定义 1.6 **轨迹行为**（简称"行为"），是用于识别一个移动对象或一组移动对象的特定变化的轨迹特征。该行为由一个谓词定义，该谓词表示一个给定轨迹（或一组给定轨迹）是否显示了该行为。轨迹行为又称**轨迹模式**。 □

定义 1.7 **轨迹语义行为**，是一种轨迹行为，其谓词包括满足某些语义表达的条件和（或）满足一些与轨迹时空相关的场景数据的条件。轨迹语义行为又称**轨迹语义模式**。 □

定义 1.8 **轨迹时空行为**，是一种轨迹行为，其谓词只涉及轨迹的原始表达，不包括任何场景数据。轨迹时空行为又称**轨迹时空模式**。 □

定义行为的谓词可以包括：轨迹的基本特征（如时空位置、片段、注释）、轨迹相关的场景数据（如与片段或其属性值相关的地理对象的类型）、轨迹与地理对象之间的空间关系（如停在某些指定地理对象的附近）、轨迹与事件的时间关系（如在某些指定事件发生期间的移动）及轨迹与其他移动对象之间的关系（如领先于一组给定的轨迹）。

考虑到图 1.1 中的游客场景及 GPS 日常轨迹，可以使用以下行为定义区分游客的轨迹与其他人的轨迹。

游客 1 行为：如果一个日常轨迹满足如下条件，即起点 P1 是一个"住宿"场所、在"博物馆"或"旅游景点"中至少停留一次、在"饮食场所"中停留一次，且终点的位置也为起点 P1，则该轨迹就具有游客行为。

这类游客行为即为一种语义行为。同样以旅游场景为例，对于时长超过 14 h 的"长轨迹"行为可以认为是一种时空行为。这类轨迹时空行为的数量非常多。例如，对于组织巴黎旅游的旅行社，其真正关心的可能是诸如"从协和广场到香榭丽舍大街"和"从协和广场到玛德莱纳广场"这样的语义行为。另外，轨迹的语义行为也可以是更具有一般性的语义行为，如"从旅游景点到商业区"。

获取语义行为可以采用轨迹知识提取的各种方法，如本书第 6 章和第 7 章介绍的数据挖掘方法，以及第 8 章介绍的可视化分析方法。这些方法最常见的输出是聚类（轨迹被分组为具有一些共同特征的类）和行为/模式（主要轨迹分组具有的特征）。

此外，对特定应用趋势感兴趣的管理者，也可以事先进行行为的自定义。还以游客场景为例，可以针对巴黎流动人口的一个特定子集自定义行为：游客行为、公务员行为、家庭主妇行为等。在一些较小规模的应用程序中，有用行为的数量可能小到可以详尽地定义。使用本书第 3 章和第 12 章中介绍的移动对象数据库查询语言，可以实现特定行为轨迹的高效查询搜索。

研究人员已经定义了一系列的基本行为，这些行为通常依赖于轨迹的某些恒定/变化的特性（如一段时间内相同的方向或速度），或者轨迹的某些特征值的相似性或相关性（如一段时间内的接近性）。其中，基于轨迹形状或形状组合中潜在的某些特征，可以定义轨迹的时空行为。例如，在本书第 6 章和第 7 章中介绍的著名的 Meet、Convergence 和 Flock 行为。时空行为一般都是通用行为，也就是说，它们适用于任何应用领域。而语义行为往往针对特定应用，因为语义行为抽取于语义轨迹，轨迹的语义通常频繁出现于特定的应用。

行为是为轨迹定义的，但许多行为也可以是轨迹的一部分。大多数表征轨迹形状的时空行为可以是整个轨迹，也可以是轨迹的一部分。例如，直线（straight）行为，其对应的整个空间轨迹可能整体表现为直线，也可能是整个空间轨迹的部分轨迹（长度大于某个给定阈值）是直线。另一个例子是刻画一组具有共同行程轨迹特征的 Flock 行为（见第 7 章），其中，共同行程可以存在于整个轨迹期间，也可以存在于由时间间隔限定的部分期间。但是，对于依赖于轨迹的某些全局特征（如针对整个轨迹进行聚合的开始和结束特征）的行为，只能适用于整个轨迹。例如，StopMoreThanMove 行为表示停止/移动的分段轨迹，在停止期间比在移动期间花费更长的时间。

可以定义的行为数量是无限的，因为任何应用领域都有自己的典型需求，并且任何应用都会添加其特定需求。我们有意避免对行为定义进行分类。本章文献综述部分有一些致力于构建此类分类的文献可供参考。从更广泛的文献分析来看，重要的是将个体行为和群体行为以及序列行为分开，下一节将对此进行讨论。

1.5　个体、群体和序列行为

行为的一个非常重要的特征是：适用于单个轨迹还是一组轨迹。前者称为个体行为，后者称为群体行为。

定义 1.9　轨迹个体行为，是一种轨迹行为，其特征在于谓词 $p(T)$ 作用于单个轨迹 T。　　　　　　　　　　　　　　　　　　　　　　　　　　□

定义 1.10　轨迹群体行为，是一种轨迹行为，其特征在于谓词 $p(S)$ 作用于一组轨迹 S。　　　　　　　　　　　　　　　　　　　　　　　　　　□

我们在前一节中介绍的 Tourists 行为是一种个体行为：对于数据集中的每一条轨迹，我们可以判断它是否显示这种行为。而对于 GroupOfTourists（作为一组轨迹，代表一群人一起移动，并且每个人都遵守游客行为）行为，则可以定义为一个群体行为。本书第 6 章和第 7 章介绍了两个典型的群体时空行为——Meet（一组同时到达同一地点的轨迹）和 Flock（一组一起行进的轨迹）。

在图 1.6 中我们可以看到，为了找到哪些移动对象具有给定的个体行为，必须根据行为谓词单独检查每个轨迹。相反，为找到哪些移动物体表现出给定的群体行为，则需要检查一组轨迹。

通常，群体行为是在由多个移动对象同时运行的一组轨迹中观察到的。但群体行为也可以定义为某个移动对象在不同时间运行的一组轨迹。一个典型的例子是通勤者的行为，它描述了一组由同一个人在工作日形成的轨迹，并显示了相同的特定轨迹行为：它们从一个点（P1）开始，到达另一个点并停留，然后返回 P1。

当行为涉及多个轨迹，并且其中一个轨迹在群体中扮演特殊角色时，个人与群体行为的分类就变得相对困难。例如，一组游客和他们的导游一起移动，导游的轨迹遵守额外的规则：在停止时，导游在群体的中间；在移动过程中，导游会比其他游客先移动几步。旅游者群体（包括导游）显示了群体行为，但导游的轨迹又符合个体行为。为了获得导游的个体行为，就同时需要游客和导游的轨迹。

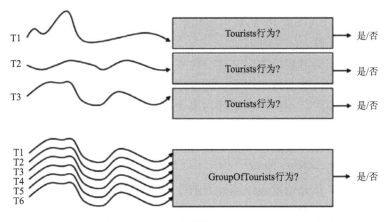

图 1.6　个体（Tourists）和群体（GroupOfTourists）行为

另外，发现一些行为需要固定数量的轨迹。例如，一些鸟类的求偶舞蹈（CourtshipDance）行为，如鹤，就涉及两条具有相同角色的轨迹。而对于追捕（Pursuit）行为，则涉及两条角色相反的轨迹。

轨迹表达本质上是按时间顺序排列的元素列表，无论是原始元组（时空位置）还是带注释的片段。用于定义行为的谓词可以包含任意数量的元素。最简单的行为只需要单个元素的谓词。例如，包括"从给定的地理对象开始"（其谓词仅约束 Begin 元素）和"经过给定的地理对象"（只要轨迹元素之一位于地理对象内部或等于地理对象）等行为。更高级的行为依赖于涉及多个元素的复杂谓词，其中每个元素都必须满足与其关联的谓词限定条件。一个简单的例子是 HomeToWork 行为，它的谓词由两个谓词组成：一个在 Begin 元素上，另一个在 End 元素上。

复杂谓词要求其组成谓词由符合指定时间顺序的元素序列来满足。例如，考虑谓词"在给定的点 P1 开始，之后跨越区域 A1，2 h 后越过线 L1，并在区域 A2 内结束"。这个谓词首先限制了开始和结束元素（开始必须是点 P1，结束必须在 A2 内），然后，又增加了两个额外的元素约束（之后跨越区域 A1、2 h 后越过线 L1）。这些约束具有时间先后的限制，例如，穿过区域 A1 的元素必须先于穿过线 L1 的元素。即序列行为定义，需要使用指定时间顺序的复杂谓词。

定义 1.11　轨迹序列行为，是一种轨迹行为，其谓词由多个条件组成，每个条件都与一个时间约束相耦合。时间约束要求元素满足特定时间顺序的限制。　□

由于序列行为可能非常复杂，需要定义一种语言来实现条件链接的序列操作符。最常用的操作符是：

AND_THEN_NEXT[N]：轨迹下一个元素（或第 N 个元素）需要满足的谓词条件。

AND_THEN_LATER[d]：轨迹当前元素之后的元素（或至少/恰好持续时间 *d*）需要满足的谓词条件。

上一节中给出的游客行为定义是一种复杂的行为，但不是序列行为，因为两个谓词"在博物馆或旅游景点中至少停留一次"和"在饮食场所中停留一次"可以任何顺序满足要求。相反，以下行为属于序列行为。

游客 2 行为：*一个游客的日常轨迹满足条件：起点 P1 是一个"住宿"场所，在"博物馆"或"旅游景点"中至少停留一次，然后在"饮食场所"中停留一次，其终点与起点在同一个 P1 场所。*

第 6 章和第 7 章介绍发现序列行为的数据挖掘方法。第 12 章则提出一种用于发现包含通用时间约束的复杂行为的查询语言。

1.6　结　　论

为了向读者介绍本书其余部分详细讨论的重点，本章对轨迹领域中涉及的共性内容进行了一致性的定义，涉及轨迹管理的基本概念，并重点关注轨迹表达的各种方法。其次，本章还介绍了通过使用谓词（涉及运动属性和/或与上下文关系和/或语义注释等）精确描述轨迹行为的方法。

虽然早期的研究主要集中在处理从传感器、GPS 设备等接收到的原始数据上，但最近的研究更侧重于用更多语义、面向应用的信息来丰富运动轨迹的方法。语义添加可以实现对移动相关现象进行深度分析的新功能，从而为实现各种创新应用带来巨大的潜力。由于每个应用可能有自己的轨迹表达，如离散、连续或语义表达，我们定义了三种可以叠加的轨迹表达方法。

从更广泛的角度来看，移动类型也可能表现为其他形式，例如，大型变形物体的运动（如漏油、疾病）、受约束的运动（如受网络约束的汽车、火车）或更聚合的运动表达（如流）。

在为应用选择最适合的移动表达方式后，就需重点了解移动对象的行为。例如，人和动物为什么运动和如何运动、他们去了哪些地方和目的是什么、做了哪些活动、使用了什么资源等，这些信息对于许多决策者，特别是负责管理社会公共资源的机构来说具有重要的意义。

行为分析的核心是确定定义行为的移动对象特征。例如，专家对行为进行定义后，如何查询轨迹数据库才能得到表达这些行为的运动特征。为此，本书第 3 章介绍了数据库方法。但是，当没有行为的先验知识（如没有专家对于行为进行定义）时，问题就会更具挑战性。我们如何从轨迹分析中学习潜在有意义的行为呢？通常的技术方法包括数据挖掘、机器学习、通用知识提取及可视化等。

有一些研究工作旨在以更抽象和通用的方式定义给定领域（不是特定应用）

中的行为。例如，这些行为源于对移动物体可能的时空配置规律的观察，并假设其是应用相关的。而有一些研究希望定义所有行为的本体。本章提出了关于行为的一系列基本概念。第 6 章和第 7 章则对行为（称为模式）进行了更详细的讨论。

1.7　文　献　综　述

有关空间、时间和时空数据描述和管理的背景知识在众多文献中均有介绍。Koubarakis 等（2003）的著作 *ChoroChronos* 介绍了早期欧洲时空数据库项目的成果。Güting 和 Schneider（2005）撰写了关于移动对象管理方法的经典教材。本书第 3 章介绍了这种基于抽象数据类型的方法。Parent 等（2006）介绍了时空数据建模和操作的概念。

本章中讨论的大多数轨迹问题首先在 Giannotti 和 Pedreschi（2008）撰写的书中得到了解决，该书由欧洲 GeoPKDD 项目出版，内容涉及轨迹挖掘的隐私保护技术。该书中关于"移动性数据的基本概念"和"轨迹数据模型"的内容可以作为本章内容的很好补充。

本章介绍的概念方法部分源于 Spaccapietra 等（2008）发表的学术论文，该论文从概念数据建模的角度对轨迹进行了全面的阐述，包括语义轨迹和分段轨迹（停止和移动片段）的概念。此后许多关于轨迹分析的论文都采用这些概念。

轨迹行为已经得到广泛的研究，因此对轨迹行为进行分类非常困难。Dodge 等（2008）在发表的学术论文中提出了原始轨迹行为分类。其中，作者研究了有关数据挖掘和可视化分析处理运动数据的各种文献，汇总了各种运动行为的定义（大多数是集体行为），并根据原始轨迹的空间和时间特征对轨迹行为进行了初步的分类。

Laube 等（2005）重点研究了一组移动对象之间的相对运动。他们使用一个同步原始轨迹矩阵，可以轻松地比较一个移动对象在时间上的运动或几个移动对象在某个瞬间的运动。通过分析移动对象特征的可变性，将行为分为个体或群体行为。论文中也使用本章介绍的复杂行为概念，作为一种基本行为的扩展。

Wood 和 Galton（2009，2010）对集体行为的概念进行了更深入的研究，基于本体论方法提出了一些关于群的定义和属性的基本问题。其中的有些问题还有待进一步研究。

第 2 章　轨迹采集与重构

Gerasimos Marketos、Maria Luisa Damiani、Nikos Pelekis、
Yannis Theodoridis 和 Zhixian Yan

2.1　引　　言

为了对移动对象进行特定的查询与分析，轨迹数据库的研究已经解决了在数据库中进行对象运动（即轨迹）表达的问题。在过去的十年里，从数据模型、查询语言到实现技术（如高效索引、查询处理及优化技术）等方面都已进行了大量的研究。

本章涵盖了有关数据采集与数据处理的各个方面，以便为轨迹数据库提供合适的数据。我们也将关注地理隐私感知的知识发现与数据挖掘（Geographic Privacy-aware KDD，GeoPKDD）项目中地理隐私感知 KDD 处理（图 2.1）中的轨迹重构方法。针对现实世界的应用，GeoPKDD 项目在抽象层次上提供了一些旨在解决移动对象轨迹和跟踪问题的诸多基础理论。地理隐私感知 KDD 处理中包括针对移动性数据的一系列技术和方法，并且将这些技术和方法按照清晰的定义和独立的步骤进行组织，以实现一个明确的目标：从特定时空区域的大量原始地理数据中提取满足用户易于理解的知识。然而，当移动数据与个人相关时，信息的采集就必须服从于隐私政策与规定。为了实现位置数据的隐私感知收集，需要采用被称为隐私增强技术（privacy-enhancing technologies，PET）的补充技术。

知识发现与数据挖掘（KDD）处理可以应用于多源异构的移动性数据。图 2.1 中的手机图标表示产生于不同设备的多种数据集。在 2.2 节中，我们会介绍这些数据源。

在进行移动轨迹数据重构之前，我们可能需进行一些基本的轨迹数据预处理。移动轨迹预处理包括基于参数的轨迹压缩（在保证轨迹关键信息的同时，丢弃不必要的细节信息）及处理丢失/错误轨迹的技术。此外，对于具有网络约束的移动对象，需要对其产生的移动轨迹进行地图匹配计算，即需要将轨迹点和部分轨迹映射到特定的网络路径上。其中包括检验轨迹是否在真实底层网络上有效地执行预处理或后处理任务。我们将这些任务统称为轨迹数据处理，具体内容将在 2.3 节中介绍。

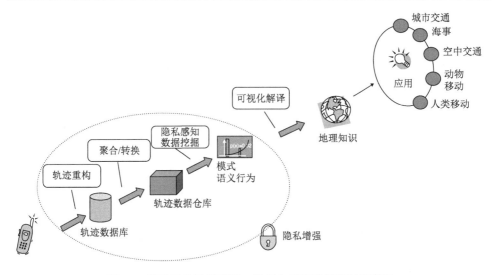

图 2.1　移动对象数据管理、数据仓库和数据挖掘的流程

在 2.4 节中，我们将介绍轨迹重构技术，包括将原始采样点序列转换为移动轨迹及其在数据库中的存储。重构的移动轨迹既可以是仅表达对象运动的无语义轨迹（即原始轨迹），也可以是包含对象移动特征信息的语义轨迹。

在 2.5 节中将介绍隐私保护的轨迹数据采集技术。

2.2　轨迹数据跟踪

在本节中，我们会介绍一些移动对象轨迹跟踪技术。具体来说，这些技术能够使我们获得表达移动对象实际运动的、不完整的、部分的、模糊的位置数据。但是通过使用适当的处理技术（2.3 节），这些数据可以进行轨迹重构（2.4 节）。

1. GPS 数据

GPS 是由至少 24 颗卫星组成的全功能卫星导航系统。它通过无线电广播精确的定时信号到 GPS 接收机，使接收机能够在任何气候、地理环境的条件下获取精确的定位信息（纬度、经度及高程）。通过对地球上空的 GPS 卫星信号进行精确计时，GPS 接收机可计算得到其位置信息。每颗 GPS 卫星都在不间断地发送消息，包括：

- 信号传输时间；
- GPS 卫星的精确位置；
- 所有 GPS 卫星的总体系统健康状况和大致轨道。

接收机通过测定 GPS 卫星发射的信号到达接收机的时间，计算其与卫星之间的距离。这些距离信息与卫星位置信息共同用于计算 GPS 接收机的位置。定位信息可以通过移动地图的形式，或者经纬度信息，有时也可能包括高程信息显示出来。许多 GPS 设备还通过计算位置变化信息，得到诸如方向、速度等衍生信息。GPS 设备为我们提供了轨迹跟踪所需的所有信息，能让我们获取每一个跟踪点精确的、带有时间戳的位置信息。

2. GSM 数据

GSM 是国际上为移动电话通信所制定的一个通用标准。目前使用用户超过 15 亿人，遍布 210 多个国家和地区。GSM 标准的普及使得移动运营商之间的国际漫游得以实现，其用户在世界上任何一个地方使用移动电话即可通信。GSM 网络包含大量的基站，每个基站负责服务一片特定的区域（称为"蜂窝"）。因此，对于每个支持 GSM 功能的设备，我们可以收集在不同时间戳下为其提供服务的基站信息，并依此得到设备的移动信息。

通过收集 GSM 设备与基础网络设施之间传输的通信信号（如蜂窝、信号强度），或者分析呼出日志信息（如用户 ID、呼叫的日期和时间、呼叫的时长、呼叫开始的位置、呼叫结束的位置），可以实现对 GSM 设备的追踪。但是这两个方式收集的轨迹精度都非常低，因为其所能提供位置信息的最高精度也只是网络蜂窝的范围，而不是具体的空间点。

3. 蓝牙数据

在一定区域范围内，通过计算蓝牙（Bluetooth）设备与蓝牙接收机之间的距离并采用三边测量法，可以实现蓝牙设备的跟踪。蓝牙设备与特定接收机的距离可以使用信号电平技术进行计算。

这种技术的缺点为：蓝牙接收机覆盖区域有限，主要用于室内跟踪，不能用于室外跟踪。

4. RFID 数据

射频识别（RFID）系统通过便携式设备（标签）进行数据的传输。根据实际应用的需求，标签数据可用 RFID 扫描设备进行读取和处理。典型的 RFID 标签由一个微芯片组成，该微芯片与安装在基板上的无线电天线相连。一个芯片最多能够存储 2KB 的数据，扫描设备用于获取 RFID 标签数据。扫描设备由一个或多个天线组成，能够向标签发送无线电波并接收其返回的信号。标签传输的数据包括标识信息、位置信息及产品信息（如价格、颜色和购买日期等）。同蓝牙技术一样，RFID 扫描设备能够接收到的标签信号的范围也很有限，因此该技术难以用于室外跟踪。

2.3　轨迹数据处理

利用先前所提出的技术手段，从现实生活中收集到的轨迹数据很难直接用于
分析。本节中，我们会详细阐述对移动对象的原始时空序列数据（如 GPS 记录）
进行轨迹处理的各种方法，其中的必要步骤包括数据清洗（即去噪）、精确（即地
图匹配）及数据压缩（即压缩数据量）。

2.3.1　数据清洗

移动传感器收集的数据集通常不精确，可能的原因包括由定位系统自身问题
产生的无意影响（如不准确的 GPS 测量和采样误差、信号丢失、电池电量耗尽等）
及由保护个人隐私产生的有意影响（显示其大概位置而不是准确值）。

在无意影响产生错误（如 GPS）的情况下，轨迹清洗（即消除误差）是从
GPS 数据源构建有意义原始轨迹的重要步骤。一般来说，有两种类型的 GPS 误差
可以被识别：系统自身产生的系统误差和外部原因产生的随机误差。系统误差产
生的原因可能是可用卫星数量较少导致的水平精度因子（horizontal dilution of
position, HDOP）降低，而小于 ± 15 m 的随机误差则可能是由于卫星轨道、大气
和电离层效应及接收机问题引起的。应该注意的是，误差产生的原因与移动对象
的空间位置有关，而与时间无关，因为时间通常被认为是高度精确的。

为了识别系统误差，研究人员可以在数据量较小的情况下进行视觉检测。因
此，我们可以采用一种利用移动对象最大允许速度的过滤技术处理噪声位置数据。
根据阈值/参数，判定从 GPS 数据流获取的位置信息是否为噪声，并以此决定数
据是丢弃还是保存。

对于随机误差，由于其值与真实值相差较小，可以通过平滑方式消除其影响。
在文献中，也有基于高斯内核和卡尔曼滤波等的方法。所谓高斯内核是以高斯核
函数为权重，对滑动时间窗内过去和未来位置进行加权局部回归，以计算平滑的
空间位置；而卡尔曼滤波则是根据时间变化的观察测量值（来自 GPS 接收器的空
间位置）来预测与真实值更加接近的真实测量值。

2.3.2　地图匹配

前面介绍的轨迹数据清洗方法只适用于在运动过程中不受约束的移动对象，
然而现实应用中，往往需要考虑那些被限制在给定空间网络内运动的移动对象。
这种空间网络主要以图（如道路或铁路网）的方式表达（在第 3 章中可以找到与
该主题相关的详细信息）。在某些应用中，也要考虑时空约束（如行人的行走速度

不能高于某一限度、蝙蝠通常不会在白天飞行）。

对于具有网络约束的移动轨迹，地图匹配方法是将移动轨迹映射到网络的边和节点。确切地说，地图匹配方法的基本思想是：将原始轨迹上每个点替换为最接近移动对象真实位置的网络上的点。从计算角度来看，地图匹配方法可以分为在线模式（处理实时更新的位置流）和离线模式（已获取所有的位置点）。进一步，可将这两类方法分为**几何**、**拓扑**或者**混合**的处理方法。

在几何方法中，基于对基础道路网和各种距离测量的考虑，可以确定移动对象实际行驶的道路。其中距离测量可以是点到点（如欧氏距离）、点到曲线（如垂直距离）或曲线到曲线[如弗雷歇（Fréchet）距离]。例如，迪杰斯特拉（Dijkstra）最短路径算法可以用于计算移动轨迹与地图上弧段序列之间的距离，并将与原始轨迹距离最近的路线作为地图匹配轨迹。以图 2.2 为例，对这一方法进行分析：对于点 P_i，假定其前一个点 P_{i-1} 已经匹配到一条边，则点 P_{i-1} 匹配边的相邻边就成为 P_i 匹配的候选边。具体地，在图 2.2 中，P_{i-1} 已与 c_3 匹配，c_1、c_2、c_3 即是与点 P_i 匹配的候选边。可以采用基于相似性和方向标准的两种度量标准从候选边中选择匹配边。具有较高得分的候选边，将被选定为匹配边。如果当前点不能投影到任何一个候选边上，则算法停止。否则，将最近的候选边作为匹配轨迹的一部分，并进行下一个点的匹配计算。拓扑法与几何法不同，其只考虑道路网络的连通性和邻接性，并不利用任何关于预期行驶路线的先验知识，以及 GPS 提供的速度或航向信息等。

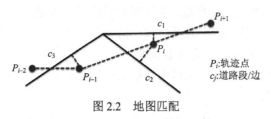

图 2.2　地图匹配

最新的地图匹配方法能够处理诸如 GPS 数据采样率低（每两分钟一个采样点）和噪声大等问题。这种地图匹配方法同时采用了距离法和拓扑法，且可实现整条轨迹都与道路网络的匹配。在一些情况下，还可以在距离法与拓扑法基础之上，采用隐马尔可夫模型找到位置序列对应的最佳路线。

有时地图匹配方法还会采用多种后处理技术，以进行初始匹配结果的校准和校正。但是，这会明显降低算法执行的效率，这也是今后研究需要解决的一个重要问题。

2.3.3　数据压缩

在应用系统中，轨迹数据会随着跟踪时间的推移逐渐地、剧烈地增长。海量

的轨迹数据会给数据的存储、传输、计算和显示带来挑战。因此，轨迹数据压缩
是轨迹重构的一个重要环节。现有的轨迹数据压缩方法研究通常遵循以下标准：
①减小数据量，②压缩后数据的计算具有可接受的低复杂度，③从压缩的数据集
中构建轨迹相对于原始轨迹的偏离不超过给定的阈值。

从几何的角度来看，轨迹压缩技术是一种在线简化算法：在不改变轨迹趋势
或使数据库失真变形的情况下，移除轨迹中部分轨迹点。通常，轨迹压缩方法可
以分为四类：自上而下、自下而上、滑动窗口和开放窗口。自上而下算法：递归
地分割位置点序列，仅保留每个子序列中的关键（代表）位置，即删除那些偏离
线的位置点。经典的自上而下算法是道格拉斯-普克（Douglas-Peucker, DP）算法，
它有许多扩展算法。自下而上算法：从最具代表性的位置开始，不断合并连续点，
直至满足一定的停止条件。滑动窗口方法：以固定的窗口大小来压缩数据。开放
窗口方法：使用动态和灵活的数据段进行数据压缩。

例如，自上而下时间比（top-down time ratio, TD-TR）算法和开窗时间比（open
window time ratio, OPW-TR）算法目前已经应用于时空数据压缩。TD-TR 算法在
综合考虑时间因素的基础上扩展了 DP 算法。具体来说，TD-TR 算法将 DP 算法
中使用的欧氏距离替换为时间感知的同步欧氏距离（synchronous Euclidean
distance, SED），如图 2.3 所示。其中，P_b 是相对于线段 P_1P_n 的当前检查点。在 DP
算法中使用的是 P_b 到 P_1P_n 的垂直距离，而 TD-TR 算法使用的是 P_b 到 $(P')_b$ 的距离
（即同步欧氏距离）。P_b' 的坐标使用线性插值法计算。OPW-TR 算法计算步骤如下：
首先在第一个和第三个数据点之间定义一条线段，然后计算每个内部点到线段的
同步欧氏距离，如果都不超过指定的阈值，则将线段的终点移动到序列中下一个
位置（即第四个数据点）。否则，将导致超过阈值的数据点或者其前一个数据点，
作为当前线段的结束位置及新线段的开始位置。只要有新位置点加入，算法就依
照上述过程继续执行。

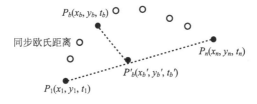

图 2.3　同步欧氏距离

文献中还提到了另外两种适用于移动轨迹数据在线压缩的算法：ST 跟踪算法
和阈值法。这两种算法利用当前位置点的坐标、速度和方向来计算下一个位置点
可能处于的安全区域。如果下一个位置点在计算的安全区域内，则将其舍弃。安

全区域有两种定义方法：①使用最后一个点来计算，无论其是否为之前舍弃的点；②使用最后选择的位置点来计算。为了获得较好的结果，还提出了两种方式组合的算法：分别计算两种区域，将它们的相交区域作为安全区域。

上述轨迹压缩法主要基于诸如 DP 算法的几何方法进行扩展，但其并不适用于网络约束的移动轨迹。因此，最近有学者提出基于基础道路网络的轨迹压缩模型。经过地图匹配后，就可以只使用匹配的路段进行轨迹重构（或表示），而无须使用原始的轨迹点。

2.4　轨迹重构

第 1 章介绍了原始轨迹和语义丰富轨迹之间的区别。本节我们分别介绍这两类轨迹的重构技术。轨迹重构的目标是将原始的时空位置转换为有意义的轨迹。值得注意的是，通常不同的应用系统需要不同的轨迹类型。例如，交通分析员对移动轨迹语义的定义通常会与物流经理的定义存在较大的差异。我们考虑在城市中移动并且向各个地点运输货物的卡车车队。物流经理认为每辆卡车会生成一定数量的不同轨迹（如在不同的分发点之间），而交通分析员可能需要将其一整天的移动路线视为一条单一轨迹。因此，为了满足这两种截然不同的语义需求，需要在从公共数据库中获取原始时空位置数据后，执行两个不同的重构任务，以产生与对应应用领域语义相符的移动轨迹。例如，图 2.4（a）是时空位置的原始数据集。针对不同的应用需求生成不同的重构轨迹集合[分别为图 2.4（b）～（d）]。回顾前面卡车数据的例子，图 2.4（b）和（c）可以分别表示物流经理和交通分析员所需的重构轨迹。图 2.4（d）中的重构轨迹可以看作一个压缩轨迹的结果。轨迹重构的具体数量取决于轨迹的语义定义。在本节中，我们会提出用于原始轨迹或语义丰富轨迹的重构技术。

1. 原始轨迹重构

采集到的原始数据通常表达为时空位置[图 2.5（a）]。除了存储这些数据外，我们更希望重构轨迹[图 2.5（b）]。但是，轨迹重构并不是一个简单的过程。由于原始数据点通常为批量更新，我们需要设计一个过滤器以决定新的数据能否追加到现有轨迹中。

算法重建过程需要一种针对原始位置数据且可生成不同轨迹的方法。在具体的应用中需求和语义不同，轨迹概念也不同。但在轨迹重构过程中也存在一些通用的参数：

· **轨迹间的时间间隔**：单个移动对象的同一条轨迹上，两个连续时空位置间的最大时间间隔阈值[图 2.5（a）中的 a]。

- **轨迹间的空间间隔**：在二维平面中，同一条轨迹上两个连续时空位置间的最大空间距离阈值［图 2.5（a）中的 b］。

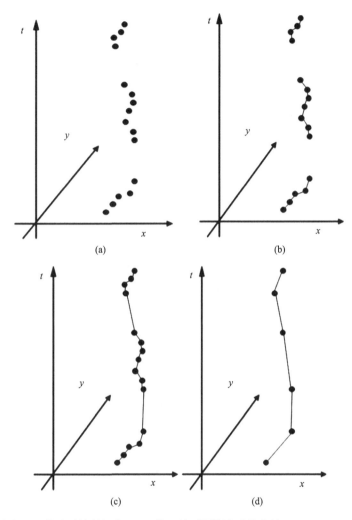

图 2.4　针对原始数据集（a）的三种不同轨迹重构方法（b）（c）（d）

- **最大速度**：移动对象的最大速度阈值，以此可以确定时空位置噪声［图 2.5（a）中的 c］。
- **最大噪声容忍度**：轨迹噪声部分的最大阈值，以此确定是否创建一个包含该噪声部分的新轨迹［图 2.5（a）中的 d］。
- **公差距离**：同一对象的两个连续时空位置之间的最大距离，以此判定对象是否静止［图 2.5（a）中的 e］。

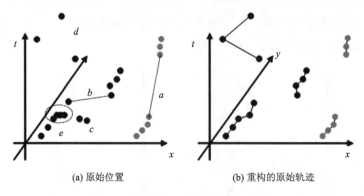

(a) 原始位置　　　　　　　　　　(b) 重构的原始轨迹

图 2.5　原始位置和重构的原始轨迹

2. 语义轨迹重构

原始轨迹仅包含时空位置 $\langle x, y, t \rangle$，这不足以构建有用的轨迹应用。因此，研究人员提出了从收集到的低层数据（如 GPS 记录、运动轨迹）构建高层数据抽象并建立语义轨迹的重构方法。语义轨迹的基本思想是将有意义的地理位置/地理对象（诸如购物中心、道路等兴趣点）编码到原始时空轨迹中，并为语义轨迹附加上语义标注（如在巴黎旅行、在香榭丽舍大街散步、乘坐地铁 3 号线、在超市购物等轨迹行为）。

图 2.6 中简单示意了从原始 GPS 移动性记录中重构语义轨迹的主要过程。首先，从最初的 GPS 记录计算得到轨迹片段（即在第 1 章中提到的停止、移动等，文献中广泛采用这些基本概念以理解轨迹结构）；然后，使用一些特定语义标注算法，通过附加地理对象和语义标签进行轨迹的语义丰富。语义轨迹建模包括以下四个技术。

- **构建轨迹片段**：构建轨迹片段的主要目的是进一步理解每个原始轨迹的内部结构。轨迹片段是原始轨迹的子序列。在同一片段内的轨迹数据点或多或少是同质的（如停在同一地方、具有相同的移动速度等），但不同的片段，即使相邻，其中的数据点也并不相关。通常包括四种不同的片段——开始、结束、停止和移动。除此之外，依据应用场景还可以进一步进行片段的自定义设计。例如，用于表示交通拥堵的具体片段。构建轨迹片段的核心问题是设计具备有效性和鲁棒性的轨迹分段算法，以发现有意义的轨迹片段。目前，提出的分段算法包括基于速度、密度、方向及基于时间序列的方法等。

- **基于兴趣区域（ROI）的轨迹标注**：使用地理域或应用域的语义区域数据进行轨迹标注。它通过计算第三方数据源中包含区域地理对象[称为兴趣区域（regions of interest, ROI）]与轨迹间的拓扑相关性来实现。我们需要设计一种空间

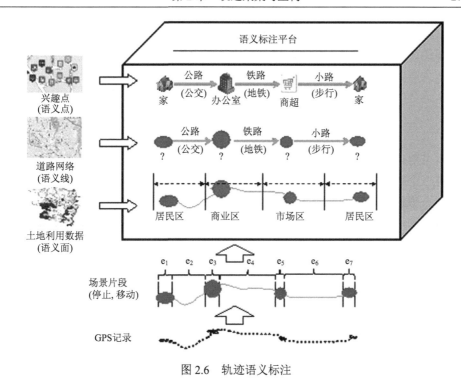

图 2.6　轨迹语义标注

连接算法，既能够处理规则区域（如基于 100 m×100 m 网格的土地利用数据），也要适合不规则区域［如洛桑联邦理工学院（EPFL）劳力士学习中心的具有自由形状的区域］。

　　· **基于兴趣线段（LOI）的轨迹标注**：使用诸如道路网络线路的兴趣线段（lines of interest, LOI）进行轨迹标注，同时考虑不同的异质轨迹标注（如车辆的行驶轨迹分布在公路网络上，而人的轨迹则需要联合使用交通网络和人行道路进行标注）。使用不同形式的道路网络数据源，即可正确识别轨迹所在的路段，同时还可进一步推断出移动对象所采用的交通方式，如"步行""骑车""公共交通"（包括地铁和公共汽车等）。因此，这部分的算法主要包含两个方面：①设计/重用全局地图匹配算法，以确定与轨迹移动片段匹配的路段；②推断出移动物体/人员在运动过程中所使用的交通方式。

　　· **基于兴趣点（POI）的轨迹标注**：使用相关的兴趣点（POI）（如"餐馆""酒吧""商店""电影院"等）对轨迹中停止片段进行标注。在人口稀少的地区，对停止片段进行 POI 标注相对容易（如高速公路上的加油站、非常稀疏的住宅区中的住户）。然而，对于人口密集的城市区域，一个轨迹停止片段可能会匹配到多种不同类型的候选兴趣点，这使得通过兴趣点来推断停止片段的行为具有挑战性。此外，电池电量耗尽和 GPS 信号丢失所导致的 GPS 低采样率会使这一问题变得更为复杂。最近，有学者设计了基于隐马尔可夫模型的推理算法，以提取出轨迹中潜在的停止片段行为。其中，将单一轨迹停止的位置建模为模型观察，而 POI 类型作为需要提取的隐藏状态。

2.5　个人位置隐私保护

本节对位置数据采集过程中的用户隐私保护技术进行综述。对隐私的关注源于这样一个事实：当位置与个人关联时，位置被归类为个人数据。在全球许多国家，个人数据的采集会受到隐私规范和法律法规的限制。语义轨迹进一步加剧了隐私泄露的风险，因为关于个人的行为信息可以更加明确地提取，并以机器可读的形式进行表达。因此，这些信息可以在信息处理应用中使用，并且很容易地展示给第三方。隐私规范和法律法规虽然很重要，但是其并不能阻止恶意或好奇的用户不正确地访问和使用所采集的数据，而通过位置 PET 可以实现这一目标。通常情况下，位置隐私增强技术在以下两个阶段使用：

（1）位置数据采集之前。在这种情况下，位置隐私增强技术的目的是防止移动数据收集器获得个体在每个时刻、每个地点的确切位置和踪迹。由于这些技术都是动态应用的，所以我们将这种形式的保护称为**在线位置隐私保护**。

（2）位置数据收集完成并重构轨迹之后。位置隐私增强技术通过对轨迹数据的变换，实现在不侵犯隐私的情况下将数据集发布给第三方。我们将这种形式的保护称为**离线位置隐私保护**。

离线和在线位置隐私保护呈现出的不同要求，需要不同的实现方案。具体地，在线位置隐私保护方案必须能够处理个体轨迹的不完全信息（通常只能获取当前和过去的位置）；此外，在线位置隐私保护技术也不能破坏采集数据的有效性。接下来，我们只介绍在线位置隐私保护技术，离线位置隐私技术将在第 9 章中介绍。

随着移动追踪技术应用（如车辆管理系统中的车辆监控）和基于位置的服务系统（location-based services, LBS）（如附近兴趣点的搜索）的出现，位置隐私研究在过去十年得到了飞速发展。移动追踪技术应用和基于位置服务系统通常都采用客户端/服务器系统架构：移动设备（客户端）采集数据，并将其传输到服务提供商控制的服务器上。此种模式下，服务提供商收集了大量位置数据，若其不尊重用户的权利和要求，或者其收集的数据被窃取，用户的隐私安全就会受到威胁。因此，在线位置隐私增强技术通常限制向服务提供商传输精确、公开的位置信息。基于保护的信息，即隐私保护的目标，在线位置隐私增强技术可以进一步细分。具体地，我们分为三个主要目标：标识隐私、位置隐私和语义位置隐私。接下来，我们介绍实现这些目标的典型位置隐私增强技术。

1. 标识隐私

标识隐私技术用于防止基于位置信息对匿名用户的重标识。例如，在为受歧视社团（如同性恋群体）成员提供的 LBS 系统中，虽然用户也通过假名标识与系统交互，但 LBS 系统服务提供商还可以从用户的轨迹信息中重新标识其真实身份信息，即简单地去除用户标识，并不能确保真正的匿名。例如，如果用户早晨在某个地方发出服务请求，那么请求发送的地点很可能是用户的家庭地址，进一步，通过家庭地址的白页服务可以轻易地对用户进行重标识。在此，我们介绍一种最流行的标识隐私技术——位置 k-匿名。其他相关技术，请读者参阅更多的相关技术文献。

给定一组用户群体的情况下，位置 k-匿名假定满足以下要求：提供给服务提供商的用户位置必须与至少 $k–1$ 个其他用户位置不可区分。在实际应用中，用户的确切位置替换为范围更广的粗略位置，通常称为匿名区域（cloaked region）。匿名区域必须足够大，以能够包含在当前用户请求在线服务时附近 $k–1$ 个其他用户的位置。这样，服务提供商就无法仅基于位置信息识别服务的请求者。我们通过图 2.7 进行举例说明。其中，$k=10$，单个用户的位置替换为包含 10 个用户的较大区域（即匿名区域）。如果从该匿名区域发送一个在线服务请求，那么请求者被识别的最大概率为 1/10。该隐私保护机制需要在客户端和服务提供商之间建立专用的可信中间件，即位置匿名器。位置匿名器收集所有客户端的位置信息，拦截用户的服务请求，将用户标识替换为假名标识，再将用户的真实位置替换为动态生成的匿名区域。

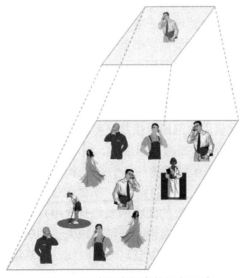

图 2.7　10 个匿名用户的匿名区域

位置 k-匿名技术的一个代表性解决方案是 Casper 系统（图 2.8）。该系统由位置匿名器和隐私感知查询处理器组成。隐私感知查询处理器是运行在服务器上的一个软件组件，其解析以区域（而不是以点）表示的用户位置，并返回一系列的候选应答。

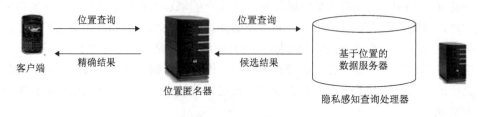

图 2.8　Casper 系统架构

位置 k-匿名的缺点是：很难确定充分、必要的最小 k 值。k 值越大，隐私保护的级别越高，但位置精度的损失也越大，即匿名区域的范围更大。此外，随着用户在空间中的分布不同，位置精度在时空上也会发生变化，即用户分布稀疏时，生成的匿名区域范围也会变大。

2. 位置隐私

与标识隐私不同，位置隐私保护技术旨在保护位置信息。位置隐私的保护策略是：传输在内容或形式上与真实位置稍微不同的位置。具体来说，其所公开的位置可以是虚假的、匿名的或使用某种加密协议传输的。

· **虚假位置**：蓄意以错误值表示的位置。通过提供虚假的位置实现隐私保护。隐私的准确性和数量主要取决于提供的虚假位置与精确位置之间的距离。例如，客户端发出诸如"最近的餐馆在哪里？"的服务请求，可以向服务提供商传送在实际位置附近的虚假位置，然后对候选答案进行对应的过滤。

· **混淆位置**：是匿名区域的另一个术语，是包括用户确切位置的概略区域。服务提供商可以确定用户位于匿名区域中，但是无法确定到用户所在的具体位置。一种在商业系统中经常使用的混淆方法是：将实际位置替换为采用不同粒度位置分类的预定义区域（如街道、邮政编码区域、城市等）。然而，预定义位置的范围有时可能太大（如邮政编码区域可覆盖几平方千米的区域），难以确保相应的服务质量，而有时又可能太小（如短小的街道），不能保证位置隐私。另一种简单的方法是：以用户确定的半径与随机的圆心形成的包含用户真实位置的圆形区域，来混淆用户的位置。在其他解决方案中，混淆区域大小的确定需要同时考虑隐私和位置精度。此外，位置的传输也可以延迟一段时间，以混淆时间维度信息。

· **加密协议**：是多方安全协作的技术。私有信息检索（private information

retrieval, PIR）是一种应用于 LBS 的隐私保护加密协议。这项技术允许用户在无须向 LBS 提供商披露所请求的信息及所返回的信息的情况下发出查询。从这个意义上说，这种技术保护了标识和位置信息，最大限度地确保了隐私。然而，PIR 技术计算成本高昂并且仅可以应用于某些类型的查询，如对静止对象（即非移动对象）的查询。

查询请求者的位置被概略区域模糊化时存在的问题是，用户轨迹中的连续位置是相关的，即在一个区域中限制的位置会出现在后续的区域中。模糊化的区域可以"修剪"，以精确地推断用户的位置。若已知用户的最大速度（如用户为行人、汽车司机、骑车者等），且移动被频繁采样，即用户的位置被连续报告，用户的位置隐私就会受到基于速度的链接攻击。因此，在传送用户的位置前需要进行时空修改。

3. 语义位置隐私

语义位置隐私是一种用于防止数据收集者识别用户停留位置语义信息（如医院、宗教建筑物等）的位置隐私保护技术。防止这种类型的推断，对于构建隐私感知语义轨迹十分重要。

语义位置隐私保护的原理是位置的敏感性会依据地点的性质而变化。例如，停留在肿瘤诊所中的用户的位置，可能比在街道上行走的用户位置更为敏感。如果对于所有的位置无论其敏感性都进行保护，则会陷入过度保护。更为有效的方法是仅模糊那些被认为是敏感的位置。通过这种方式，位置精度的损失可以得到控制。这种形式的混淆称为语义位置匿名，其基本准则如下：

- **语义多样性**：不仅是当用户在敏感地点之内时进行模糊处理，而且当用户在敏感地点之外时也要进行模糊处理。这样，就无法确定用户所在的具体位置。因此，混淆区域必须包括各种类型的位置（敏感和非敏感）。

- **位置遮掩方法独立于用户位置**：这样可以防止攻击者发现遮掩区域和真实位置之间的相关性，而对用户具体位置进行推断。

这些准则在 Probe（隐私感知混淆环境）的隐私保护系统框架中得到了充分体现。

图 2.9 展示了 Probe 系统中隐私保护的工作流程。首先，用户制定一个隐私配置文件，其中指定哪些 POI 类型是敏感的（如从医院、宗教建筑物等预定义列表中进行选择），以及用户期望对这些敏感类型隐私保护的级别。例如，当为医院指定的隐私级别为 0.1 时，在医院内定位用户的（后验）概率必须小于 0.1。然后，生成满足隐私配置的粗略区域，且生成方法要不受用户位置的影响，以避免对用户位置的相互推断。生成混淆地图的实例结果如图 2.9（b）所示。最后，系统运行时，如果用户的位置落在一个粗略区域，则向服务器传输粗略区域值，而不是

用户的精确位置。Probe 系统建立在隐私度量的概念之上。此外，还定义了一个附加指标——效用度量，度量粗略区域的空间精度。与更传统的模糊处理技术不同，Probe 系统的效用度量可以在服务请求之前进行计算。通过这种方式，用户可以实现隐私保护级别与服务质量的平衡。

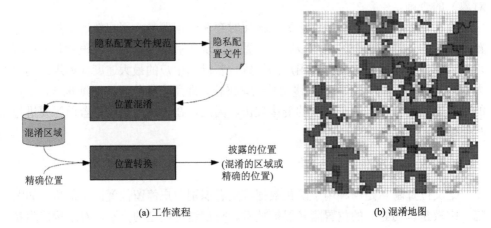

(a) 工作流程　　　　　　　　　　　　　　　(b) 混淆地图

图 2.9　Probe 系统（请扫二维码看彩图）

蓝色多边形表示隐蔽区域，红色矩形表示敏感位置，灰色背景表示人群在空间中的分布

2.6　结　　论

在本章中，我们介绍了移动性数据收集及处理的技术（数据清洗、数据压缩和地图匹配），以便最终产生无噪声和有意义的移动轨迹（轨迹重构）。最后，讨论了移动数据收集和处理过程中存在的隐私问题。

接下来，我们将概述本章内容今后的研究方向。

轨迹重构：未来可根据数据集的一些特征，探索建立自动提取轨迹重建参数值的智能方法，并进一步扩展以识别不同的运动类型（行人、自行车、摩托车、汽车、卡车等），从而实现自定义的轨迹重构。

隐私问题：主要包括隐私可用性（提供可个性化、概念化、易于使用的隐私机制，以增强用户体验）和上下文感知的位置隐私（即基于用户位置所在的场景来定制隐私保护）。语义位置隐私是将上下文维度引入隐私中的首次尝试，今后可以进行多维扩展，如时间维度和社会维度。

2.7　文　献　综　述

本节中，我们区分并评注了一些文献中的研究成果。

数据处理方法：Yan 等（2010）提出了一种基于高斯内核的局部回归模型来平滑 GPS 记录的方法。图 2.2 是 Brakatsoulas 等（2005）提出的地图匹配方法。Quddus 等（2007）提出了将原始轨迹上每个点替换为移动对象在网络上最可能的点的地图匹配方法。Greenfeld（2002）提出了一种基于拓扑分析的地图匹配方法，该方法利用个体的观测位置，而不假设任何关于 GPS 提供的预期行驶路线、速度或航向信息的先验知识。此外，Newson 和 Krumm（2009）提出了使用隐马尔可夫模型找到与位置序列对应的最佳路线的方法。

Meratnia 和 de By（2004）提出了用于时空数据压缩的自上而下时间比（TD-TR）算法和开窗时间比（OPW-TR）算法。Potamias 等（2006）提出了两种用于在线轨迹数据压缩的算法，即阈值法和 ST 跟踪算法。Kellaris 等（2009）提出了一种不同的方法，通过在轨迹的起始位置和结束位置之间选择最短路径来替换轨迹的某些片段。在轨迹重构方面，Marketos 等（2008）提出了一种确定不同轨迹的方法，作为轨迹重建管理器的一部分。Yan 等（2011）提出了从原始 GPS 移动性记录重构语义轨迹的技术。

隐私问题：Gruteser 和 Grunwald（2003）基于 LBS 场景首次提出了位置 k-匿名的概念。Jensen 等（2009）介绍了标识隐私与位置隐私的分类。Chow 等（2009）设计了一个支持位置 k 匿名的隐私保护框架 Casper 系统。Ghinita 等（2009）详细介绍了基于速度的链接攻击。Damiani 等（2010，2011）介绍了语义位置匿名的技术。

第 3 章 轨迹数据库

Ralf Hartmut Güting、Thomas Behr 和 Christian Düntgen

3.1 引　言

在本章中，我们介绍数据库系统中的轨迹建模和表达。大约从 1995 年以来，就有有关**移动对象数据库**（moving objects databases，MOD）（也称"时空数据库"）的研究。研究的目标是在数据库中实现多个移动对象的表达，以及用户对于移动对象的各种查询。为此，需要对传统的 DBMS 数据模型和查询语言进行扩展。进一步，需要 DBMS 在所有层次上进行扩展实现，例如，移动对象表达的数据结构、高效的查询操作算法、索引和连接技术、查询优化程序扩展，以及针对移动对象的动态可视化扩展等。

移动对象数据库有两种类型：①表达当前的系列移动对象，其重点关注移动对象的当前位置，实现移动对象当前及未来位置的查询；②关注移动对象的历史记录，通常又被称为**轨迹数据库**，这也是本章的主题。

虽然对于时空数据库的研究已有一段时间，但是现有的时空数据库仅支持几何形状随时间的离散变化。新的研究方向关注几何图形的连续变化：道路上行驶的汽车的位置及变化的飓风的形状和位置，通常不是离散的而是连续的。

为用户提供一个简单的概念模型，一直是数据库系统发展的驱动力。关系数据库成功的原因在于，其提供了以表（table）进行数据表达的简单方法，并通过对表的操作和联合实现数据的管理，使用户不用关心文件（以特定格式存储的字段信息）中记录的信息。

相似地，移动对象数据库也只是让用户把道路上行驶的车辆看作是一个依赖于时间的位置点（相对于欧几里得平面或道路），其数学函数表达为

$$f: \quad instant \rightarrow point$$

其中，*instant* 代表时间和类型的连续域；*point* 代表在欧几里得平面上的位置 (x, y)。该函数在三维空间 (x, y, t) 中可视化表达如图 3.1 所示。

很显然，想要实现针对移动对象的功能强大的查询语言，不仅要实现数据的简单表达，还要实现数据的操作。对于图 3.1 中的连续曲线，我们要实现何种操作呢？

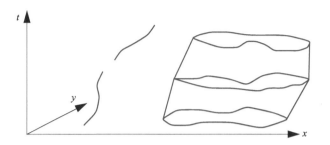

图 3.1 移动点（*mpoint*）的值和移动区域（*mregion*）的值

举个例子：

操作 1：我们可以将其投射到 (x, y) 平面，暂不考虑时间信息，仅输出移动对象（如车辆）在二维平面中的路径。

操作 2：我们也可以将这条连续曲线投射在时间轴上并获得对象存在时（更确切地说，当它的运动信息是可用时）的时间间隔。

操作 3：我们还可以把移动对象限定在具有特定属性的位置上，例如，当它在二维平面的一个给定区域内，或者在它与其他对象（也可以是一个移动对象）相距一定距离时。

数据模型及其操作可以使用**抽象数据类型**（abstract data type，ADT）进行表达。因此，可以将具有时间依赖的车辆位置建模为一个抽象数据类型。因为将位置表示为一个点（忽略车辆的形状），定义其对应的抽象数据类型为移动点（*mpoint*）[①]。但对于一些范围具有一定意义的实体对象（如森林大火），其时间依赖的位置和形状采用移动区域（*mregion*）这一数据类型进行表示。

针对数据模型的操作，其定义包括名称、参数和返回结果的类型。这种操作即是所谓的**签名**（signature）。上述 3 个操作对应的签名为

trajectory：	*mpoint*	→*line*
deftime：	*mpoint*	→*periods*
at：	*mpoint* × *region*	→*mpoint*

当然，表示参数和返回结果的数据类型必须在轨迹数据库系统中可用。现有的空间支持的 DBMS 中可能包含了 *line* 和 *region* 这两种类型。但是，需要进一步添加表示离散时间间隔集合的 *periods* 类型。

使用这种模型的优势是什么？在第 1 章中介绍了移动踪迹，其是采集的移动对象随时间变化的数据集，通常表达为一个数据对（*instant*, *position*）序列，即 $\langle (t_1, p_1), \cdots, (t_n, p_n) \rangle$。其中，$t_i$ 的数据类型为 *instant*，p_i 的数据类型为 *point*。对

---

① 我们用斜体加下画线表示数据类型。

于支持这些数据类型的 DBMS，我们可以将移动轨迹集简单地表示为具有如下模式的表：

```
Observations (Id: int, Time: instant, Position: point)
```

在 DBMS 中使用这样的表示方法是否够用呢？对于非常简单的查询定义完全足够，但是对于一般的简单查询（如 MOD）就很困难，而高级查询几乎不可能实现。例如，以下两个一般的简单查询。

（1）下午 6:30 时车辆在哪里？

问题关键是：下午 6:30 时车辆位置通常不被记录。在这个 SQL 查询中，我们必须找到每辆车在下午 6:30 之前最后记录的位置，以及在下午 6:30 之后第一个记录的位置。然后，在 select 语句中，我们需要基于时间参数（下午 6:30）在两个时刻和位置之间进行插值计算。

但是，在 MOD 中，就可以定义这样一张表：

```
Vehicles (Id: int, Trip: mpoint)
```

其对应的查询语句为

```
select Id, val (Trip at instant six30) as Pos630 from Vehicles
```

其中所用到的查询操作将在 3.2 节进行详细的说明。

（2）车辆通过莱茵河是在什么时间及什么位置？

确定穿过莱茵河前后的位置且采用类似上面的插值运算并不容易。最好的方法也许是对 Observations 表执行自连接，把两对相邻的 Observations 放在一起，并构建连接它们的一条线段。使用空间数据库功能可以得到线段与莱茵河的交叉点。如果我们记录线段起点和终点对应 Observations 的时间和位置，就需要再次像先前查询一样执行插值计算。

假设我们有一个河流对应的表：

```
Rivers (Name: string, Curve: line)
```

在 MOD 中，执行的查询语句如下：

```
select v.Id, inst (initial (v.Trip at r.Curve)) as PassingTime,
  val (initial (v.Trip at r.Curve)) as PassingPos
from Vehicles as v, Rivers as r
where r.Name = "Rhine" and v.Trip passes r.Curve.
```

同样，该查询语句也在 3.2 节中解释。

除了查询定义容易实现外，一个 MOD 系统可以提供更有效的实现技术，包括索引和查询优化等，因为系统能够实时"感知"移动对象。

本章的剩余部分结构如下：3.2 节描述基于抽象数据类型的 MOD 数据模型和查询语言。这种模型有两个原型实现，即 SECONDO 和 Hermes。3.3 节介绍 SECONDO。3.4 节讨论基于模型的移动对象集的替代表达，包括从原始轨迹中创建的表达。3.5 节介绍移动对象的索引技术。3.6 节简要介绍另一个 MOD 原型系统——Hermes，并对其与 SECONDO 系统的不同点进行说明。本章结束部分包括3.7 节结论和 3.8 节文献综述。

3.2　数据模型和查询语言

在本节中，我们介绍通过对 DBMS 数据模型和查询语言进行扩展，以支持移动对象的表达和查询的方法。我们已经在引言部分指出基本的实现思路，即使用抽象数据类型（ADT）。ADT 可以作为属性类型的角色嵌入关系或其他 DBMS 模型中，而 ADT 操作可以嵌入 DBMS 查询语言（通常是 SQL）中。

前面介绍了用来表达移动轨迹的基本数据类型——移动点（*mpoint*）。为了实现查询语言较强的表达能力，模型提供了几种扩展的数据类型及其操作。在下一小节我们通过例子对这些类型和操作进行介绍。然后，介绍模型的设计原则及基本实现。

3.2.1　示例分析

这些示例基于 SECONDO 系统（3.3 节将详细介绍）提供的数据库。SECONDO是一个开源系统，读者可以自行安装并运行示例查询。

示例数据库为 `berlintest`，包括了柏林市的空间数据及一些相关的移动对象数据。这里我们将使用一些数据库对象。值得注意的是，在 SECONDO 中，数据库不仅支持关系，还支持针对任何数据类型的"原子"对象。

关系 `Trains` 描述了柏林市地铁依照日程计划运行的信息。

`Trains (Id: int, Line: int, Up: bool, Trip: mpoint)`

其中，每个元组表示一趟列车旅行，具体包括标识符（Id）、所属的线路编号（Line）、列车运行方向（Up）及完整的运动轨迹（Trip）等。

进一步，还定义了如下对象：

`train7: mpoint, mehringdamm: point, thecenter: region`

其中，`train7` 是一个类型为 *mpoint* 的数据库对象；`mehringdamm` 是柏林的一座地铁站；`thecenter` 是大致描述城市中心的一个区域。

我们从原子对象的一些简单表达式开始。表达式由数据库对象、常量和操作组成。SECONDO 提供了 `query` 命令用于表达式的执行，因此可以通过 `query 3 * 4` 得到 12。对于 `query train7`，这是一个非常简单的表达式，返回 *mpoint*类型的一个值。在 SECONDO 中，该值在 GUI（graphical user interface）上显示为轨迹开始时的位置点。因此，对象的运动轨迹可以进行动态模拟。

前面的引言部分定义了以下操作：

trajectory:	*mpoint*	→*line*
deftime:	*mpoint*	→*periods*
at:	*mpoint*×*region*	→*mpoint*

进一步，设计以下表达式：

```
train7 at thecenter, trajectory (train7 at thecenter),
deftime (train7 at thecenter)
```

其中，`train7` 是一个值为 *mpoint* 类型的 DB 对象；`mehringdamm` 是柏林的一个地下火车站；最后，`thecenter` 是一个大致描述城市中心的区域。

我们可以通过查询表达，确定两个移动对象，或一个移动对象和一个静态对象之间的距离，例如：

```
query distance (train7, mehringdamm)
```

其中，`train7` 是移动的，其与 `mehringdamm` 之间的距离是时间相关的，也即返回结果是一个随时间变化的实数值。为此，定义一个数据类型——移动实数（*mreal*）。距离操作的"签名"为

| **distance:** | *mpoint*×*point* | →*mreal* |

如果我们能确定 `train7` 在何时何地速度大于 50 km/h 就更好了。其查询表达式为[①]

```
query speed (train7) > 50
```

速度与时间相关，值的类型为 *mreal*，其与 *real* 常数（如 50）进行比较的结果也为一个时间相关的布尔值。将该布尔值类型定义为 *mbool*。此处使用的计算速度和比较的两个操作，其签名定义为

| **speed:** | *mpoint* | →*mreal* |
| **<:** | *mreal*×*real* | →*mbool* |

我们可以确定移动对象在任意时刻的位置（当然，如果 *mpoint* 函数不包含该时间，其对应的位置就不能获得），也可以得到特定时间间隔（或一组时间间隔）中的对象轨迹。例如，

```
let six30 = theInstant (2003, 11, 20, 6, 30);
let kmh = 1000 / 3600;
query val (train7 atinstant six30)
query trajectory (train7 atperiods
deftime ( (speed (train7) > (50 * kmh)) at TRUE ) )
```

---

① 在实际应用中，我们必须注意使用的单位。在 berlintest 数据库中以 m 为单位，因此 train7 的速度将以 m/s 而不是 km/h 为单位，两者之间的转换需要设置适当的常数因子。为了简单起见，我们这里先不考虑这一因子。

其中，我们将 six30 定义为 2003 年 11 月 20 日上午 6:30，kmh 为 km/h 和 m/s 这两个速度单位之间的转换因子。query val（train7 atinstant six30）查询 train7 在 6:30 时的位置。query trajectory（train7 atperiods deftime（（speed（train7）>（50 * kmh））at TRUE ））查询 train7 在速度大于 50 km/h 期间的移动轨迹，其将全程时间缩减到特定的时间段。上述查询表达式涉及的签名如下：

atinstant:	*mpoint×instant*	→*ipoint*
inst:	*ipoint*	→*instant*
val:	*ipoint*	→*point*
at:	*mbool×bool*	→*mbool*
deftime:	*mbool*	→*periods*
atperiods:	*mpoint×periods*	→*mpoint*

其中，**atinstant** 操作（train7 atinstant six30）返回一个数据类型 *intime*（*point*），简称 *ipoint*，该数据类型由 *instant* 和 *point* 组成的数据对（*i*, *p*）进行表达。对数据对（*i*, *p*）进行 **inst** 和 **val** 操作，可以得到类型分别为 *instant* 和 *point* 的两个分量[如 val（train7 atinstant six30）操作的分量类型为 *point*]。**at** 操作将时间依赖的布尔值限定到其第二个参数为真的时间依赖的布尔值[如（speed（train7）>（50 * kmh））at TRUE]。与针对 *mpoint* 类型的 **deftime** 操作一样，针对 *mbool* 类型的 **deftime** 操作返回的数值类型也为 *periods*[如 deftime（（speed（train7）>（50 * kmh））at TRUE）]。

将移动对象限定到它满足某些属性条件时的情况经常会发生，对于移动对象 *x*，表达式

　　x atperiods deftime（predicate（x）at TRUE）

可以用带有"签名"的操作 **when**，缩写为 x **when**[predicate（x）]：

when:	*mpoint×mbool*	→*mpoint*

因此，先前的查询就可以简化为

```
query trajectory（train7 when[speed（train7）>（50 * kmh）]）
```

毋庸置疑，这里所有的操作都可以在面向集合的查询中使用，如 SQL 查询的 select 或 where 子句。

我们还需要一些查询谓词来确定移动对象是否穿过某个区域，或者该移动对象在一个特定时间进行定义。下面的查询是查找所有通过 mehringdamm 车站的列车，并确定其到达或离开车站的时间。

```
select Id, Line, Up,
  inst（initial（Trip at mehringdamm）） as ArrivalTime,
  inst（final（Trip at mehringdamm）） as DepartureTime
```

```
from Trains
where Trip passes mehringdamm
```
其中用到的操作"签名"如下：

passes:	*mpoint×point*	→*bool*
initial, final:	*mpoint*	→*ipoint*
at:	*mpoint×point*	→*mpoint*

最后的一个例子是我们怎样才能找到相遇的列车对。也就是说，两趟列车在同一时间位于同一个地方，以及它们什么时候、在哪里相遇。

```
select t1.Id, t1.Line, t2.Id, t2.line,
  inst (initial (intersection (t1.Trip, t2.Trip) ) ) as MeetingTime,
  val (initial (intersection (t1.Trip, t2.Trip) ) ) as MeetingPlace
from Trains as t1, Trains as t2
where t1.Id < t2.Id and sometimes (t1.Trip = t2.Trip)
```
其中用到新的操作"签名"如下：

=:	*mpoint×mpoint*	→*mbool*
sometimes:	*mbool*	→*bool*
intersection:	*mpoint×mpoint*	→*mpoint*

3.2.2　设计准则

上述示例表明，设计相关的数据类型和操作对于实现移动对象查询语言非常重要。查询语言的质量，即易用性和表达力，取决于数据类型和操作的设计准则。基本准则如下。

准则 D1：对于所有相关的基本类型，都要有相应的时间相关类型。

准则 D2：静态和时间依赖类型的定义应该保持一致。

准则 D3：对于每个时间依赖类型，都存在对相应函数的域和范围进行投影的表达类型。

准则 D4：类型系统包括很多类型——为了避免操作的急速增加，应该尽可能地设计通用操作。

准则 D5：应系统地探索可能的操作空间。

准则 D6：静态和时间依赖类型上的操作应该保持一致。

依据以上准则设计的类型系统如图 3.2 所示。其中的类型基于标准类型集（如 *int*、*real*、*bool* 和 *string*）和空间类型集（如 *point*、*points*、*line* 和 *region*）进行设计。通过引入类型构造器 *moving*，所有这些类型统一转化成时间依赖类型。给定一个静态类型 α，对应得到一个从时域到 α 的偏函数，函数的返回值为时间依赖类型。

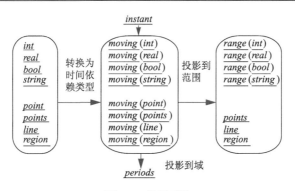

图 3.2　类型系统

　　形式定义：给定 A_α 表示类型 α 的域，即类型 α 可能取值的集合，则 $\underline{moving}$ （α）返回值类型的域为

$$A_{\underline{moving}\,(\alpha)} := \{f \mid f: A_{\underline{instant}} \to A_\alpha\}，其中，f 为偏函数。$$

由此可以看出图 3.2 中的类型系统设计满足准则 D1 和 D2。

　　类型 $\underline{range}$ 构造函数提供了一个具有总阶数的类型 α，$\underline{range}$（α）值的类型是 α 域上的无相交间隔的有限集合。例如，$\underline{range}$（$\underline{real}$）是一组实数值间隔；$\underline{periods}$ 实际上是 $\underline{range}$（$\underline{instant}$）的别名。类型 $\underline{range}$（α）与空间类型 $\underline{points}$、$\underline{line}$ 和 $\underline{region}$ 一起可以表达所有类型 $\underline{moving}$（α）范围的投影。此外，所有类型 $\underline{moving}$（α）的值都可以投影到时间轴上，得到一个对应的 $\underline{periods}$ 值。至此，认为图 3.2 中的类型系统设计也满足准则 D3。

　　操作的设计包括以下三个步骤：

　　步骤 1：定义静态类型的操作集。

　　步骤 2：对静态类型的操作集进行**提升**，使其时间依赖。

　　步骤 3：增加针对时间依赖类型的操作。

　　步骤 2 通过允许静态类型操作的参数（组合）时间依赖来实现。例如，考虑两点上的等式和交集运算操作。通过提升，可以得到以下两个"签名"操作[①]。

$=:$	$\underline{point} \times \underline{point} \to \underline{bool}$	**intersection:**	$\underline{point} \times \underline{point} \to \underline{point}$
	$\underline{mpoint} \times \underline{point} \to \underline{mbool}$		$\underline{mpoint} \times \underline{point} \to \underline{mpoint}$
	$\underline{point} \times \underline{mpoint} \to \underline{mbool}$		$\underline{point} \times \underline{mpoint} \to \underline{mpoint}$
	$\underline{mpoint} \times \underline{mpoint} \to \underline{mbool}$		$\underline{mpoint} \times \underline{mpoint} \to \underline{mpoint}$

3.2.1 节中的最后一个查询就使用了这两个提升操作。

---

① 我们通常将 $\underline{moving}$（α）简写成 $\underline{m\alpha}$。

3.2.3　实现方法

在上述介绍的模型中，时间依赖类型[即类型 *moving* （α）]的语义被简单地定义为偏函数，而并不关注函数如何进行表达。函数 f: $A_{instant} \to A_\alpha$ 只是 $A_{instant} \times A_\alpha$ 中的无限集合。

对于只允许根据无限集类型定义的语义模型，我们称为**抽象模型**。抽象模型在概念上是简洁的，但是要实现它，必须定义一个**离散模型**。在离散模型中，抽象模型的无限集必须用有限集进行描述。

离散模型的设计引入了称为**切片表达**的时间依赖类型，即为了表示时间函数，时域被切割成不相交的时间间隔（切片）。在每个切片中，都可以用一些简单的时间函数来表达事物的变化。"简单"实际上是指有限的表达，即切片函数可以用几个参数来描述，而不是用无限个数据对来描述。图 3.3 给出了 *moving*（*real*）和 *moving*（*point*）的切片表达。

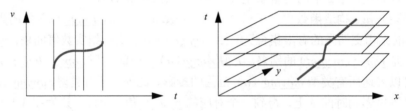

图 3.3　*moving*（*real*）和 *moving*（*point*）的切片表达

单个切片的表达包含时间间隔和函数描述，单个切片又称为一个**单元**（unit）。在离散模型中，为单元引入显式数据类型（如 *upoint*、*ureal*、*ubool*）具有重要作用。下面介绍的 SECONDO 系统就使用这种数据类型。

具有切片（称**单元函数**）的函数表达，要以一致的方式支持抽象模型中尽可能多的操作。对于 *moving*（*point*）使用时间线性函数，而对于 *moving*（*real*），其单位函数应为二次多项式时间或平方根时间，这些函数可以表示移动物体之间的时间依赖性距离，或移动区域周长或大小的变化。

3.3　SECONDO

本节我们介绍 SECONDO DBMS 原型系统。选择 SECONDO 系统的原因包括：①实现了 3.2 节中的模型；②可以实现移动对象及查询结果的动态可视化；③实现了全功能的扩展，包括内核、优化器和 GUI；④提供了两个级别的数据操作和查询——SQL 和可执行语言。最后两点非常重要，因为在轨迹分析这种具有动态变化特性的应用中，为实现查询优化器扩展，需要全新的设计方法。

3.3.1 概述

SECONDO 是德国哈根大学自 1995 年起开发的 DBMS 原型系统。它是一款免费的开源软件，可以在 Windows、Linux 和 MacOS X 等多个平台上运行。

SECONDO 没有固定的数据模型，但它提供了一个可以采用不同数据模型实现的系统框架。模型依赖的部分采用所谓的**代数模块**来实现。每个代数模块包括一系列的数据类型（准确地说，应该是类型构造函数）和操作。值得注意的是，代数模块包括了实现数据模型所需的所有功能，即有的代数模块针对的是关系、元组的类型及对应的查询处理操作（如连接方法），而有的代数模块针对的是索引类型（如 B-tree 或 R-tree）及对应的搜索操作。

SECONDO 包括三个主要组件：内核、优化器和图形用户界面（GUI），虽然采用不同的程序语言实现，但它们可以协同交互。

内核实现特定的数据模型，并可通过代数模块进行扩展。内核提供了对于实现代数的查询处理。内核使用底层存储管理器（BerkeleyDB）实现文件和记录级别的数据可靠性存储，包括事务管理、锁操作和数据恢复等。内核采用 C++ 语言编程实现。

优化器相对于内核对数据模型进行了限定：对象/关系模型（包括复合属性数据类型，如 *mpoint*）。其核心功能是基于代价的联合查询优化[①]：将 SQL 查询转换为用可执行语言实现的查询方案。优化器采用 Prolog 语言编程实现。

GUI 提供了一个针对 DBMS 的可扩展图形用户界面，用户可以针对指定的数据类型或者数据类型集合，自定义图形表达、动画或交互模式。GUI 包含一个用于空间和时间依赖类型的强大查看器（通过设计针对新数据类型的显示方法进行扩展实现）。GUI 采用 Java 语言编程实现。

3.3.2 基于可执行语言的查询

SECONDO 内核为数据操作和查询提供了一个不依赖数据模型的完整接口，它提供以下通用命令[②]：

```
create <ident>: <type expression>
update <ident> := <value expression>
let <ident> = <value expression>
delete <ident>
```

---

① 联合查询优化是基本问题：给定一组关系和一组选择和（或）连接谓词，得到一个最优优化方案。

② 我们仅给出了基本的数据操作命令，还有更多命令用于有关系统或数据库的查询、事务、导入和导出等。

```
query <value expression>
```

数据库本质上是命名对象的集合。在基本命令中，**类型表达式**是针对主动代数类型构造器的表达式，而**值表达式**是针对主动代数的数据库对象、常量及操作的表达式。使用基本命令可以创建（create）指定类型的对象（具有未定义的值），更新（update）对象值，创建由值表达式（let）指定类型和值的新对象，从数据库中删除（delete）对象。最终，执行表达式并将结果显示在用户界面上。

在 3.2 节中，我们已经给出了使用 query 和 let 命令的示例。query 命令用于执行针对原子数据类型的表达式。在本节中，我们将介绍表达式如何在数据库系统中高效执行。

大致来说，基本的思路是：在关系代数中写一个基于表达式的查询，其中操作被依次执行以获得查询结果。但是，有两点需要特别指出：

· 为了提高效率，单个元组需要在操作之间传递（称为流水线），而不是具体化关系。

· 关系代数的运算是描述性的，因为其是一个数学函数，表明哪个结果关系是从参数关系导出的。例如，连接操作可以用不同方法实现，在可执行语言中，操作与特定的算法（如特定的连接法）相关联。

在 SECONDO 中，流水线通过一个特殊类型构造函数（*stream*）来实现。定义在一个代数中的操作可以有类型 *stream*（*x*）的参数或返回结果。然后，通过查询处理器实现运算符和求值，再通过流水线传递参数。

以下示例查询实现了针对 Trains 的简单选择：
```
query Trains feed filter[.Trip passes mehringdamm] consume
```

操作采用后缀格式表示。操作 **feed** 将元组从关系传递到流中。**filter** 对元组流中每个元组执行一个谓词。**consume** 汇集一个元组流到关系中。这三个操作的签名如下：

feed:	*rel*（tuple）	→*stream*（tuple）
filter:	*stream*（tuple）×（tuple→*bool*）	→*stream*（tuple）
consume:	*stream*（tuple）	→*rel*（tuple）

这里元组（tuple）是一个类型变量（表达一些元组类型）。

下面的查询是使用散列连接操作的示例：
```
query Trains feed {t1} Trains feed {t2} hashjoin[Line_t1, Line_t2]
count
```

其中，符号{t1}表示重命名，其为每个属性名附加一个字符串_t1，以使散列连接的两个参数的属性名称可以区分开来。

一些代数模块也提供各种索引类型，如 B-tree 或 R-tree。以下命令在 Trains

关系的属性 Id 上创建 B-tree 索引：

```
let Trains_Id_btree = Trains createbtree[Id]
```

然后，就可以将该索引用于检索具有给定 Id（如 50）的列车：

```
query Trains_Id_btree Trains exactmatch[50] consume
```

总之，SECONDO 有一个精确的文本语言来描述查询计划。在可执行语言的查询中，会进行语法和类型检查并生成错误报告。

3.3.3 基于 SQL 的查询

我们也可以使用 SQL 实现查询和优化。SECONDO 优化器采用 Prolog 编程实现，查询语句采用 Prolog 的语法，这使得其与传统 SQL 查询的语法有一些小的差异。但是，它们看起来与常规 SQL 非常类似。

3.2 节中最后一个查询对应在 SECONDO 中的查询如下：

```
select [t1:id, t1:line, t2:id, t2:line,
  inst (initial (intersection (t1:trip, t2:trip) ) ) as meetingtime,
  val (initial (intersection (t1:trip, t2:trip) ) ) as meetingplace]
from [trains as t1, trains as t2]
where [t1:id < t2:id, sometimes (t1:trip = t2:trip)]
```

其中的主要区别是：列表需要用方括号括起来；对于限定的属性，使用冒号来代替 period；关系和属性的名称需要用小写。此外，where 子句通常是谓词的组合，并用逗号而不是单个布尔表达式分隔。

优化器提供基于代价的查询优化，并用 SECONDO 可执行语言生成一个方案。对于上述查询，其对应的构造方案如下：

```
query Trains feedproject[Id, Line, Trip] {t1}
  Trains feedproject[Id, Line, Trip] {t2}
  symmjoin[sometimes ( (.Trip_t1 = ..Trip_t2) )]
    {0.0238913, 0.350099}
  filter[ (.Id_t1 < .Id_t2) ] {0.517808, 0.00916338}
  extend[
    Meetingtime:inst (initial (intersection (.Trip_t1,.Trip_t2) ) ),
    Meetingplace:val (initial (intersection (.Trip_t1,.Trip_t2) ) )]
    project[Id_t1, Line_t1, Id_t2, Line_t2, Meetingtime, Meetingplace]
consume
```

此处，我们不再对该方案进行详细论述。另外，除了查询操作之外，优化器还会在方案中加入注释，如谓词的选择性和执行成本等。这些注释用于对查询执行进度估计。

用户可以直接进入此查询计划并使其以不涉及优化程序的方式执行。当然，用户也可以不使用优化程序，直接输入此查询计划并运行，查询结果在用户界面显示。

3.3.4 数据集和结果的动态可视化

图形用户界面可由用户自定义扩展。Hoese-Viewer 专门用来进行空间数据显示和移动对象动态模拟，其还可以显示瓦片地图服务器（如 OpenStreetMap 或 GoogleMaps）的背景地图数据。图 3.4 是 Hoese-Viewer 显示的一条地图匹配轨迹，其中地图匹配（见第 2 章）基于道路网络（SECONDO 利用 OpenStreetMap 数据源构建）的有向图表达来实现。*mpoint* 的原始轨迹与从地图匹配中获得的边序列一起显示。其中，黑色圆圈表示移动对象运动过程中的当前位置，当前时间和坐标显示在查看器的上部。

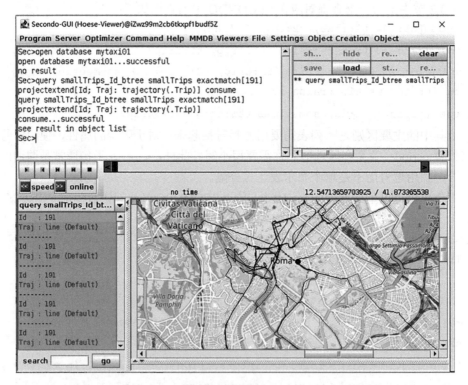

图 3.4　基于 OSM 数据网络的地图匹配（请扫二维码看彩图）

3.4　轨迹数据集的表达

轨迹的存储和分析依赖于轨迹数据在数据库中的表达方法。在本节中，我们介绍 SECONDO 系统的轨迹数据加载和表达,其中 DB 命令以 SECONDO 可执行语言表示。

3.4.1　数据加载

首先,我们介绍如何将 CSV 文本格式的原始轨迹数据 Traj.csv 文件,导入 SECONDO 数据库[①]。其中,Traj.csv 文件的数据存储结构为

（Id: int, Line: int, Up: bool, Time: instant, PosX: real, PosY: real）

将 Traj.csv 文件导入 3.2 节中 Trains 的查询语句如下:

```
let TrainsRaw = [const rel (tuple ([Id: int, Line: int, Up: bool,
  Time: instant, PosX: real, PosY: real]) ) value () ]
 csvimport['Traj.csv', 0, "", ","]
 projectextend[Id, Line, Up, Time; Pos: makepoint (.PosX, .PosY) ]
 consume;
```

该查询语句执行的结果将创建一个表:

TrainsRaw (Id: int, Line: int, Up: bool, Time: instant, Pos: point)

其中,属性 Pos 是类型为 _point_ 的位置点。接下来,我们简要介绍 3.2 节数据模型的两种不同的轨迹表达方法——紧凑表达和单位表达。

3.4.2　紧凑表达

在 TrainsRaw 中,车辆的信息分布在多个元组中。使用时空数据类型的模型（3.2 节）,我们对每个车辆可以只用一个元组进行表达。数据类型 _mpoint_ 表达属性 Pos 的时间变化。我们先将 TrainsRaw 按照 Id 进行分组,然后对每个分组进行 **approximate** 操作。在分组时使用时间（Time）作为最后的排序标准,可以保证每趟列车的位置以时间先后顺序进入 **approximate** 运算符,具体的语句如下:

```
let Trains = TrainsRaw feed
 sortby[Id, Line, Up, Time]
 groupby[Id, Line, Up; Trip: group feed approximate[Time, Pos] ]
 consume;
```

语句执行的结果是生成一个表 Trains,该表为原始移动对象数据的紧凑表达。我们可以很容易地对表 Trains 的时间属性执行 3.2 节中介绍的各种时间操作和时空操作。

----

① 使用操作 **mneaimport**,可以导入 NMEA 格式的记录。

3.4.3　单元表达

第二种表达移动对象数据的方式是使用单元（unit）类型。用户可以实现类型 *moving*（α）的值，与对应单元类型流值的相互转换，如一个 *mpoint* 和一组 *upoints*，并同时使用这两种数据类型。*upoint* 表示单个时间间隔和一个移动对象在该时间段内的线性移动。Trains 的单元表达如下：

```
let UnitTrains = Trains feed
  projectextendstream[Id, Line, Up; UTrip: units (.Trip)]
  addcounter[No, 0] consume;
```

语句执行的结果是生成一个 UnitTrains，其结构如下：

UnitTrains（Id: int, Line: int, Up: bool, UTrip: upoint, No: int）

对于每辆车，UnitTrains 包含一系列的元组。其中，每个元组包含一个时间上不相交的单元。最终，由这些时间上不相交的单元联合形成列车的完整轨迹。

units 运算符将每个 *mpoint* 转换为一个 *upoints* 流，而 **projectextendstream** 为每个 *upoint* 值创建一个投影到所列属性上的输入元组副本。**addcounter** 运算符为元组扩展一个称为 No 的计数器属性（从 0 开始计数）。单元表示复制属性 Id、Line 和 Up，带来了存储空间的消耗，但其相比于 TrainsRaw 实现了更高的组织度，在需要为特定查询类型创建索引时非常有用。

3.5　索　　引

索引是时空数据库（也称为"移动对象数据库"）领域的主要研究方向，对此更深入的研究已经超出本章的范围。读者可以参考 3.8 节的相关文献，深入了解相关的分类和特定方法的结构信息。

索引技术主要分为当前和未来位置数据的索引及历史或轨迹的移动索引。本章介绍的轨迹数据库只关注第二种技术。进一步，索引技术可以按照对象的运动空间是相对于欧几里得空间[即通过（x, y）坐标]，还是相对于网络空间进行区分，即自由运动和网络约束运动。

针对自由运动的索引方法包括 STR-tree 和 TB-tree。这两种索引方法都是传统 R-tree 索引方法的变体，以使同一轨迹的多个三维线段可以聚集在同一个磁盘分页上。不同的是，STR-tree 修改了 R-tree 的插入和拆分策略，而 TB-tree 采用了更为严格的条件：限定叶子磁盘分页只包含同一轨迹的线段。

除了这些优化的特殊数据结构方法外，也可采用常规的 R-tree 直接对空间、时间或时空维度数据进行索引。

在网络约束运动中，移动对象的位置采用网络图的边或网络中的路径进行描述。针对网络约束运动的索引方法包括 FNR-tree 和 MON-tree。

SECONDO 系统中同时实现了 R-tree、TB-tree 和 MON-tree 三种索引技术。在大多数应用中，例如，BerlinMOD 基准数据库（见 3.8 节）通常只使用 R-tree。一般来说，索引只是基于数据边界框的比较得到候选集，为准确实现查询谓词还需要进一步对候选集进行检查，即常说的过滤和细化策略。

当用 R-tree 对移动点集进行索引时，可以选择不同的数据粒度。最粗糙的粒度是将 *mpoint* 作为一个整体进行索引，但是如果 *mpoint* 被长时间观察，其边界范围将非常大，会导致索引内出现很多盲区。这种索引结构将只包含几个条目，选择性很差，这意味着生成的候选集将包含大量假的命中。相对于将 *mpoint* 作为一个整体进行索引，另一个极端是索引 *mpoint* 中的单个单元。这种情况产生的盲区较少，但会使一个 *mpoint* 分布存储在多个索引条目上。第三种方法是对连接的单元组进行索引。SECONDO 系统提供了对这三种方式的支持。

3.6　Hermes

Hermes 也是一个移动对象数据库系统，其采用 PL/SQL 编程语言，在 Oracle 10g 数据库系统的基础上进行实现。除了核心系统之外，Hermes 包括基于网页的查询构建器和浏览器。Hermes 系统没有为空间对象设计自己的数据结构，而是直接采用底层系统的空间对象。

Hermes 系统采用了与 SECONDO 相同的数据模型，因此两者支持的数据类型和操作非常相似。另外，Hermes 还提供了一些特殊的类型——移动圆、移动矩形和移动集合（不同类型的移动对象集）等。

和 SECONDO 一样，Hermes 使用切片来表示移动对象。同一个移动对象的单元存储在一个嵌套表中。

除了移动数据类型之外，Hermes 系统还实现了 TB-tree 索引技术，该索引结构支持标准的查询操作（如点查询和范围查询）及 k 最邻近（kNN）和相似性查询。

Hermes 的查询语言是 SQL 时空操作的扩展。尽管大多数数据库系统的用户都熟悉 SQL，但基于 SQL 实现复杂的时间查询仍是一项艰巨的任务：查询往往会退化为深度嵌套的函数调用。

3.7　结　　论

在本章中，我们提出了一个作为连续函数并由抽象数据类型表示的高级轨迹概念模型。该抽象数据类型是扩展 DBMS 数据模型和查询语言，以支持移动数据表示和查询的基础。我们给出了基于该模型实现查询的实例及其在 DBMS 原型系统中的实现方法。

3.8　文　献　综　述

Güting 和 Schneider（2005）撰写的教材针对移动对象数据库领域进行了深入的讨论。3.2 节中数据模型的概念是在一系列研究论文的基础上提出来的。Güting 等（2000）设计了详细的类型系统和操作。Güting 和 Schneider（2005）提到许多论文详细定义了离散模型及操作的算法。Güting 等（2006）提出了基于网络表达的移动对象（或轨迹）扩展模型。Xu 和 Güting（2013）进一步提出了针对不同的交通模式和环境（如道路网、公共交通、室内空间等）的移动对象的模型。

SECONDO 系统可从网站上免费下载[①]，其中提供了很多相关文档资料。

Mokbel 等（2003）和 Nguyen-Dinh 等（2010）对时空索引技术进行了综述。Pfoser 等（2000）提出了 TB-tree 索引技术，Almeida 和 Güting（2005）提出了 MON-tree 索引技术。Pelekis 和 Theodoridis（2005）以及 Pelekis 等（2008a）提出了 Hermes 系统，并利用该系统对 3.2 节中的模型进行了部分实现。

Güting 等（2010）以及 Sakr 和 Güting（2011）对 SECONDO 的查询类型进行扩展，先后提出了连续最近邻查询和时空模式查询（将在第 12 章进行详细讨论）。

SECONDO 中实现的 BerlinMOD 是一个评估 MOD 系统的基准。该数据库允许用户创建不同尺度的轨迹数据集。数据的创建采用模拟方法实现，例如，假设有 2000 人生活在柏林，"观察"他们在一个月的驾车行驶轨迹。基准数据库系统的尺度因子定义为 1.0，通过调整该参数可以对参与数据采集的人的数量及"观察"的周期进行任意设置。基准数据库还定义了一系列的查询表达，用于评估 MOD 系统性能。Düntgen 等（2009）对 BerlinMOD 基准数据库进行了详细的介绍，其网站提供了一些查询脚本和详细的文档[②]。

---

① http://dna.fernuni-hagen.de/Secondo.html/。

② http://dna.fernuni-hagen.de/Secondo.html/BerlinMOD/BerlinMOD.html。

第 4 章 轨迹数据仓库

Alejandro A. Vaisman 和 **Esteban Zimányi**

4.1 引　　言

在前面的章节中，我们介绍了使用位置感知设备收集大量轨迹数据的方法。对轨迹数据的有效分析为数据管理带来了新的挑战，但也提供了机遇：发现行为模式，以用于位置服务或交通控制管理等应用。

数据仓库（data warehouses, DW）和在线分析处理（online analytical processing, OLAP）已成功用于将详细数据转换为有价值的知识，以供决策之用。为处理轨迹数据而扩展 DW，形成轨迹数据仓库（trajectory data warehouses, TDW），这使我们能够从原始或语义轨迹中提取重要知识。例如，TDW 可用于分析不同城市地区汽车的平均速度。

通常 TDW 中的轨迹数据必须与其他数据一起分析，例如，将汽车轨迹数据与其他数据一起分析，可以找出汽车速度与温度、降水或海拔之间的相关性。鉴于这些需求，在本章中，我们提供了一个整体视图，将轨迹数据集成到一个更通用的数据仓库框架中，称之为**时空数据仓库**。

本章首先在 4.2 节中介绍数据仓库的概念，并描述 DW 体系结构中的主要元素。然后在 4.3 节给出本章中使用的运行示例，并在 4.4 节中对时空数据仓库进行讨论，认为轨迹数据仓库是时空数据仓库的一个特例。在 4.5 节中介绍连续场，认为其可以用于实现增强的决策支持。在 4.6 节中，介绍一个具有代表性的 TDW，即 GeoPKDD 项目提出的 TDW。4.7 节对本章内容进行总结。

4.2 数　据　仓　库

数据仓库是支持决策过程的大型数据存储库。图 4.1 显示了一个典型的多层数据仓库架构。从图 4.1 中可以看到，来自异构数据源的数据，经过缓冲区暂存后，执行 ETL 过程。ETL 过程包括提取、转换和加载。**提取**阶段，从数据源收集数据。该阶段可能操作数据库，也可能操作各种格式的文件（文件可能为内部存储，也可能为外部存储）。**转换**阶段，将数据从数据源的格式修改为仓库的格式。

该阶段又包括以下过程：清理，即去除数据中的错误并将其转换为标准化格式；集成，在架构和数据级别协调来自不同数据源的数据；聚合，根据数据仓库的详细程度（粒度）对从数据源获取的数据进行汇总。最后，**加载**阶段，将转换后的数据提供给数据仓库。该阶段还包括数据仓库的刷新，即以指定的频率进行从数据源传播到数据仓库的数据更新，以便为决策过程提供最新数据。我们将看到第2章中介绍的轨迹重建过程实际上是 TDW 系统中 ETL 处理过程的一部分。

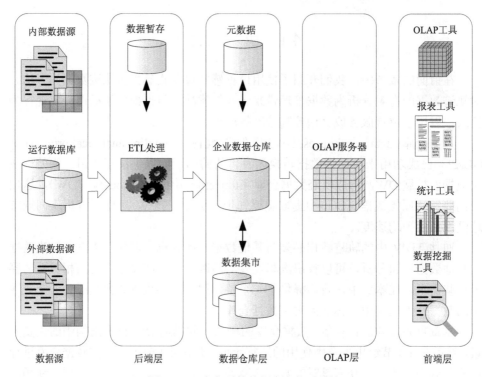

图 4.1　一个典型的数据仓库体系结构

接下来，DW 使用元数据（包括 DW 模式、数据源模式、源和 DW 属性之间的映射及数据刷新频率等），从整体的 DW 中构建较小的 DWs，以满足部门需求。这些数据仓库称为**数据集市**。

在下一层，OLAP 服务器为存储在 DW 中的数据提供多维视图。这使分析师、经理和高管能够交互式访问各种可能的信息视图以深入了解数据。因此，在概念层面上，用户将数据视为一个超立方体，其中每个单元格都包含值，称为**度量**，以量化事实（facts）。超立方体的轴称为**维度**。维度通常组织成**层次结构**，允许聚合不同细节级别的度量。发往 OLAP 服务器的查询使用 OLAP 运算符（如切片、切块、上卷和下钻）表示。**切片算子**去除立方体中的一个维度，即从 n 维

立方体中得到 $n-1$ 维的立方体，该算子类似于关系代数投影。**切块**算子将布尔条件应用于一个多维数据集，返回一个只包含满足该条件的单元格的多维数据集，该算子类似于关系代数选择。**上卷**算子根据维度层次结构使用聚合函数聚合度量，以获得更粗粒度的度量。**下钻**算子分解了先前汇总的度量，可被认为是上卷算子的逆过程。

最后，用户通过多种工具，如 OLAP 客户端、报告、统计和数据挖掘工具，与 OLAP 服务器交互。其中，用户使用 OLAP 客户端可以交互地执行 OLAP 分析。

如果 DW 存储轨迹数据，则称为 TDW。典型的 TDW 分析包括按道路类型找出轨迹的分布（这需要一个上卷操作来按道路类型聚合轨迹，以及一个切片操作来得到感兴趣的维度）或统计给定时刻某个位置的车辆总数。我们将在以下章节中给出 TDW 查询的示例。

在**逻辑层**，一个典型的实现，称为关系 OLAP（ROLAP），即将数据存储在关系数据库中。这需要设计两种表——事实表和维度表。**事实表**存储正在分析的数据元素（如 TDW 中的轨迹），而**维度表**描述了事实表中包含数据的分析轴（如道路、车辆类型）。如果维度表是非范式的，即整个维度只有一个表，则形成**星形模式**。否则，维度表是范式的，即维度层次结构中的每一层都有一个表，则形成**雪花模式**。而事实表通常都是范式的。

4.3　实例分析

我们接下来介绍贯穿本章的实例。意大利城市米兰是欧洲汽车拥有率最高的城市之一，由此产生了许多交通问题。基于数据仓库（DW）分析和理解交通数据，可以辅助交通管理。仓库中的空间数据包括道路网络、城市的行政区划（将城市划分为九个区，每个区包含多个街道）及轨迹数据。非空间数据包括生成轨迹的汽车的一些特征信息。图 4.2 是基于 Malinowski 和 Zimányi 提出的 MultiDim 模型（也可以使用其他概念模型）描述交通场景的概念模式。请注意，为了支持时空数据，我们使用时间相关（或移动）类型对 MultiDim 模型进行扩展，即随时间演变的基本类型（如实数、整数）和空间类型。有关这些数据类型及其运算符的详细信息，请读者参阅本书第 3 章。

在构建数据仓库时，首先，依据数据（在案例中是轨迹）确定事实和相关度量。然后，确定分析轴或维度以进行事实（facts）分析。在示例中，我们希望按天、地区、道路和生成轨迹的车辆进行轨迹分析。因此，需要将轨迹分割为多个片段，以便每个片段都与单个地区、道路和日期相关。但是，由于我们需要跟踪单个轨迹的所有事件，需要定义一个额外维度，以将与每个轨迹相关的数据作为一个整体进行分组。

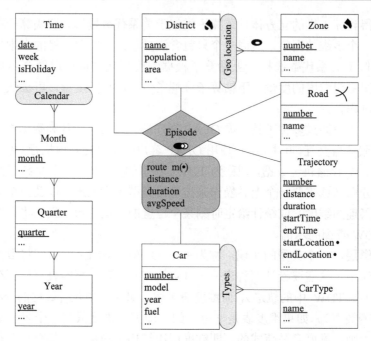

图 4.2　轨迹数据仓库的一个示例

如图 4.2 所示，有一个事实关系表 Episode，它与五个维度有关：时间（Time）、街道（District）、道路（Road）、轨迹（Trajectory）、汽车（Car）。维度由级别和层次组成。例如，Road 维度只有一个级别，但 District 维度由两个级别（District 和 Zone）组成，并在它们之间具有一对多的父子关系。级别具有描述其实例的属性，又称成员。例如，District 的级别具有名称（name）、人口（population）和面积（area）等属性。级别或属性可以是空间的，即具有由象形图指示的关联几何体（如点、线或区域）。在我们的实例中，维度 District 和 Zone 的级别是空间的，其几何类型为区域；维度 Road 的级别也是空间的，其几何类型是直线；startLocation 和 endLocation 是 Trajectory 维度的空间属性，其几何类型是点。

有四种度量：route、distance、duration 和 avgSpeed。route 记录片段的运动轨迹，它是时间相关（或移动）点类型的时空度量，用符号 m（•）表示。distance、duration 和 avgSpeed 都是从 route 派生的度量。

最后，拓扑关系可以用实际关系和父子关系中的象形图来表示。例如，Episode 中的拓扑关系表明：关系实例中一个地区和一条道路相关，它们就必然重叠。同样，District 维度中层次拓扑关系表示一个 District 被其父 Zone 覆盖。

如前所述,片段的运动轨迹保留在度量 route 中,而描述整个轨迹的数据保留在维度 Trajectory 中。或者,我们也可以在一个维度中表示片段甚至整个轨迹。该模型具有足够的灵活性,其中轨迹可以沿空间和字母数字进行维度聚合,或者事实沿轨迹维度聚合。具体的形式取决于要处理的查询。事实上,查询的**复杂性**及其**执行时间**,将取决于在度量中预先计算了多少请求的信息,因为数据仓库已针对沿维度的聚合度量进行了优化。换言之,虽然可以从维度聚合数据,但查询编写起来会更复杂,执行效率也会更低。

图 4.2 所示的 DW 将轨迹划分为与天数、道路和地区相关的 Episode。图 4.3 所示的另一种模式是根据轨迹所在的道路类型划分轨迹。例如,轨迹可以分为发生在公路、国道和区域公路上的 Episode。这种划分接近于第 1 章中讨论的 Episode 概念。另外,图 4.2 和图 4.3 中的时间粒度不同。图 4.2 中时间粒度是 day(尽管我们在度量 route 中使用时间戳粒度保持运动轨迹),而图 4.3 中每个 Episode 与其初始和最终时间戳联系起来。两种数据仓库模式之间的选择取决于具体的应用要求和需要处理的主要 OLAP 查询。

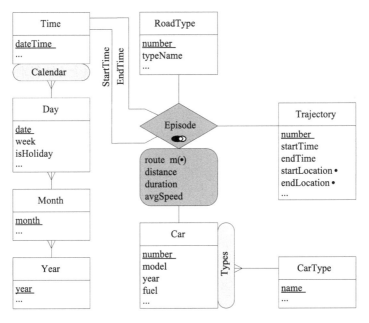

图 4.3　基于道路类型的片段划分

当使用轨迹作为度量时,会出现聚合问题。在图 4.2 和图 4.3 的示例中,我们将轨迹分割为多个片段,并将其运动轨迹保持在与时间相关的几何类型中。这样,就可以沿着不同的维度聚合这些片段(或整个轨迹)。轨迹聚合的另一种方法旨在识别"相似"的轨迹并将它们合并到一个类中。聚合可能与聚合函数一起出现,聚合函数可以为复杂的函数，也可以是简单的计数函数。轨迹聚合的主要问题在于定义相似性度量（如距离函数），表达轨迹相似性的概念。定义轨迹之间相似性的最简单方法是将轨迹视为向量，并使用欧氏距离作为相似性度量。这种方式存在的问题是不能应用于具有不同长度或采样率的轨迹（见第 2 章），以及数据中存在噪声的情况。轨迹聚集的典型方法是考虑不同的距离函数或其他特征（如相同的起点、相同的终点等）进行轨迹聚集。另外，发现具有相同模式的轨迹也是聚合轨迹的一种方式。本书第 6 章、第 7 章和第 8 章将对轨迹聚集方法进行详细的介绍。

最后，在 4.6 节中，我们将研究轨迹数据仓库的替代设计，其中空间和时间被划分为时空单元，每个单元包含一个聚合度量，该度量对穿过单元的轨迹进行计算，可以为轨迹的数量或平均速度。这样，单个轨迹信息不再存储在数据仓库中，只保留关于轨迹的聚合数据。

4.4　轨迹数据仓库查询

为了实现对 TDW 的查询，我们将图 4.2 中的概念模式转换为雪花模式。Episode 变成了一个事实表，维度级别变成了维度表（带有标识符 id），外键用于将事实表链接到维度表，并链接表示维度层次结构中两个连续级别的维度表。例如，District 和 Zone 之间的层级关系由 District 的属性 zone 和 Zone 的 id 表示，其中 id 为外键引用 zone。生成的模式为

Episode（<u>time</u>, <u>district</u>, <u>road</u>, <u>trajectory</u>, <u>car</u>, route, distance, duration, avgSpeed）

Time（<u>id</u>, date, week, isHoliday, ..., month）

Month（<u>id</u>, month, ..., quarter）

Quarter（<u>id</u>, quarter, ..., year）

Year（<u>id</u>, year, ...）

District（<u>id</u>, name, population, area, ..., zone）

Zone（<u>id</u>, number, name, ...）

Road（<u>id</u>, number, name, ...）

Trajectory（<u>id</u>, number, distance, duration, startTime, endTime, startLocation, endLocation, ...）

Car（<u>id</u>, number, model, year, fuel, ..., carType）

CarType（<u>id</u>, name, ...）

4.4.1 OLAP 查询

我们使用类似 SQL 的函数式查询语言来表达 OLAP 查询。这种查询语言记为 Q_{agg}，基于 Klug 提出的著名的关系演算（具有聚合功能）进行实现。接下来，介绍基于 Q_{agg} 的查询实例。

查询实例 4.1. "按区域（zone）列出 2011 年 2 月柴油车生成的所有片段（episodes）数"

```
SELECT z.number, nbrEpisodes
FROM Zone z
WHERE nbrEpisodes = COUNT ( SELECT e.id
    FROM Episode e, Car c, Time t, District d
    WHERE e.car = c.id AND e.time = t.id
    AND e.district = d.id AND d.zone = z.id
    AND c.fuel = 'diesel' AND t.date >= 1/2/2011
    AND t.date < 1/3/2011 )
```

对于每个区域，内部查询统计区域内满足查询条件的轨迹数，并将结果存储在变量 nbrEpisodes 中。请注意，内部查询在 WHERE 子句中通过选择 2011 年 2 月柴油车的事实来执行切块操作符。内部查询的 SELECT 子句中唯一的属性是片段的标识符。这对应于一系列切片运算符，它们删除了与事实相关的所有维度。最后，通过区域的内部查询和外部查询之间的相关性执行一个上卷运算符。

上面的查询涉及事实表 Episode。接下来我们给出一个涉及 Trajectory 维度的 OLAP 查询示例。

查询实例 4.2. "给出 2010 年最后一个季度穿过 Lambrate 地区的轨迹的平均持续时间"

```
AVG ( SELECT j.duration
    FROM Trajectory j
    WHERE EXISTS ( SELECT *
            FROM Episode e, District d, Time t
            WHERE e.trajectory=j.id AND e.district=d.id
            AND e.time=t.id AND d.name='Lambrate'
            AND t.date >= 1/10/2010 AND t.date <= 31/12/2010 ) )
```

其中，对于 Trajectory 维度的每个实例，内部查询验证至少有一个轨迹片段与 Lambrate 地区相关，并且发生在 2010 年最后一个季度。请注意，轨迹的持续时间是在 Trajectory 维度中预先计算的，因此可以对其应用平均函数。如果必须计算整个轨迹的持续时间，那么查询如下：

```
AVG ( SELECT totDuration
    FROM Trajectory j
    WHERE EXISTS ( SELECT *
            FROM Episode e, District d, Time t
            WHERE e.trajectory=j.id AND e.district=d.id
            AND e.time=t.id AND d.name='Lambrate'
            AND t.date >= 1/10/2010 AND t.date <= 31/12/2010 )
    AND totDuration = SUM ( SELECT e.duration
            FROM Episode e WHERE e.trajectory=j.id ) )
```

可以看出，该实例的 OLAP 查询是一个带有聚合的关系演算。

为了描述 OLAP 查询的特征，我们使用一组基本类型（它们具有通常的解释，但值可能未定义）：int、real、bool 和 string。此外，定义了一个标识符类型 id（在上面的例子中介绍过），用于标识维度级别的成员。还定义了时间类型，即瞬时（instant）和周期（periods），后者是一组时间间隔。最后，定义了一个类型构造函数 range（α），其中 $\alpha \in$ {int, string, bool, real, instant}，函数返回结果是 α 上的区间集。因此，类型 periods 只是 range（instant）的简写符号。基本类型和时间类型及其相关操作，在第 3 章中有详细的定义。

可以证明，在基本类型和时间类型的集合上定义的语言 Q_{agg}，具有与用聚合函数扩展的关系演算相同的表达能力。即 OLAP 查询类包括所有 Q_{agg} 可以表达的查询。因此，数据仓库实际是支持 OLAP 查询的数据库。

4.4.2 空间 OLAP

我们现在考虑空间数据类型 point、points、line 和 region，以及相关操作。例如，可以使用 inside 谓词测试一个点是否在一个区域内。为了实现以下查询，我们需要为 Q_{agg} 扩展空间数据类型。

查询实例 4.3. "对于与 Lambrate 地区相交的道路，给出 2010 年最后一个季度的轨迹数"

```
SELECT r.name, nbTrajs
FROM Road r, District d
WHERE d.name='Lambrate'
AND intersects (r.geometry,d.geometry)
AND nbTrajs = COUNT ( SELECT e.trajectory
```

```
FROM Episode e, Time t
WHERE e.road=r.id AND e.time=t.id
AND t.date >= 1/10/2010 AND t.date <= 31/12/2010)
```

外部查询使用 intersects 谓词选择与 Lambrate 地区相交的道路,该谓词确定一对几何图形是否相交。然后,内部查询(如上定义的 OLAP 查询)将维度级别 Time 与事实表 Episode 进行连接,选择在 2010 年最后一个季度、发生外部查询的道路上的片段(Episode),计算轨迹数,并将其存储在变量 nbTrajs 中。

Q_{agg} 增加空间类型生成空间 OLAP(SOLAP)查询类,这样空间数据仓库即为支持 SOLAP 查询的数据仓库。

4.4.3 空间-时间 OLAP

如第 3 章所述,通过将类型构造函数 moving(·)应用于基本类型或空间类型来获得时间依赖类型。例如,moving(point)类型的返回值是一个连续函数,其签名为 f: instant→point。时间依赖类型是偏函数,即其在某些时间段内可能未定义。第 3 章中也定义了一些针对时间依赖类型的操作,例如,时间依赖的点到平面的投影包括操作 Location 和 trajectory 返回的点和线。此外,针对非时间类型的操作也可以进行提升,以使任何参数类型成为时间依赖类型。例如,距离(distance)函数,签名为 point×point→real,其提升版本是其中一个或两个参数可以是时间依赖的点,返回结果是时间依赖的实数,即其对应签名可以为 mpoint×mpoint→mbool。直观地说,这种提升操作的语义是使用非提升操作在每个时刻计算的结果。

类似地,聚合操作也可以被提升。例如,一个提升的 avg 操作可以联合描述几辆车速度的一组时间相关实数,得到一个新的时间相关实数(其中,计算每个瞬间的平均值)。此外,时间依赖的聚合操作也可以从时间依赖类型的所有值中计算标量值。例如,可以使用算子 mavg 获得描述速度的时间依赖实数值的平均值。

空间-时间 OLAP(ST-OLAP)解释了空间对象随时间演变的情况。因此,为了表达以下查询,我们需要用上面介绍的空间类型和时间相关类型来扩展 Q_{agg}。

查询实例 4.4. "给出在 2012 年 5 月 1 日至少有一条轨迹通过的路段的几何形状"

```
SELECT r.name, travGeom FROM Road r
WHERE travGeom = UNION ( SELECT trajectory (e.route)
    FROM Episode e, Time t WHERE e.road=r.id
    AND e.time=t.id AND t.date=1/5/2012 )
```

在此查询中，我们将 trajectory 操作应用于 route 度量（时间相关点类型），以获得包含时间依赖点包含的所有点组成的线。然后，我们对由此获得的所有线进行空间联合，并将结果存储在变量 travGeom 中。

接下来，介绍另一个空间-时间 OLAP 查询示例。

查询实例 4.5．"给出 2012 年 5 月 1 日从 Lambrate 地区开始的轨迹数"

```
COUNT ( SELECT j.id
    FROM Trajectory j, District d
    WHERE d.name='Lambrate' AND date (j.startTime)=1/5/2012
    AND intersects (j.startLocation,d.geometry) )
```

请注意，j.startTime 返回一个时间戳，因此应用 date 函数来获取相应的日期。该查询使用了 trajectory 维度中预先计算的轨迹开始时间和开始位置。否则，查询应为

```
COUNT ( SELECT e.id
    FROM Episode e, District d WHERE d.name='Lambrate'
    AND inst (initial (e.route) ) =
    MIN ( SELECT inst (initial (e1.route) ) FROM Episode e1
        WHERE e1.trajectory=e.trajectory )
    AND date (inst (initial (e.route) ) )=1/5/2012
    AND intersects (val (initial (e.route) ) ,d.geometry) )
```

在这种情况下，如果由 inst (initial (e1.route)) 指定的片段的开始时间是轨迹所有构成片段中最小的，则将 inst (initial (e1.route)) 指定的片段作为轨迹的第一个片段。然后，进一步验证片段的开始时间是否为 2012 年 5 月 1 日，以及由 val (initial (e.route)) 指定的片段的开始位置是否与 Lambrate 地区几何相交。同样，因为 inst (initial (e1.route)) 返回一个时间戳，所以应用 date 函数来获取相应的日期。

在此基础上，我们将空间-时间 OLAP（ST-OLAP）查询定义为：添加了空间和时间相关类型支持的 Q_{agg} 查询。因此，时空数据仓库即为支持 ST-OLAP 查询的仓库。

正如我们在引言中所述，轨迹数据仓库是时空数据仓库的一种特例，其中的事实（fact）是轨迹、部分轨迹、轨迹或部分轨迹的聚合。

4.5 连 续 场

连续场是在空间和/或时间上不断变化的现象。例如，海拔（随空间变化）和

温度（随空间和时间变化）。尽管连续场的多维分析是一个新的研究领域，但在 GIS 中已经对连续场进行了广泛的研究。我们将在本节中展示，把轨迹数据与连续场数据相结合，可为决策提供额外的分析能力。

在概念层面上，连续场可以表示为一个函数，该函数为每个空间点（也可能是时间点）分配一个特定域的值（如高度的整数值）。但是，在逻辑层面上，连续场必须以离散方式表示。为此，我们首先需要对空间进行离散化，即将空间域划分为有限数量的元素（称为"划分"），然后为每个划分元素中的一个代表点分配一个场值。此外，由于场值仅在有限数量的点（称为"采样点"）处已知，其他点处的值必须使用插值函数来推断。实际应用中，可以使用不同的细分和插值函数。最流行的方法是**栅格**细分，它将空间划分为规则元素（正方形、立方体等），并为同一元素点分配相同的场值。

接下来，用连续场扩展我们的概念模型（独立于具体的底层实现）。场可以被看作是具有单个度量值的二维或三维立方体。例如，温度随时间变化的场可以视为时空立方体，它将真实数值与空间和时间中的任何给定点相关联。这种将场视为多维数据集的视图，允许我们将场与常规多维数据集（由事实关系和维度组成）无缝地结合起来。正如我们将在下面的查询中看到的，可通过空间或时空操作符将场与事实关系或维度关联起来。字段也可以包含事实关系的度量，但这超出了本章讨论的范围。

图 4.4 使用连续场扩展了我们的示例。非时间字段由 f（✿）象形图标识，而时间相关字段由 f(✿,◑)象形图标识。高度（Elevation）和土地利用（LandUse）是两个非时间场，其中高度用于分析轨迹速度与高程（或坡度）之间的相关性，土地利用用于选择从住宅区开始到工业区结束的轨迹。温度（Temperature）和降水（Precipitation）是两个与时间相关的场。此外，还可以根据场数据计算度量。例如，riskLevel 度量表示领域专家关于片段相对风险的知识，其值（实数值）可以使用路线（route）度量和四个场值计算得到。例如，对于在下坡、居民区、冰冻温度或高降水量的高速片段，其风险级别通常较高。

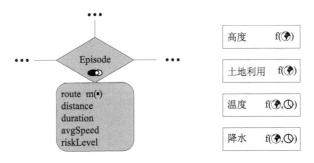

图 4.4　基于连续场的扩展示例

为了能够表达场的 OLAP 查询，我们定义**场类型**，使用构造函数 field (·) 来捕获基本类型的空间变化。例如，类型 field (real) 的值（表示高度）是一个连续函数 f: point → real。场类型操作的定义方式与第 3 章中的时间依赖类型操作类似，即场类型也有基本类型操作的提升操作。提升操作的语义是：使用非提升操作为空间中的每个点计算结果。此外，聚合操作也被提升。例如，avg 的提升操作需要联合几个场，为空间中的每个点计算平均值，生成一个新的场。此外，场聚合操作根据采用的所有场值计算得到一个标量值。例如，favg 操作描述高度的场中得到一个平均值。

时间依赖场通过组合移动（moving）和场（field）类型构造函数来实现。例如，moving (field (real)) 类型的值定义为函数 f: instant → (point → real)，可以用来表示随时间和空间变化的温度。在我们的模型中，moving (field (real)) 和 field (moving (real)) 是等价的，即它们定义一个时空立方体，将一个实数值与立方体中的每个点相关联。第 3 章中为时间依赖类型定义的所有操作都适用于时间依赖场。但是，需要为提升操作进行重命名，以区分在空间或时间上的操作。例如，sum_s 和 sum_t 分别对应于在空间和时间提升的 sum 操作。因此，给定一组时间依赖场 t_i 表示在特定时刻出现在空间中某个位置的 i 类型汽车的数量，sum_s $(\{t_i\})$ 将生成一个时间依赖场 t：对空间中的每个点应用 sum_t，因为空间中的每个点都定义了一个时间依赖的实数。类似地，sum_t $(\{t_i\})$ 也生成一个时间依赖场 t：对每个时刻应用 sum_s，因为每个时刻定义了一个实数场。

此外，必须定义新的时空操作。例如，操作 atMPoint、atMLine 和 atMRegion 将场限制为：由时间依赖空间值定义的时空立方体的子集。例如，使用 atMPoint 函数将时间依赖场投影到时间依赖点，将仅保留场中属于该点（时间依赖点）的移动轨迹的点（即立方体中的三维线）。

考虑以下涉及字段 LandUse 的查询。

查询实例 4.6. "给出在 2012 年 2 月 1 日从住宅区开始到工业区结束的轨迹的平均持续时间"

```
AVG (SELECT j.duration
    FROM Trajectory j, LandUse l
    WHERE date (j.startTime) =1/2/2012 AND date (j.endTime) =1/2/2012
    AND intersects (j.startLocation,defspace (at (l,'Residential'))),
    AND intersects (j.endLocation,defspace (at (l,'Industrial')))))
```

在这里，函数 at 将土地利用场投影为住宅或工业类型的值，函数 defspace 获取限定场的几何形状，函数 intersects 确保开始或结束位置包含在获取的几何形状中。因为假设属性 startTime 是 timestamp 类型,所以使用函数 date 来获取对应的日期。

以下是涉及时间依赖场 Temperature 的查询。

查询实例 4.7. "对于发生在 2010 年 2 月 1 日的片段,请给出片段中的平均速度和最高温度"

```
SELECT e.number, e.avgSpeed, mmax (atMLine (l,e.route))
FROM Episode e, Time t, Temperature l
WHERE e.time=t.id AND t.date=1/2/2010
```

在上面的查询中,函数 atMLine 将依赖于时间的场投影到片段的运动轨迹,从而产生时间依赖的实数。然后,使用函数 mmax 获取片段中的最高温度值。

空间-时间 OLAP 和连续场(STOLAP-CF)查询类是增加了空间类型、时间依赖类型和场类型支持的 Q_{agg}。因此,连续场数据仓库也是支持 STOLAP-CF 查询的数据仓库。

4.6　轨迹 DW 的实例: GeoPKDD

我们在前面的章节中展示了单个轨迹可以用事实和/或维度表示,以及数据的聚合分析。正如我们在 4.3 节中所述,另一种轨迹数据的分析方法是:将空间划分为区域(或路段),并预先计算每个划分的聚合轨迹数据。例如,我们可以将空间划分为规则的正方形,并为每个正方形计算给定时刻的轨迹数。这种预先计算,使我们无须再使用原始的轨迹数据,直接使用传统的 DW 进行分析。这种方法的一个实例是 GeoPKDD 项目[①]中开发的 TDW。

GeoPKDD TDW 可以在不实际存储轨迹,只使用复杂 ETL(由 TDW 提供)过程产生的预聚集量的情况下来分析轨迹数据。在此 ETL 过程中,使用第 2 章介绍的轨迹重建技术,将 GPS 设备接收到的采样位置转换为轨迹数据,并存储在移动对象数据库中。此外,移动对象数据库还包含用户配置文件、空间划分和时间间隔。

轨迹重建后,使用面向网格或面向轨迹的 ETL 方法,向 TDW 提供聚合轨迹数据。**面向网格的方法**先搜索位于时空网格内的轨迹部分,再依据其所属的用户配置文件将轨迹部分进行分解。而**面向轨迹的方法**先查找每个轨迹所在的时空单元,再依据用户配置文件计算适合每个单元的轨迹部分。

因此,TDW 中维度通常按如下方式组织:时间维度采用等间隔的方式进行范围划分,当维度层次增加时,可依据更大的时间间隔进行聚合。空间维度表示

---

① http://www.geopkdd.eu。

一个空间划分，其定义的单元格（或路段）记录了度量。此外，事实表引用了维度，并包括了度量。度量提供分区每个元素中轨迹的指标，如轨迹数量、在单元格或路段中花费的总时间等。最后，使用可视化 OLAP 界面（可以进行多维和交互式的分析）探索分析聚合数据（见第 7 章和第 8 章）。

图 4.5 显示了使用 MultiDim 模型的 TDW 概念模式。维度 Profile 收集汽车司机的人口统计信息（如性别和年龄组）。在空间维度中，Cell 代表我们考虑的最小单位（即划分空间域的网格矩形）。此外，一个网格（cell）属于一个街道（district）（这显然是一个简化的近似），一个街道（district）属于一个区（zone）。Time 维度类似于图 4.3 中的维度，而且事实关系 AggTrajectories 与 Time 维度两次关联，即 startTime 和 endTime。最后，事实关系的每个实例都包含聚合度量（即跨越时空网格的给定 Profile 轨迹的度量）。具体的度量信息如下：

- presence：不同轨迹的数量。
- distance：轨迹的平均距离。
- sumDistance：轨迹覆盖的总距离。
- duration：轨迹的平均持续时间。
- sumDuration：轨迹持续时间的总和。
- velocity：轨迹的平均速度。

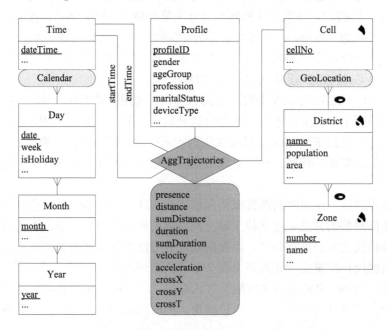

图 4.5　GeoPKDD 项目中基于 MultiDim 模型的 TDW

- acceleration：轨迹速度的平均变化。
- crossX、crossY、crossT：沿着空间（X 和 Y）和时间（T）轴穿过
网格与其相邻网格之间边界的轨迹总数。

这些度量将在 4.6.1 节中详细解释。

我们注意到，这些度量是表示关于轨迹的聚合数字信息。因此，在 TDW 中没有记录任何关于轨迹的时空信息。轨迹的时空信息仅存在于移动对象数据库中，可与 TDW 中的数据一起用于回答需要详细（非聚合）信息的查询。从形式上讲，根据 4.4 节中给出的定义，图 4.5 中的数据仓库是一个空间数据仓库。虽然在许多实际情况下很有用，但该方法不足以对移动数据进行全面分析（见 4.8 节）。

4.6.1 双计数问题

如我们所见，GeoPKDD TDW 中不存储单个轨迹，只保留聚合信息。因此，在分区空间上进行聚合时可能会出现重复计数的问题。我们使用上面度量来说明这一问题。例如，图 4.6 中划分为 6 个区域 R1～R6 的空间上的 3 条轨迹。如果汇总区域 R4、R5 和 R6（假设它们构成一个街道）中的轨迹数量，我们可获得 6 条轨迹（R4 中 3 条轨迹、R5 中 2 条轨迹、R6 中 1 条轨迹），而实际上只有 3 条轨迹。解决该问题的一种方式是：访问移动对象数据库，计算所有维度级别的超级聚合。在以下查询中会出现重复计数的问题。

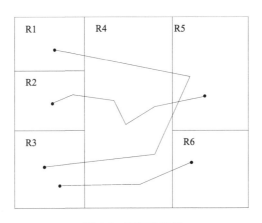

图 4.6　双计数问题

查询实例 4.8. "给出 2010 年 1 月 1 日每个街道的运动轨迹数"

在该查询中，计算度量值 presence 需要对属于同一街道的所有单元格进行聚合。第一种解决方式是简单地将这些单元格的度量值相加。在文献中，这是一种常见但非常不精确的聚合时空数据的方法。

另一种方法使用线性插值，以防止忽略与轨迹相交的单元格，但以这样的方

式，轨迹的采样点不会出现在单元格内。这种方法借鉴统计方法来处理双计数问题。基本思想如下：

我们以 $pres_{C_{x,y,t}}$ 表示给定单元格 $C_{x,y,t}$ 的度量，度量值 crossX 和 crossY 分别表示穿过 $C_{x,y,t}$ 和 $C_{x+1,y,t}$、$C_{x,y+1,t}$ 之间空间边界的轨迹数量，crossT 给出了穿过 $C_{x,y,t}$ 和 $C_{x,y,t+1}$ 之间时间边界的轨迹数量。已知两个相邻单元格 $C_{x,y,t}$ 和 $C_{x+1,y,t}$ 的 presence 值，新单元格 $C_{x',y',t} = C_{x,y,t} \bigcup C_{x+1,y,t}$ 的 pres 聚合值的计算公式为

$$pres_{C_{x',y',t}} = pres_{C_{x,y,t}} + pres_{C_{x+1,y,t}} - C_{x,y,t}.crossX$$

类似地，$C_{x,y,t}.crossY$ 和 $C_{x,y,t}.crossT$ 的值可分别用于计算单元 $C_{x,y,t} \bigcup C_{x,y+1,t}$ 和 $C_{x,y,t} \bigcup C_{x,y,t+1}$ 的 presence 值。

4.6.2　查询 GeoPKDD TDW

我们现在使用 Q_{agg} 来查询 GeoPKDD TDW。与 4.4 节一样，我们需要将图 4.5 中的 MultiDim 模式转换为雪花模式。注意，由于 TDW 不包含移动对象数据，而仅包含表示空间分区的空间数据，只能将 SOLAP 查询用于 TDW。这样，上面的查询实例 4.8 采用 Q_{agg} 的实现语句如下：

```
SELECT d.name, sumPres
FROM District d
WHERE sumPres= SUM ( SELECT a.presence
    FROM AggTrajectories a, Cell c, Time t1, Time t2
    WHERE a.cell=c.id AND contains (d.geometry,c.geometry)
    AND a.startTime=t1.id AND a.endTime=t2.id
    AND intersects (range (t1.dateTime,t2.dateTime),1/1/2010) )
```

对于每个街道（District），我们对包含在该 District 中的所有空间网格（Cell）的度量进行求和，并将轨迹开始和结束时间定义的间隔与 2010 年 1 月 1 日求交。

4.6.3　将 GeoPKDD TDW 表达为连续场

读者可能已经注意到，图 4.5 中 TDW 的每个度量定义了一组时间依赖场，每个场对应一个用户配置文件。这些时间依赖场基于时空单元进行定义，每个时空单元具有固定的粒度，如一平方千米和一小时。我们可以通过投影维度 Profile，并使用 4.5 节中的函数进行度量聚合，为每个度量值生成一个时间依赖场。例如，图 4.5 中的 presence 度量，通过使用函数 sum_s 或 sum_t，将所有配置文件的 presence 按小时和平方千米进行相加，从而产生时间依赖场的

Presence。我们可以通过对多维数据集中的每个度量进行类似的处理，最终得到与原始 TDW 粒度相同的时间依赖场。请注意，定义这些字段的函数是步进函数，也就是说，度量值在每个时空单元中是恒定的。

如图 4.7 所示，使用上述方法，我们可以将图 4.2 中运行示例的 TDW 与图 4.5 中的 GeoPKDD TDW 结合起来。我们考虑以下查询，将 GeoPKDD TDW 中的字段 Presence 与我们的运行示例相结合，以便发现住宅区中交通密集的区域。

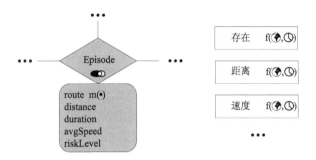

图 4.7　图 4.2 中 TDW 与图 4.5 中 GeoPKDD TDW 的结合

查询实例 4.9. "对于住宅使用率超过 70% 的地区，请给出 2012 年 1 月 21 日该街道每个点的平均汽车数量"

```
SELECT d.name, projPres
FROM District d, LandUse l, Presence p
WHERE projPres = favg (atperiod (atregion (p,d.geometry),21/1/2012))
AND (area (defspace (atregion (at (l,'Residential'),
    d.geometry))) /area (d.geometry)) >= 0.7
```

在此查询中，与时间相关的场 Presence 投影到街道的几何形状和 2012 年 1 月 21 日上，并应用 favg 操作来计算一天中每小时 Presence 的平均值。生成的非时间场保存在变量 projPres 中。另外，将非时间场 LandUse 投影到住宅区和街道的几何形状上，并将对应区域除以街道的面积，以检验是否满足查询中指定的 70%的要求。

4.7　结　　论

我们已经讨论了基于轨迹数据的数据仓库技术，可以有效改进决策支持。为此，我们将轨迹数据仓库（TDW）的概念定义为时空数据仓库的特例：轨迹可以表示为度量和维度。通过运行示例，我们展示了如何对 TDW 进行建模、设计和查询，以提供轨迹数据的聚合视图。此外，作为一个特定的案例研究，我们讨论了 GeoPKDD TDW，其中的事实包含聚合轨迹度量而不是轨迹本身。最后，我们展示了将 GeoPKDD TDW 表示为连续场的集合（一个场就是一个度量），以此提供额外的分析功能。

4.8　文　献　综　述

　　Kimball（1996）的经典著作介绍了数据仓库的基本概念。本章内容主要来自于作者在时空数据仓库和连续场方面的前期研究工作（Vaisman and Zimányi，2009a，2009b）。Cabibbo 和 Torlone（1997）研究了 OLAP 中的层次结构。本章中使用的概念模型 MultiDim 基于 Malinowski 和 Zimányi（2008）的研究内容。本章中介绍的具有聚合函数的经典关系演算查询语言由 Klug（1982）提出。数据类型系统基于 Güting 和 Schneider（2005）提出的方法。Gómez 等（2012）提出将连续场作为立方体。Orlando 等（2007）研究了 GeoPKDD TDW 及其相关的 ETL 过程，以及聚合过程中的双计数问题等。Pelekis 等（2008b）和 Marketos 等（2008）对 TDW 进行了详细的讨论。Raffaetà 等（2011）设计了 TDW 的分析工具。Andrienko 和 Andrienko（2010）对现有的轨迹聚合方法进行了分析，结果表明：诸如 GeoPKDD TDW 这样的方法，有时还不足以实现全面的轨迹分析。

第5章 移动性和不确定性

Claudio Silvestri 和 **Alejandro A. Vaisman**

5.1 引　　言

移动数据本质上是不确定的，原因是在系统生命周期的不同阶段（从获取到解释）会存在影响数据精度的诸多因素。处理数据时，不确定性会传递到中间和最终结果上。因此，重要的是要意识到轨迹数据中的不确定性，并在建模和管理中明确说明。例如，考虑一个简单的场景：人们在一个城市中走动，每小时披露两次他们的位置；为避免跟踪，公开位置是从包含用户位置的、半径为1km的圆圈内随机选择的。不了解不确定性可能会导致错误结论。例如，我们可能会错误地认为一些人的聚集或有人去过隐私敏感的地方。相反，考虑到不确定性，我们可以避免这样的错误。例如，如果有人离事故地点超过1km，我们当然可以假定这个人没有涉及这次事故。

我们接下来介绍一个众所周知的不确定性分类法（见5.5节文献综述），旨在明确定义文献中经常被赋予多种含义的术语。

1. 不确定性分类

我们基于最高抽象级别进行分类：移动性和地理信息的不确定性，由系统[系统由人类、地球（即地理/移动）和计算机构成]的复杂性引起，即不确定性反映了地理和运动现实的多样性、机器计算能力及人类认知的局限性。

第一种不确定性分类：①三个系统组成（即人类、地球和计算机）中每一个组成中实体的不确定性；②三个系统组成中不同组成的实体之间关系的不确定性。例如，坐标的有限表达及位置未知导致的不确定性都属于第①类不确定性，因为它们的不确定性分别由实体的计算机表达和人类认知（缺乏知识）引起。

第②类不确定性（即人类、机器和地理/移动关系导致的不确定性）可以根据不同组成中的实体之间存在差异的种类进一步细分：不准确/误差，测量值与真实值之间的偏差；不完整，对真实值的部分描述引起；不一致，源于对于同一实体的不同计算和认知（如语义不匹配或冲突，或者仅仅是因为表达方式的不同）；不精确，源于计算或认知精确性的缺乏。

进一步，依据不精确性的程度可以再分为：非特定（nonspecificity），只有包含真实值的集合是已知的；歧义（ambiguity），不能单独地定义包含精确值的集合；含混（vagueness），不能定义包含确切值的集合，因为 true 或 false 都可能为真值；模糊（fuzziness），一个值的真实性被不断变化的真实程度所取代。含混和模糊，都没有清晰的边界来区分真值和假值。

2. 移动数据的不确定性

不同的位置采集技术会使记录数据产生不同类型的不确定性。第 2 章中描述跟踪方法在大多数应用场景中都会存在独立于位置和时间的测量错误，而其他的一些方法本质上就可能不太精确。例如，不测量位置、手动输入数据的方式，会存在数字化的错误。另外，有些实体定义本质上也是模糊的。例如，山谷就是一个模糊的概念，很难设计出具有独立内部和外部点的清晰边界，因此也很难实现精确选择停留在山谷中的轨迹。另外，经常发生雪崩的区域也缺乏清晰的边界。这样，即使我们确切地知道所有滑雪者的轨迹，也很难确定处于危险中的人数。

移动性数据具有多个维度的特征。特别是，除了空间和时间之外，还可能存在与运动语义和用户动作相关的数据。这些维度都可能受到上述不确定性的影响。例如，轨迹的语义注释和分割，可能会受到空间维度不确定性的影响。这样，就可能因兴趣点（POI）的几何形状模糊，或者物体的位置不准确，很难断言物体停留在 POI 处。

在本章中，我们首先分析移动数据中不确定性的主要原因，然后介绍轨迹不确定性并讨论它的两个表达模型——圆柱模型和时空棱镜模型。我们还介绍受限于道路网络的移动轨迹的不确定性，并基于此分析如何使用时空棱镜模型进行地图匹配（见第 2 章）。最后，我们还讨论如何在轨迹聚类中考虑不确定性。

5.2　移动性数据不确定性的原因

不确定性的分析需要考虑其产生的过程，包括数据收集和数据处理。这对于确定应用中是否考虑不确定性及如何管理不确定性至关重要。因此，在介绍不确定性表达之前，我们简要讨论不确定性产生的主要原因，并将其分为数据本身的不确定性和人为蓄意降低准确性引入的不确定性。此外，我们还分析移动数据跟踪技术引入的观测误差。

1. 定位的不确定性

测量移动物体位置时引入的不确定性既取决于所采用的技术，也取决于其应用的环境，我们将在本节后面详细介绍。无论跟踪目标位置的具体方法如何，我们都可以确定两种不确定性来源：①与获取位置的非特定性有关。例如，状态传感器可以显示其范围内物体的身份。但是，通过设计，可不提供对象的实际位置，而只提供包含对象的空间范围，即位置受非特定性的影响。②与位置测量过程中的不准确性有关。例如，GPS 位置和时间测量，会受到环境影响而产生随机误差，使测得的位置不够准确。另外，在一些情况下位置跟踪技术不确定性来源可能同时包含这两个方面。例如，使用无线通信设备（GSM、WiFi、RFID、蓝牙等）来检测移动对象何时进入其范围。一方面，使用无线通信设备的范围引入了非特定性的不确定性。另一方面，由于环境会发生变化，物体的位置是一个模糊区域（如某种障碍物可能位于接收天线的视线上，阻碍通信，从而可能导致物体超出设备的范围），又引入了位置测量过程中的不准确性。

2. 蓄意降低精确度导致的不确定性

测量位置本身在某种程度上就存在不精确性和不准确性，在采集时或处理后，以及数据发布前其数据精确度还可能会降级。主要的原因包括：①隐私保护。本书第 2 章介绍了在获取用户位置数据，或者向第三方公开有潜在用户隐私泄露风险的信息时，对移动用户的位置进行混淆，以保护其隐私的情况。②数据处理效率。同为本书第 2 章介绍的轨迹压缩。通过丢弃非代表性位置实现轨迹压缩，虽然可以提高轨迹数据处理的效率，但是变换产生的结果与实际轨迹的相似度相比于测量轨迹与实际轨迹的相似度就会降低。另外，后期轨迹处理，如轨迹集合表达，实际上是进一步的轨迹压缩：分组轨迹的类似片段仅存储每个聚类的代表性部分，而不是所有原始片段。虽然可以提升轨迹分析的效率，但是会带来轨迹数据的不确定性。因此，需要在轨迹的精度和压缩表达之间进行权衡。

3. 数据不完整导致的不确定性

数据的不完整性也是一个不确定性的来源。一个典型的例子是轨迹的采样：我们只知道一个物体在给定时刻的位置（时间和位置都会受观测误差的影响）。为解决轨迹采样带来的不确定性，可以采用插值技术：对物体的运动做出假设，对物体在两个样本之间占据的位置进行插值计算。例如，使用线性插值，假设对象以恒定速度从一个样本点移动到下一个样本点。另一种解决轨迹采样带来的不确定性的方法是位置推断：使用有关对象或上下文的信息来限制对象的可能位置。例如，移动对象完成的某些动作只能在给定位置进行，或者一个移动对象只能完成某些动作。

5.2.1 定位技术和不确定性

第 2 章中介绍的轨迹跟踪方法与任何其他测量方法一样，都会受观测误差的影响。这些误差会直接影响位置和时间测量（直接测量），或传播到计算的位置和时间值（间接测量）。我们接下来讨论第 2 章中介绍的定位技术的不确定性。感兴趣的读者可以在本章的文献综述部分查找其他定位技术的不确定性。

1. 全球定位系统（GPS）

GPS 位置基于接收器与一组 GPS 卫星的距离计算得到。距离根据信号从卫星到接收器的不同传播时间间接测量。因此，时间测量中的误差通过计算传播，并影响结果位置的精度。实际上，要获得 GPS 位置，需要获取其与四颗已知卫星的距离。可观测卫星的数量越多，计算出的 GPS 位置精度越高。GPS 定位的标称精度为 20 m，通过优化技术，可以获得更高的精度：使用普通差分 GPS 设备可以达到米级精度，使用专门配备的接收器检测不同卫星信号之间的相位差可以达到毫米精度。

2. GSM

有许多方法跟踪 GSM 手机。最基本的是使用包含与呼叫相关联的起始和结束蜂窝（cell）的 ID 的呼叫记录数据。在这种情况下，位置的不确定性主要来自空间信息的非特定性：根据蜂窝网络的密度，一个蜂窝覆盖的范围可能从 100 m 到几千米不等。接下来，我们讨论使用其他无线网络中通用的高级定位方法。

5.2.2 无线通信的通用定位方法

基于这样一个假设：移动设备信号可以通过一些称为锚点的固定参考点来识别，我们介绍 RFID、蓝牙、WiFi 及 GSM 中的通用定位方法。

1. 基于范围的方法

蓝牙固定接收器（或者 RFID 阅读器、WiFi 接入点、GSM 蜂窝等）会不断查询附近物体的情况，对进入和退出范围的设备进行记录。一旦知道天线的覆盖范围，就可以将物体的位置限制在一个区域内。如果有多个锚点（如蓝牙固定接收器），则可以通过范围相交获得更精确的位置。在这种情况下，不确定性由天线范围的大小和重叠度来确定。锚点的密度越大（如在大都市 GSM 区域），确定的位置就越准确。但是，在一些最坏的情况下，障碍物可能会排除一些锚点，这样即使物体就在锚点附近，也不能通过位置优化获取精确的位置。

2. 不使用范围的方法

此类方法依赖于不同锚点/天线接收的无线电信号强度（RSSI）。定位不直接使用 RSSI 的绝对值大小，而使用 RSSI 之间的比率。例如，基于 RSSI 加权的锚定点质心计算方法，如果权重比值不变，则计算的质心不变。不确定性的来源包括 RSSI 误差传播及影响信号传播的非线性因素。如果信号传播路径上存在障碍物，则不能使用全向信号衰减模型。

3. 基于距离和方向的方法

与不使用范围的定位方法不同，基于距离的方法使用 RSSI 绝对值来直接进行距离估算。但是，基于距离的方法需要校准所使用的无线电，并且其对任何种类的扰动都特别敏感。因此，基于距离的方法比较适合已知设备类型的短距离测量。基于方向的方法，使用天线阵列计算不同方向的 RSSI，同时使用到达角（angle of arrival, AOA）和 RSSI 来计算设备的位置。另外，基于距离和方向的方法，假设信号传播过程中都没有障碍物，不确定性均来源于间接位置测量计算中涉及的原始观测误差，即 AOA 误差和 RSSI 误差。

5.3 时空数据的不确定性模型

现在我们来研究移动物体轨迹的不确定性问题。移动物体轨迹从原始的有限时间-空间点序列构建，其中，线性插值是从轨迹采样中重建轨迹的最常用技术（见第 2 章）。线性插值基于这样的假设：在采样点之间，对象以恒定的最小速度移动。但是，实际应用中，移动对象的运动速度通常具有一定的物理限制。基于运动速度的上界，使用不确定性模型可以对轨迹样本中两个连续点之间的位置进行估计。另外，轨迹数据库中的不确定性也可能有其他来源（见本章前面章节和第 2 章）。因此，不确定性的原因包括移动对象在两个采样点之间的位置不确定及采样点本身没有被准确记录。传统的轨迹建模方法将移动轨迹作为三维空间中的多段线（两个地理空间维度和一个时间维度），但是最近的方法通常将其建模为三维体——圆柱体，或者其他复杂的体模型。更具体地，一些方法使用时空棱镜研究采样点之间移动对象位置的不确定性，即在给定速度限制的情况下，两个连续采样点之间的时空棱镜定义为移动对象可能经过时空点的集合。从几何图形上来看，时空棱镜是时空空间中两个圆锥体的交集，其中包括在给定速度界限情况下，移动对象在两个连续时空点之间的所有可能轨迹。

对移动轨迹更为严谨的分析，要求数据模型和查询语言都要考虑运动物体数据的不确定性。也就是设计查询语言结构时，要考虑查询数据的不确定性。移动对象数据的典型查询是：在某个时间间隔内曾经在某个区域内的对象，或在某个时间间隔内始终位于某个区域内的对象。即考虑到移动对象位置的不确定性，可以查询可能在该区域内的移动对象，或肯定在该区域内的移动对象。例如，我们可以查询："给我一辆公共汽车的当前位置，该汽车可能在下午 4:00 到 4:30 之间的某个时间位于 A 大道和 B 大道的拐角处。"

接下来，我们介绍两种轨迹不确定性模型，并分析道路网络中的不确定性及轨迹聚类分析中的不确定性。

5.3.1　简单的轨迹不确定性模型

令 $\mathbb{R}$ 表示实数集，$\mathbb{R}^2$ 表示二维实平面。我们考虑在 2D(x, y) 空间 $\mathbb{R}^2$ 子集中的移动对象，并在 (t, x, y) 空间 $\mathbb{R} \times \mathbb{R}^2$ 中描述对象的移动，其中 t 表示时间。正如前面章节介绍，移动对象（在此我们假设其几何类型为点）会产生轨迹曲线。实际上，轨迹仅在离散时刻已知，即轨迹可以定义为一个序列，记为 $S = \{(x_0, y_0, t_0), (x_1, y_1, t_1), \cdots, (x_N, y_N, t_N)\}$。对于时间范围为 t_1 和 t_N 之间的轨迹 T，其移动对象在点 t_i 和 t_{i+1}（$1 \leqslant i \leqslant N$）之间时刻 t 时的预期位置，可以通过 (x_i, y_i) 和 (x_{i+1}, y_{i+1}) 之间的线性插值得到。

注意，轨迹通常可以表示对象过去和未来的移动。对于未来移动，可以将轨迹认为是描述对象的计划移动的一组点。最常见的假设是，对象在将要访问一组点之间沿最短路径移动。

基于简单模型可以定义不确定轨迹：将不确定性阈值 r 与轨迹的每条线段相关联。对于给定的移动计划，当且仅当移动对象（如 GPS 设备相关联的）的位置与其预期位置的偏离值为 r 或更大时，才将移动对象的位置更新至服务器。但在实际应用中，GPS 更新以预设的特定间隔发送。因此，移动对象的位置是已知的，通过线性插值，可以计算移动对象在任何时间点的预期位置，其中的偏差是实际位置和预期位置之间的距离。

定义 5.1　令 r 表示正实数，T 表示时刻 t_1 和 t_n 之间的轨迹，对应的不确定轨迹为 $UTr = (T, r)$，其中 r 称为不确定性阈值。对于 T 中的每个点 (x, y, t)，其不确定区域是以 (x, y, t) 为中心、半径 r 的水平圆盘（即圆和其内部），其中 (x, y) 是移动对象在时间 $t \in [t_1, t_n]$ 的预期位置。　　　　　□

该定义的图形化表达如图 5.1 所示。

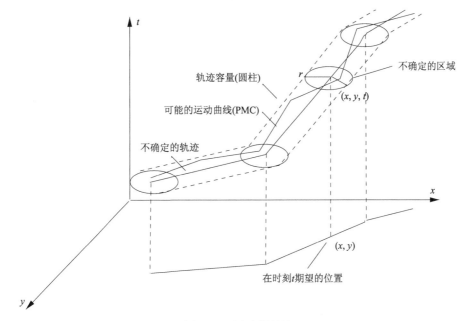

图 5.1　不确定性轨迹

定义 5.2　设 $UTr = (T, r)$ 是时刻 t_1 和 t_n 之间的不确定轨迹。T 的可能的运动曲线 PMC(T) 是一定义在区间 $[t_1, t_n]$ 的连续函数 f_{pt}，其签名为 $Time \rightarrow \mathbb{R}^2$。其中，对于任何 $t \in [t_1, t_n]$，其对应的三维点 $(f_{pt}(t), t)$ 都在时间 t 时移动对象预期位置的不确定区域内。　　　　　　　　　　　　　　　　　　　　　　　　□

直观地说，PMC 描述了移动对象在不生成更新的情况下可能沿用的路线（及其相关时间）。换言之，在实际情况下，移动对象只要处于其不确定轨迹的某个可能的移动曲线上，就不需要更新数据库。一条可能的移动曲线在平面上的投影称为一条可能的路线。

查询模型将查询不确定运动对象的运算符分为两类：①点查询运算符；②查询移动对象在给定时间间隔内与特定区域之间相对位置的运算符。两类运算符分别对应各自的时空范围查询。

1. 点查询的运算符

文献中定义了两种点查询运算符：
- Where At (T, t)：返回轨迹 T 路线上在时刻 t 处的预期位置。
- When At (T, l)：返回轨迹为 T 的移动对象，预期位于位置 l 的时间。（注意，如果移动对象多次经过位置 l 点，则返回结果可以是一组瞬间时间。）

如果位置 $l = (x_1, y_1)$ 不在 T 的路线上，则 When At (T, l) 的返回结果是：

查找 T 的路线上最接近 l 的所有点的集合 C，返回预期到达 C 中的每个点的时间集合。

2. 时空范围查询的运算符

这些运算符包括一组布尔谓词。如果在给定的时间间隔 $[t_s, t_e]$ 内移动对象位于给定区域 R 内，则满足谓词条件。查询可能会询问在 $[t_s, t_e]$（由于对象的运动）内是否有时（或始终）满足条件，和/或如果由于不确定性，对象是否可能（或肯定）在时间间隔内的某个时间满足条件。与时空范围查询相对应的主要运算符包括：

- Possibly Sometime Inside (T, R, t_s, t_e)，对于轨迹 T，如果存在一个移动曲线 $\mathrm{PMC}(T)$ 和时间 $t \in [t_s, t_e]$，满足条件：时间 t 处的 $\mathrm{PMC}(T)$ 在区域 R 内部，则谓词为真。

- Possibly Always Inside (T, R, t_s, t_e)，对于每个 $t \in [t_s, t_e]$，都存在 $\mathrm{PMC}(T)$，其值在区域 R 内，则谓词为真。

- Always Possibly Inside (T, R, t_s, t_e)，对于每个 $t \in [t_s, t_e]$，都存在一些（不一定唯一）$\mathrm{PMC}(T)$，其值在区域 R 内（或边界上），则谓词为真。

- Always Definitely Inside (T, R, t_s, t_e)，对于每个 $t \in [t_s, t_e]$，每个可能的运动曲线 $\mathrm{PMC}(T)$ 都在区域 R 内，则谓词为真。

- Definitely Sometime Inside (T, R, t_b, t_e)，对于轨迹 T 的每个可能的移动曲线 $\mathrm{PMC}(T)$，如果存在一些时间 $t \in [t_b, t_e]$，使得 $PMC(T)$ 在 R 内，则谓词为真。

图 5.2 展示了前三个运算符的语义。

(a) Possibly Sometime Inside R1　(b) Possibly Always Inside R2　(c) Always Possibly Inside R3

图 5.2　不确定性查询运算符

虚线表示满足谓词的 PMC；实线表示路线；实线椭圆表示不确定区域

5.3.2　时空棱镜模型

我们现在介绍更为通用的不确定性管理模型——时空棱镜模型，并描述其在不同问题上的应用。时空棱镜模型不仅需要对象的时间戳位置，还要获取一些背景知识，例如，位置 (x_i, y_i) 处的（如物理或法律强加的）限制速度 v_i，即两个连续采样点之间的速度限制可用于模拟移动对象在采样点之间位置的不确定性。5.3.1 节的方法（有时称为圆柱方法）取决于不确定性阈值 $r > 0$ 会沿轨迹产生一个范围为 r 的缓冲区。但是，在时空棱镜方法中，对于轨迹 T 中的每对连续点 (t_i, x_i, y_i)、$(t_{i+1}, x_{i+1}, y_{i+1})$，它们之间的时空棱镜不取决于不确定性阈值，而是移动对象的最大速度值 $v_{\max}$。

直观地说，两个连续点之间的时空棱镜被定义为：基于限定速度的移动对象可能经过的时空点集，即连接连续轨迹点的时空棱镜链形式为一种生命线项链，如图 5.3 所示。

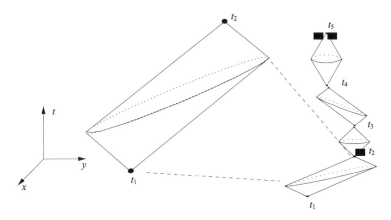

图 5.3　时空棱镜链及其生命线项链

现在我们将上述概念进行形式化描述。在时间 t，$t_i \leqslant t \leqslant t_{i+1}$，移动对象到点 (x_i, y_i) 的距离至多为 $v_i(t - t_i)$，到 (x_{i+1}, y_{i+1}) 的距离至多为 $v_i(t_{i+1} - t)$。因此，移动对象的空间位置位于中心为 (x_i, y_i) 且半径为 $v_i(t - t_i)$ 的圆盘与中心为 (x_{i+1}, y_{i+1}) 且半径为 $v_i(t_{i+1} - t)$ 的圆盘的交接处。这些点的几何位置称为**时空棱镜**，给定点 $p = (t_p, x_p, y_p)$、$q = (t_q, x_q, y_q)$ 及限定速度 $v_{\max}$，其对应的时空棱镜定义如下。

定义 5.3　给定起点 $p = (t_p, x_p, y_p)$、终点 $q = (t_q, x_q, y_q)$、$t_p \leqslant t_q$ 及最大速度 $v_{\max} \geqslant 0$，其时空棱镜为满足以下约束公式的所有点 $(t, x, y) \in \mathbb{R} \times \mathbb{R}^2$。

$$\Psi_{\mathrm{B}}\left(t, x, y, t_p, x_p, y_p, t_q, x_q, y_q, v_{\max}\right) := \left(x - x_p\right)^2 + \left(y - y_p\right)^2$$
$$\leqslant \left(t - t_p\right)^2 v_{\max}^2 \wedge \left(x - x_q\right)^2 + \left(y - y_q\right)^2$$
$$\leqslant \left(t_q - t\right)^2 v_{\max}^2 \wedge t_p \leqslant t \leqslant t_q$$

□

其中，$\Psi_\text{B}\left(t, x, y, t_p, x_p, y_p, t_q, x_q, y_q, v_\text{max}\right)$、$t$、$x$、$y$ 是定义在 $\mathbb{R} \times \mathbb{R}^2$ 子集的变量，而其他所有项都是参数。

5.3.3　道路网络的不确定性

到目前为止，我们还没考虑移动轨迹的生成环境，这种轨迹通常称为无约束轨迹。然而，移动轨迹通常都生成于空间 $\mathbb{R}^2$ 中的道路网络，即移动轨迹是受约束的轨迹。不同约束空间中的移动具有各自的特点。首先，我们将对道路网络的概念进行形式化定义。

定义 5.4　道路网络 RN 是一个嵌入在 $\mathbb{R}^2$ 中的图，一个由有限顶点集 $V = \left\{(x_i, y_i) \in \mathbb{R}^2 \mid i = 1, \cdots, N\right\}$ 以及由速度限制和相关时间跨度标记的边集 $E \subseteq V \times V$ 构成的标记图。图嵌入满足以下条件：边作为顶点之间的直线段嵌入，并可在非顶点中相交，以支持对桥梁、隧道的建模。如果边标有限制速度，则其时间跨度是以限制速度行驶时从边的一侧到另一侧所需的时间。　　　　　□

道路网络 RN 上的轨迹是其空间投影在 RN 中的轨迹。接下来，我们考虑道路网络中的时空棱镜。假定道路网络 RN 具有统一限制速度 v_i，构造两个采样时间 t_i 和 t_{i+1} 之间的时空棱镜。

在道路网络上使用时空棱镜，通常比简单地使用无约束移动的时空棱镜与道路网络的交集更为复杂。例如，考虑将不受约束的时空棱镜沿时间轴投影到 xy 平面，投影结果是一个焦点为出发点和到达点（即 p 和 q）的椭圆。对于两个时刻 t_p 和 t_q 之间的时间 t，对象到 p 的距离最多为 $v_\text{max}\left(t - t_p\right)$，到 q 的距离最多为 $v_\text{max}\left(t_q - t\right)$。将两个距离相加得到 $v_\text{max}\left(t - t_p\right) + v_\text{max}\left(t_q - t\right) = v_\text{max}\left(t_q - t_p\right)$，其值为一个常数。因此，速度限制为 v_max 的对象可能访问过的所有可能点都必定位于焦点为 p 和 q 的椭圆内，并且这些可能点到 p 和 q 的距离之和均小于或等于 $v_\text{max}\left(t_q - t_p\right)$。即任何接触椭圆边界并具有两条以上直线段的移动轨迹，其轨迹点到 p 和 q 的距离之和都大于 $v_\text{max}\left(t_q - t_p\right)$，如图 5.4 所示。对于在椭圆中的轨迹，其必然位于无约束时空棱镜和道路网络的交点处，但不一定完全位于道路网络时空棱镜中。因为其中的轨迹点可以在特定的时间到达，但是从该轨迹点并不能在特定的时间到达目的地，反之亦然，即从某一轨迹点可以在特定的时间到达目的地，但是不能在特定的时间到达该轨迹点。例如，在给定的时间间隔内，道路网络上没有从顶点 p 到达顶点 q 的路径，即时空棱镜与道路网络的交点集合虽然不为空，但是道路网络的时空棱镜结果为空，因为网络中没有从 p 到 q 的路径。

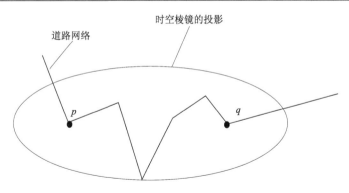

图 5.4　道路网络和时空棱镜投影

定义道路网络上时空棱镜，我们需要适用于网络的距离函数。距离度量可以使用图论中的**最短路径距离**。

定义 5.5　对一个道路网络 $\mathrm{RN}=(V,E)$，给定 RN 上的两个点 $p=(x_p,y_p)$ 和 $q=(x_q,y_q)$，p 和 q 不一定是顶点，其中，p 位于边 $((x_{p,0},y_{p,0}),(x_{p,1},y_{p,1}))$ 的嵌入，q 位于边 $((x_{q,0},y_{q,0}),(x_{q,1},y_{q,1}))$ 的嵌入。我们从 RN 构建一个新的道路网络 $\mathrm{RN}_{pq}=(V_{pq},E_{pq})$，其中，$V_{pq}=V\bigcup\{p,q\}$，$E_{pq}=E\bigcup\{((x_{p,0},y_{p,0}),(x_p,y_p)),((x_p,y_p),(x_{p,1},y_{p,1})),((x_{q,0},y_{q,0}),(x_q,y_q)),((x_q,y_q),(x_{q,1},y_{q,1}))\}$。　　　□

定义 5.5 通过分割 p 和 q 所在的边来构建新网络。新网络边的速度限制，使用原始边缘的速度限制，边的时间跨度根据定义 5.4 进行计算。进一步，我们定义道路网络 RN 的距离及 RN 上 p 和 q 之间的时空棱镜。

定义 5.6　给定一道路网络 RN 及其两个点 p，$q\in\mathrm{RN}$。$d_{\mathrm{RN}}(p,q)$ 表示 p 和 q 之间的道路网络时间，即图 (V_{pq},E_{pq}) 中，对应于边标注时间跨度、p 和 q 之间的最短路径距离（即图论中基本概念）。　　　□

其中，p 和 q 之间的道路网络时间是 q 到 p 的最短时间，即以允许的最大速度沿道路网络中道路从 q 点到 p 点所需的最短时间。如果每条边具有不同的速度限制，则定义 5.6 的度量是：时空数据时间投影的最短时间跨度度量。在这种情况下，最短路径就不一定是最快路径。否则，如果所有边具有相同的速度限制，则最快路径也是最短路径。

接下来，我们忽略技术细节，对道路网络上时空棱镜进行简化定义。

定义 5.7　对于道路网络上两个时空点（x_p,y_p,t_p）和（x_q,y_q,t_q），其间的时空棱镜为：在 $\mathbb{R}\times\mathrm{RN}\subset\mathbb{R}\times\mathbb{R}^2$ 所有点的几何位置，其中的点集是移动对象在从 t_p 到 t_q 的时间范围内，从起点 p 移动到终点 q 所有可能访问的点，同时要求移动对象要在道路网络 RN 中移动，并且符合 RN 中边标注的速度限制。即给定点

$u = (x, y) \in \mathrm{RN}$ ，其满足条件：$d_{\mathrm{RN}}(p, u) + d_{\mathrm{RN}}(u, q) \leqslant (t_q - t_p)$。　　　　□

图 5.5 是满足定义 5.7 的一个时空棱镜示例。

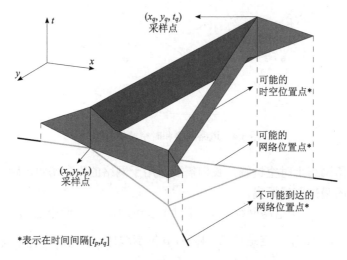

图 5.5　道路网络上的一个时空棱镜

其中，移动对象的所有可能位置（由图 5.3 中不受约束移动的锥体表示）均在网络上，并且每条边可具有不同的速度限制

5.3.4　基于时空棱镜的地图匹配

第 2 章研究了网络约束轨迹中的一个典型问题——地图匹配，即将轨迹映射到网络的边和节点，其中介绍了几何匹配、拓扑匹配、混合匹配和概率匹配四种地图匹配算法。本节中，我们将介绍基于时空棱镜模型的地图匹配。该方法已应用于欧洲城市紧急服务的真实案例（由于隐私原因，我们不便透露更多信息）。欧洲城市紧急服务的目标是实现到达指定干预地点的时间优化。提供欧洲城市紧急服务的公司，虽然也购买了一些标准的路线规划软件，但是其计算的最短/最快路线通常不是最佳的方案。原因是这些方法通常存在以下问题：①没有考虑观察时间（如下午 5 点城市车站总是堵车，可能的话，车辆须在该时间前后避开城市车站区域）；②没有考虑特定的位置，如学校；③没有考虑额外的信息（如学校路线、电车线路等）。因此，需要设计一种新的路径规划方法解决以上问题。作为这项算法设计的第一步，需要对汽车在其干预期间遵循的路线数据进行分析。从接到总部的电话到他们到达干预地点的那一刻，办案人员要求使用 GPS 设备记录他们的行踪。每隔 10 m 进行一次数据采样，并要求司机填写调查问卷，如关于选择特定路线的原因。在这种情况下，出现了典型问题：大约 95% 的采样点落在实际行驶道路的外面。因此，需要将采样点映射到道路网络，即地图匹配，其形式

化定义如下。

定义 5.8　对象沿着街道有限系统（或集合）$\bar{N}$ 移动。位置感知设备可以对车辆在时间点 $\{0,1,\cdots,t\}$ 处的位置进行估计。车辆在时间 t 的真实位置为 $\bar{P}^t$，估计值为 P^t。地图匹配的过程是确定 $\bar{N}$ 中街道包含 P^t 的过程，即确定车辆在时间 t 时所在的街道。　　　　　　　　　　　　　　　　　　　　　　　　　□

为了将时空棱镜方法应用于地图匹配问题，我们必须首先考虑以下几点。给定两个连续记录点 a 和 b 之间的时间和最大速度，汽车可能位于的位置由时空棱镜在平面上的投影确定。当投影是一个椭圆时，其范围可由两点 $R(X_1,Y_1)$ 和 $U(X_2,Y_2)$ 指定的边框进行简化计算，如图 5.6 所示（椭圆内的线代表实际道路）。R 的坐标值计算过程为：X_1 是 x 轴上从 b 以最大速度 $v_{\max}$ 行驶时可到达的最远点，Y_1 是 y 轴上从 b 以最大速度 $v_{\max}$ 行驶时可到达的最远点。U 的坐标值计算过程为：X_2 是 x 轴上以最大速度 $v_{\max}$ 行驶远离 a 可以到达的最远点，Y_2 是 y 轴上以最大速度 $v_{\max}$ 行驶远离 a 可以到达的最远点。

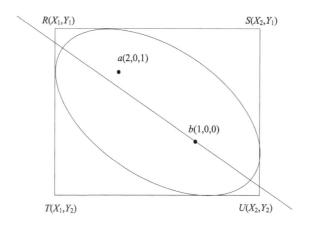

图 5.6　a 和 b 两点的时空棱镜投影

接下来，我们介绍一种基于时空棱镜的地图匹配算法（以下简称 ST-MM）：

（1）通过为每个连续点对计算连接到它们的道路（如上所述）来创建约束网络。

（2）对于每个 GPS 点，计算 n 个最近的路段，利用以下方式为每个路段分配权重：最接近该点的路段获得权重 n，第二近的路段获得权重 n–1。最近的 n 个路段的权重值为 1。请注意，要包含的路段使用时空棱镜计算。路段 s 的分数通过将所有与 s 匹配路段的权重相加来计算。

（3）在这个有限的网络中，计算 k 条最短路径，并取步骤（2）中得分最高的最短路径为最终结果。

本书第 2 章研究了几何映射匹配算法。这些算法具有简单、高效的特点，但几何算法的缺点是有时会影响轨迹重建。例如，当以不规则间隔进行数据采样，或者在数据中存在大间隙时（如当物体进入大型隧道时会发生阻止信号接收的情况）。因此，需要采用如上所述的复杂算法。通过对真实数据的实验发现：

（1）ST-MM 对最大速度敏感。对于相对较高的速度（70～120 km/h），它稳定并保持良好的性能，平均轨迹重建率约为 80%。当速度较低时，性能和重建率都会下降。

（2）当数据以固定间隔记录并且观测值之间没有大的间隙时，几何算法表现良好（注意，几何算法与最大速度无关）。

（3）当数据不规则且包含大间隙时，除非最大速度较低，ST-MM 均可提供较好的重建率。相比而言，在最大速度较低时几何算法效率更高，尽管两种算法的重建率都很低。

（4）ST-MM 明显优于简单几何算法的情况是：速度相对较高、采样间隔不规则。相反，在速度较低的情况下，几何算法的性能更好，因为 ST-MM 中的棱镜包含大量道路，从而降低了性能。

5.3.5　轨迹聚类和不确定性

聚类是一种数据挖掘技术，它将数据集划分为数据对象的集合，以使每个分区内的对象彼此"相似"，而不同分区中的对象彼此"不同"。移动对象数据的聚类旨在识别遵循相似轨迹的对象集。本书第 6 章将详细讨论聚类问题。本节中，我们讨论不确定性对聚类结果的影响。

许多聚类技术（见第 6 章），如流行的 k 均值，可通过使用轨迹之间的距离函数度量轨迹之间的相似性，以实现轨迹聚类，从而产生了基于距离的轨迹聚类。聚类轨迹数据通常会生成地理上接近的轨迹组。距离函数可以是简单的函数（如具有相同起点和/或目的地的轨迹聚类），也可以是复杂的函数。

时空棱镜方法允许为考虑不确定性的轨迹定义距离函数。让我们考虑两个轨迹样本 $T1$ 和 $T2$，它们的不确定性分别由连接每条轨迹的连续样本点的两条生命线项链 N_1 和 N_2 表示。直观地说，相对于项链的联合部分，项链间的交集部分越大，两条轨迹之间的距离就越小。换句话说，$T1$ 和 $T2$ 共享的不确定性越多，它们就越接近。另外，如果 N_1 和 N_2 不相交，这表明在限定速度的情况下，对应的两条轨迹也不可能相交。聚类算法也不能将这两条轨迹分组在一起。两条轨迹的时空棱镜相交时间的投影代表两条轨迹可能相遇的瞬间，时间越长，轨迹就越相似。形式化定义如下。

定义 5.9　对于两个轨迹样本 τ_1 和 τ_2，A 和 B 分别表示对应的两条"项链"，V_C 表示三维图形 C 的体积，则 τ_1 和 τ_2 之间的不确定性距离定义为

$$d_u(A,B) = 1 - \frac{V_{A \cap B}}{V_{A \cup B}} \qquad\qquad \Box$$

可以证明，$d_u(A,B)$ 是一个距离度量，也就是说，它满足一致性 $(\forall i : d(i,j) = 0$ 当且仅当 $i = j)$、正定性 $(\forall i,j, i \neq j : d(i,j) > 0)$、对称性 $(d(i,j) = d(j,i))$ 和三角不等式 $(\forall i,j,k : d(i,j) + d(j,k) \geqslant d(i,k))$。

应用这种感知不确定性的距离函数的难点是：为得到两条轨迹之间的距离，需要计算分别对应的两条时空棱镜链之间的交集。为了使这种计算更有效，通常需要对道路网络相关的信息进行预处理。读者可以参考本章的文献综述，以进一步深入了解相关计算方法。

最近的文献中也提出了基于模糊区域的方法。在这些方法中，轨迹数据库被视为表示轨迹可能穿过的区域的模糊集，其中模糊值表示该区域中运动对象存在和不存在的概率。基于该模型，定义了一种感知不确定性的距离度量，并将其用于聚类算法中。读者可以参考本章的文献综述，以进一步深入了解。

5.4　结　　论

通常移动性相关的数据在某种程度上具有不确定性，明确表达和管理不确定性可确保数据处理方式的合理性。在本章中，我们首先分析了数据收集和管理中产生不确定性的原因，以及位置跟踪方法的准确性问题。然后，我们描述了两个众所周知的轨迹不确定性模型。对于移动受限于道路网络的情况（就像在大多数真实世界场景中一样），不确定性建模就会变得更加复杂。因此，我们进一步介绍了道路网络中的不确定性，并提出了一种基于时空棱镜模型的地图匹配方法。最后，我们介绍了轨迹聚类中的不确定性。

5.5　文　献　综　述

Dricot 等（2009）详细描述了 5.2.1 节中介绍的无线传感器网络定位技术及其不确定性。Shu 等（2003）论述了本章介绍的不确定性分类法。Shu 等（2003）及 Pauly 和 Schneider（2010）给出了有关时间和空间数据中的不确定性建模的详细信息。Kuijpers 和 Othman（2009）介绍了本章中轨迹和轨迹样本的定义。Egenhofer（2003）介绍了地理空间生命线的概念。Trajcevski 等（2004）介绍了不确定轨迹和可能的运动曲线的概念，以及针对不确定性模型的查询方法。另外，本章中图 5.1 和图 5.2 也摘自其论文。Trajcevski（2011）对轨迹不确定性进行了详细的数学分析。Pfoser 和 Jensen（1999）研究了时空棱镜。然而，时空棱镜的概念最早出现在 Hägerstrand（1970）的时间-地理学中。Miller（1991）提出了针对道路网络的时空棱镜模型。Kuijpers 和 Othman（2009）研究了道路网络上的时空棱镜问题，并引入了用于时空棱镜计算和可视化的算法。Kuijpers 等（2009）提出了基于时空棱镜的用于轨迹聚类的距离函数：通过时空棱镜的交集进行距离函数的计算。Kuijpers 和 Othman（2009）提出了一种将时空棱镜的交集计算转换为多边形间交集计算的方法。此外，本章中的图 5.5 摘自 Othman（2009）。最后，Pelekis 等（2011）介绍了基于模糊集的轨迹聚类。

第二篇 移动性数据分析

第6章 移动性数据挖掘

Mirco Nanni

6.1 引　　言

6.1.1 移动性数据挖掘

对象的移动轨迹是对象移动性相关活动的最有效概括。在第3章和第4章中介绍了移动轨迹（以及拥有轨迹的对象）查询，即给定搜索条件，查询满足条件的有趣的轨迹行为。当海量的轨迹信息可用时，我们可以更进一步分析：从数据中自动发现"有趣的行为"。这正是移动数据挖掘的研究领域。

移动数据挖掘相对于移动轨迹查询本质上是增加了搜索过程的自由度。例如，移动轨迹查询搜索在某个时刻执行以下动作序列的轨迹：突然减速、掉头，最后加速。而移动数据挖掘则是发现在轨迹数据库中频繁执行的动作序列（也可以是：突然减速、掉头，最后加速）。为了执行数据挖掘过程，用户需要指定其搜索行为的通用结构（即动作序列）、包含的元素类型（动作集及在轨迹内定位指定动作的精确方法）和选择"有趣"行为的标准（在"突然减速、掉头，最后加速"这个例子中，用户只想要数据中频繁出现的这一行为）。

6.1.2 术语说明

在本章中，我们将频繁使用术语"轨迹模式"。正如在第1章中所述，轨迹模式的概念实质上等同于"轨迹行为"（本书前几章中对这些概念也没有进行明确的区分）。这两个概念源自不同的轨迹行为和轨迹模式学界，反映了同一主题的不同观点："轨迹行为"是数据管理观点，侧重于确定与每个行为相关的轨迹；"轨迹模式"是数据挖掘观点，更关注于轨迹中的有趣行为。

对现有的各种移动数据挖掘方法及优化方法进行分类并不容易，但可从几个简单的维度对现有的方法进行分析。接下来，我们将介绍其中一种，并将它用于后续的分析示例中。

6.1.3 局部模式与全局模型

本节开头所示的行为示例代表了一类挖掘方法，称为**局部模式**，通常简称为

模式。局部模式挖掘的关键在于识别只涉及轨迹子集（可能很小）的行为和规律，并且只描述所涉及的每个轨迹的一部分（可能很小）。

另一类挖掘方法称为**全局模型**，通常简称为**模型**，其目标是提供全体轨迹数据集的通用特征，即定义数据中的通用规律，而不是发现有趣但孤立的现象。例如，我们将看到后面的挖掘任务，其目的是将所有轨迹的全局细分定义为同质组，以及发现能够预测轨迹未来演变的规则（即将访问的下一个位置）。

在接下来的章节中，我们将概述移动数据挖掘领域中的问题及解决方法。由于篇幅原因，我们不会详尽地涵盖有关该主题的所有可用文献，而只是针对各个主题讨论一些代表性示例。讨论的内容主要围绕局部模式和全局模型之间的区别展开。我们假设原始的位置信息（如 GPS 轨迹）已经采用第 2 章中讨论的方法进行预处理，得到了对应的移动轨迹。同时，我们也不会考虑第 5 章已经解决的与不确定性有关的问题。除了这里提供的示例之外，读者还可以在接下来的章节找到轨迹数据挖掘方法的一些应用，特别是第 7、9 和 10 章。

6.2　局部轨迹模式/行为

移动性数据挖掘文献提供了许多可以从轨迹数据中发现的轨迹模式示例。这些方法中实际上都采用了两个基本假设：①模式只有在频繁出现时才有趣（因此需要提取），因此模式必然涉及（或出现）多条轨迹[①]；②模式必须（也）描述在所涉及移动对象空间中的运动特征，而不仅仅是非空间或高度抽象的空间特征。在本章中，我们将采用这样的假设，以便更好地集中讨论。

轨迹数据的空间信息和时间信息都是提取模式的重要构成部分，但时间信息通常具有多种不同的处理方式。我们就利用这些方式的不同进行轨迹模式的分类。虽然轨迹模式都是描述多个移动对象跟随的行为，但我们可以依据它们这样做是否在相同的时间（同一时间段）、不同的时间（物体间存在时间的偏移），或者根本不受时间限制等对轨迹模式进一步区分。

6.2.1　使用绝对时间（或一起移动的分组）

分析移动轨迹时的一个基本问题是：

是否有一组对象在一起移动了一段时间？

例如，在动物监测领域，这种模式将有助于识别可能的聚集，例如牛群或简单的家庭，以及捕食者-猎物的关系。在人类流动中，类似的模式可能表明一群人

---

① 当然，也存在显著性例外，例如，异常值检测的情况，其中包含异常模式（即不频繁的模式）。为便于介绍，异常检测将在本章后面的全局模型进行介绍。

故意或受外部因素强迫而一起移动，例如交通拥堵时汽车被迫长时间彼此靠近。

显然，群体越大和/或他们在一起的时间越长，观察到的现象不是纯巧合的可能性就越大。例如，如果受监控的斑马种群中的两个成员在短时间内彼此靠近，可以将其视为随机相遇。然而，如果几十只斑马一起被观察几个小时，我们可以有把握地认为它们形成了一个群体，或者发生了什么事情迫使它们待在一起。

在准确回答上述问题（即"是否有一组对象在一起移动了一段时间？"）的文献中，最简单的轨迹模式是**轨迹群**（flock）。在一种最常见的变体方法中，群（flock）被定义为一组满足以下三个约束的移动对象。

（1）空间邻近性约束：在群（flock）的整个持续时间内，其所有成员必须位于半径为 r 的圆形区域中——可能在每个时刻对应不同的圆形区域，即圆形区域随着群（flock）的移动而移动；

（2）最小持续时间约束：群体持续时间必须至少为 k 个时间单位；

（3）频率约束：群（flock）必须至少包含 m 个成员。

图 6.1（a）显示了群（flock）的一个抽象示例，其中三条轨迹在某个点（第五个时间单位）相遇，并在一段时间（四个连续的时间单位）内彼此靠近，然后分离（第九个时间单位）。如果用户选择的约束是图中用于绘制圆的半径 r、最小持续时间为四个时间单位（或更少）和最小尺寸为三个成员，则图中所示的公共运动将被识别为群（flock）。

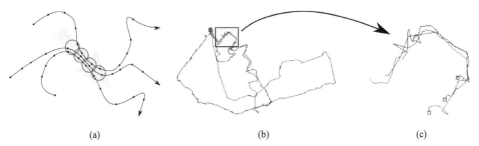

　　　　　　(a)　　　　　　　　　　　(b)　　　　　　　　　　　(c)

图 6.1　（a）轨迹群的可视化表达、（b）包含所有轨迹的实际数据集上的样本结果和（c）放大形成群的轨迹段（请扫二维码看彩图）

图 6.1（b）和（c）显示了一个从真实数据集中提取的示例，该数据集中包含游客在一座休闲公园（荷兰的 Dwingelderveld 国家公园）中的 GPS 轨迹。图 6.1（b）描绘了群（flock）涉及的三条轨迹，而图 6.1（c）仅显示（放大）创建群（flock）的轨迹段。正如我们所看到的，在这个例子中，无论是从模式只涉及小部分轨迹（在我们的例子中是三条）的角度，还是从模式只描述整条轨迹中的较小但有意义部分的角度，该群（flock）都是一个局部模式。

一起移动或形成一个群体的基本概念由群（flock）框架以最简单的方式实现：在群（flock）的持续时间内，对象必须彼此非常接近。但是，群体可在不同的条件下出现，即在不同的时间戳下都形成一个聚集（cluster）（借用聚类技术的思想与方法）。移动聚类和"护航"（convoys）是两个典型的例子，都是通过对每个时间戳中对象进行基于密度聚类得到的模式。这种方法可以概括为以下步骤［见图 6.5（c）的示例］：

- 首先，所有具有大量邻居的对象都被标记为核心对象；其余对象中，与核心对象相邻的对象被标记为边界对象；剩余的对象被标记为噪声。

- 其次，核心对象以这样一种方式分组到集群中，即每对相邻的核心对象都属于同一个集群。本质上，集群被计算为邻居关系的传递闭包。

- 最后，边界对象被分配到它们相邻核心对象[①]的同一集群中，而噪声被丢弃。

对象的邻居是距离不大于阈值 r 的所有对象，使对象成为核心对象所需的最小邻居数是参数 m。因此，我们可以看到核心对象及其邻居大致满足了群（flock）的接近度要求——更准确地说，是密度要求。进一步地，如果相邻的多个紧凑组可以合并在一起（见第二步），可形成更大的组。除了规模更大外，通过这个过程形成的组还可以具有更大的扩展性（即并非聚集中的所有对象都会彼此靠近，因为实际上它们有可能是邻居的邻居的邻居）和任意形状。在多种情况下这非常有用，例如，在分析车辆轨迹时，道路网络使大量汽车只能沿着道路分布（因此创建了一个蛇形聚集），而不是围绕中心自由聚集（这将产生一个紧凑的球形聚集）。

移动聚类和"护航"之间的主要区别在于：护航要求模式中涉及对象的数量始终相同，而在移动聚类中，对象的数量可以随时间逐渐变化。移动聚类的唯一要求是：在每个时间戳都存在一个（空间密集的）聚类，即当从一个时间戳移动到下一个连续的时间戳时，对应的空间聚类所共享的对象数要大于指定的数量（该方法的一个参数）。图 6.2 中的简单移动聚类示例说明了这一点：在每个时间切片上都有一个由 3 个对象组成的密集聚类，并且任何一对连续的聚类都共享 3 个对象中的 2 个。这样，对于持续很长时间的移动聚类，其开始聚类中的对象集甚至

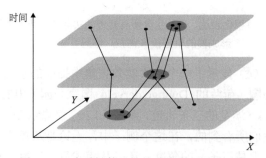

图 6.2　三个时间单元的移动聚类可视化示例

---

① 请注意，一个边界对象可能有两个或多个属于不同集群的相邻核心对象。在这种情况下，通过任意标准选择其中一个。

可与结束聚类中的对象集完全不同。在图 6.2 的示例中，只有一个对象一直属于移动聚类。从某种意义上说，移动聚类这种模式与产生它的移动对象没有严格的关系。该模式的目的是描述在移动对象中发生的现象，而不是发现一群移动对象一致地做一些特定的事情。

到目前为止，两种模式（即移动聚类和"护航"）的关键特征是时间的连续性。但是，对于这样的情况：通常紧凑移动的动物群在某一短时间内分散（可能由于捕食者的攻击），然后又变得紧凑，则移动聚类和"护航"的模式就会形成两种不同的不连续模式，即临时分散之前的模式和分散之后的模式。要避免这种信息丢失的情况，一种解决方法是允许模式中存在间隙，也就是说，模式涉及的时间戳集合不一定连续。本章的参考文献中介绍了这种解决方案，引入了一种称为蜂群模式（swarm patterns）的概念。该模式可以看作移动聚类和"护航"模式的一般形式，因为任何空间聚类方法都可以应用在单个时间戳，然后将属于不同时间戳的空间聚类连接起来（如果它们共享适当的人口比例），无须考虑空间聚类之间的时间距离。

6.2.2　使用相对时间

在某些情况下，移动对象即使不在相同的空间位置也会具有类似的行为模式。例如，对于具有相似的日常生活的人们（如住在同一个小区，且在同一个单位上班），即使他们在一天中不同的时间离开家，通常也会具有相同的驾车路线。再如，在一年中的不同时期游览某一城市的游客，也可能具有相同的游览方式：以相同的顺序游览一些相同的地方，并且在同一地方花费的时间也大致相同。其中的原因是这些游客具有相同的游览兴趣、爱好。这一新的移动性模式，可以描述为以下问题：

是否有一组物体在类似的时间内，但可能是完全不同的时刻，完成相同的一系列运动？

群（flock）和移动聚类模式要求涉及的移动对象同步发生运动，因此从移动轨迹数据中发现的这些模式的数量通常很少。上述问题描述的移动模型模式对于时间维度的约束较弱，可以从相应的移动轨迹数据中发现更多数量的模式。接下来，我们将展示一个此类模式的示例，从多个具有时间偏移的移动对象轨迹中提取时空行为。

轨迹模式（T-Pattern）定义为具有典型转换时间的空间位置序列，例如：

火车站 —15 min→ 博物馆 —2 h15 min→ 城堡广场

火车站 —10 min→ 中央桥 —10 min→ 大学校园

其中，第一个模式可能代表游客的典型行为：从火车站快速到达博物馆，在那里停留大约两个小时后，到达邻近的广场（城堡广场）。第二个模式可能与学生有关：从火车站出发，经过河上中央桥上的必经通道后，到达大学校园。图 6.3（a）中提供了图形示例。

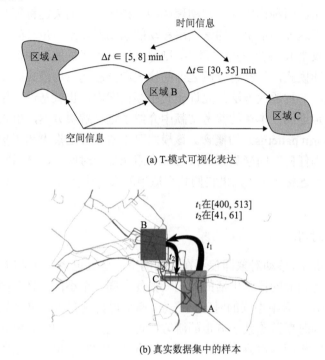

(a) T-模式可视化表达

(b) 真实数据集中的样本

图 6.3　T-模式的可视化表达真实数据集中的样本

表征 T-模式的两个关键点如下：①没有为模式中两个连续区域指定任何特定路线；相反，只是规定了典型的行进时间，其近似于模式中每个单独轨迹的（相似）行进时间。在两个连续区域之间的间隙中，一个轨迹甚至可能在模式中没有描述的其他区域停留。②聚合模式涉及的轨迹并不需要同时进行，唯一要求是：以相似转换时间，访问相同的位置序列，即使从不同的绝对时间开始。

　　T-模式在三个主要参数上是参数化的：①用于形成模式的空间区域集，即"火车站"的空间范围及与分析相关的任何其他地方[①]；②最小支持阈值，即形成模式所有包含移动对象的最小数量[群（flock）的参数 m]；③时间容差阈值 τ，其

---

① 事实上，文献中提供的提取 T-模式的算法工具也包含自动定义此类区域的启发式方法，但一般来说，领域专家可能希望手动执行此操作，以便更好地利用先验知识或更好地聚焦于分析，当然，有时也会同时使用两种方式。

决定了转移时间的聚合方式，差异小于 τ 的转移时间被视为是兼容的，可以联合形成共同的典型转移时间。

图 6.3（a）描绘了车辆数据（卡车车队的移动）中存在的 T-模式的示例。该模式表明存在一致的车辆流：从区域 A 到区域 B，然后返回区域 C（靠近原点）。其中，从区域 A 移动到区域 B[图 6.3（b）中的 t_1]所花费的时间大约是从区域 B 到区域 C 的转移时间的十倍。这表明：模式的第一部分描述的是一组卡车执行交货的过程，而第二部分描述的是快速返回基地的过程。

6.2.3　不使用时间

在许多情况下，了解是否有大量人口遵循的典型路线十分有趣，即

是否存在一组移动对象，不论移动的时间和速度如何，但移动遵循公共路线（或路线段）？

这意味着，我们感兴趣的不是一个人一天中走哪条路的时间，也不是所采用的交通方式，而是他/她走哪条路。通常，汽车、自行车、行人和公交车上的人可能走同一条路，但速度却完全不同，通过道路的相对时间也不同。另外，我们可能只对较长个人旅程的一小部分路线感兴趣。

移动数据挖掘文献提供了一些可以回答上述问题的模式定义。其中出现得最早的一种通用定义是**时空序列模式**。相比之下，最近的趋势是为任何新形式的模式或模型，都定义一个复杂而响亮的名称。

图 6.4 的基本思想包括两个步骤[①]：①将每条轨迹切割成准线性段，然后根据其距离和方向对这些轨迹段进行分组，以使每组都能够很好地由单个代表段描述（见图中的两个粗段）；②将连续段连接起来形成模式，并将频繁序列输出为矩形序列，通过矩形的宽度量化每个段与其覆盖轨迹点之间的平均距离。图 6.4 描绘了一种简单的模式，由两个段和相应的矩形组成。其中，可以看到模式的第二部分比第一部分更紧密，表明对应的轨迹段更加紧凑。

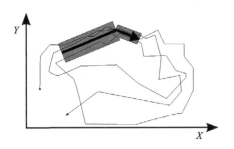

图 6.4　时空序列模式的可视化表达

---

① 这种模式的最初提议考虑一条单一的、长的输入轨迹。然而，相同的概念可以很容易地扩展到多条轨迹。

6.3　全局轨迹模型

数据分析的一个普遍需求是了解驱动研究对象行为的规律和规则。对于移动数据挖掘，这些规律和规则称为（全局）轨迹模型，其中包括三个代表性问题：将轨迹划分为同质组；学习规则，用于对轨迹进行标记标签（从一组预定义的类中选择）；预测任意轨迹下一步将移动到哪里。下面我们将分别对其进行介绍和讨论。

6.3.1　轨迹聚类

在数据挖掘中，聚类被定义为创建彼此相似的对象组，同时将差异很大的对象分开。在大多数情况下，聚类的最终结果是将输入对象划分为多个组，称为**簇**，这意味着所有对象都分配给一个簇，而簇是互不相交的。然而，这一一般定义存在例外情况，而且这种例外情况还比较普遍。

尽管数据挖掘文献中有大量针对简单数据类型（如关系数据库的数字向量或元组）的聚类方法，但这些方法很难直接应用于轨迹领域。原因是：轨迹是复杂的对象，而传统的聚类方法都与它们所开发的简单和标准的数据类型紧密相连。在大多数情况下，要使用它们，我们需要对现有的方法进行调整，甚至需要以一种全新的、面向轨迹的方式重新实现聚类的基本思想。接下来我们首先介绍一些重用现有方法和框架的解决方案，然后，讨论几种为轨迹数据量身定制的聚类方法。

1. 基于轨迹距离的通用方法

数据挖掘文献中的几种聚类方法实际上是聚类模式，可以应用于任何数据类型，前提是给出对象之间的相似性或距离的概念。因此，它们通常被称为基于距离的方法。这些方法的关键是：不考虑数据的内部结构，只是尝试创建在成员之间具有小距离的组。所有关于数据结构及其语义的知识都封装在提供的距离函数中，该函数通过单个数值，即对象之间的距离，来概括这些知识；然后，算法本身通过遵循一些特定的策略，将这些概括的知识组合成组。

为了解文献中可用的聚类模式，我们介绍三种常见的模式：k-均值、层次聚类和基于密度的聚类。

k-**均值**[图 6.5（a）]将所有输入对象划分为 k 个聚类，其中 k 是用户给定的参数。该方法从一个随机分区开始，然后执行多次迭代以逐步细化它。在迭代过程中，k-均值首先计算每个聚类的质心，即位于聚类的完美中心的代表性对象[1]，然后将每个对象重新指定给离其最近的质心。当达到收敛（完全或近似）时，这种迭代过程停止。

层次聚类［图 6.5（b）］采用聚类和子聚类的多级结构来组织对象。其思路是：在紧密接近要求下，会获得几个小的特定聚类，而放松要求时，一些聚类可能会合并成更大、更通用的聚类。例如，聚合方法从一组非常小的聚类开始（每个输入对象对应一个单态），迭代地选择并合并最相似的聚类对。然后，在每次迭代中，聚类的数量减少一个单位，当获得一个包含所有对象的巨大聚类时，过程结束。最终输出将是一个称为树状图的数据结构，其中每个单例聚类是一个叶子，每个聚类是一个节点，其两个子节点对应的是合并产生该聚类的两个子聚类。

基于密度的聚类［图 6.5（c），已在 6.2.1 节介绍］旨在形成最大的、拥挤的（即密集的）对象组，并不限制聚类的扩展或聚类形状，并且在某些情况下，将几个非常不同的对象聚类在一起。此外，该方法会将无法连接到任何聚类的对象标记为噪声，并被移除。

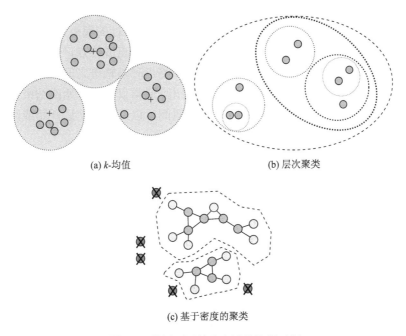

(a) k-均值　　　　　　　　　　(b) 层次聚类

(c) 基于密度的聚类

图 6.5　使用不同基本方法的聚类示例

---

① 请注意，此类对象是一个新对象，由聚类中的对象计算而来。因此，这里需要对数据结构有一定程度的了解。如果这是不可能的，通常会应用一个变体，称为 k-medoid，它选择聚类中最中心的对象作为代表。

如何选择合适的聚类方法呢？虽然不存在严格的规则，但一般会依据数据的一些基本特征和输出的预期特征进行选择。例如，如果期望数据应该形成紧凑的球形集群（即它们应该聚集在一些吸引中心的周围），那么 k-均值是一个很好的选择，特别是当数据集很大时，众所周知 k-均值非常有效。然而，k-均值方法需要用户事先知道数据中要发现的聚类数量 k，或者至少是一些合理的猜测。而层次聚类方法可以避免这一问题，因其生成的树状图综合了所有可能的 k 值[从 1 到 N（输入对象的数量）]的结果。选择最有效的 k 值可以推迟到计算后，通过检查树状图得到。然而，层次聚类方法的计算代价通常非常大（虽然存在一些有效的变体，但会引入其他需要评估的因素），对于大型数据集来说并不是一个好的选择。最后，基于密度的聚类方法显然不存在上述任何问题，且对噪声数据也更具鲁棒性，但其产生的聚类通常具有任意形状和大小，这一特征在某些情况下可能是不可接受的，不过在某些情况下也可能会非常有用。

用户根据想要执行的分析任务，选择聚类模式后，还需要确定最合适的相似度函数（量化两条轨迹的相似程度）。相似度函数的选择范围很大。依据文献中的示例，按照复杂性递增的顺序进行大致排序[①]。

- **空间起点、终点或两者组合**：仅根据起点（旅行的起点）、终点（旅行的最终目的地）或它们的组合来比较两条轨迹。根据起点或终点，轨迹之间的距离减小为两点之间的空间距离。同时考虑起点和终点时，轨迹之间的距离为各自距离的总和或平均值。基于这些距离的聚类输出，通常只会将开始或结束位置相似的轨迹聚合一起，而不管轨迹开始或结束的时间，以及除了轨迹开始或结束外的其他位置信息。

- **空间路线**：在该示例下，要考虑轨迹的空间形状。但是，要求两条轨迹从起点到终点遵循相似的路线（尽管可能在不同的时间以不同的速度），将导致较小的距离。

- **时空路线**：在该示例下，除了轨迹的空间形状外，还考虑了时间。当两条轨迹在其整个生命周期中均大致一起移动时，它们才是相似的。

当然，也可以先选择距离函数来确定聚类模式。事实上，在某些情况下，相比于选择聚类模式，选择距离函数相对容易。另外，有时特定的应用也明确需要先选择距离函数，在这种情况下应优先确定距离函数。

图 6.6（a）是采集自意大利托斯卡纳大区的车辆轨迹。图 6.6（b）是选择聚类模式（基于密度的聚类算法）和距离函数（空间路线距离）后，对图 6.6（a）中轨迹数据进行聚类后的结果。

---

① 请注意，距离计算是传统数据库查询的基础，如范围查询和 k 最近邻查询（见第 3 章）。实际上，k-均值在聚类分配步骤中使用 1-最近邻查询，而基于密度的方法使用范围查询对每个点的邻域进行计算。

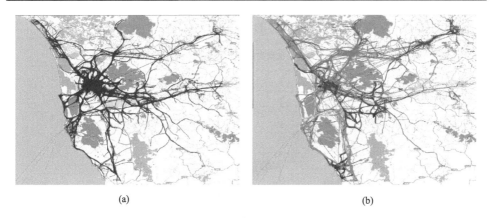

(a)　　　　　　　　　　　　　　　　　　　　(b)

图 6.6　基于密度的聚类模式和空间路线距离函数从真实车辆数据集（由 OctoTelematics S.p.A. 收集的 GPS 数据）中获取的轨迹聚类（请扫二维码看彩图）

2. 面向轨迹的聚类方法

与上述描述的基于距离的解决方案相反，该类方法尝试更好地利用轨迹数据的性质和内部结构。从技术角度来看，这通常转化为对现有的解决方案重新进行深度调整，以适应轨迹数据的特性。

一个重要的解决方案是使用标准概率建模工具。基于混合模型的轨迹聚类是一个早期的方法。基本思想与 k-均值相似：假设数据可以聚类成 k 组，每个组都可以通过一个代表对象进行概括。不同之处是，基于混合模型轨迹聚类中的代表是轨迹的概率分布，它与聚类中的轨迹非常吻合。隐马尔可夫模型（hidden Markov models, HMM）也是常用的著名的轨迹处理统计工具，其先将轨迹建模为空间区域之间的一系列转移，然后通过选择较好拟合轨迹的马尔可夫模型（即所有可能的区域对之间的转移概率集）对轨迹聚类进行建模。

通过向聚类问题添加新的维度，可以产生新的面向轨迹的聚类方法。在文献中，提出了基于距离的轨迹聚类（使用的是基于密度的聚类，当然可以扩展到其他聚类方法）问题：事先不知道要考虑聚类的时间间隔。例如，在城市交通数据中，我们假定高峰时间相对于一天中其他随机时段会具有更好的聚类结果。这样，对于城市交通数据的聚类，就变成了寻找最优时间间隔（高峰时间只是一个有待确认的猜测）和相应的最优聚类结果。文献提出了一种称为时间聚焦轨迹聚类的解决方法。该方法的轨迹距离是：给定时间间隔内轨迹之间的平均空间距离。此后，对每个时间间隔 T 轨迹段进行聚类。聚类结果的质量通过聚类的密度进行评估。同时，该方法还提供了一个从 T 的可能值中获取合理子集的简单程序。时间聚焦轨迹聚类的示例结果如图 6.7 所示，其中包括三个轨迹聚类（加上一些噪声），最佳时间间隔（聚类最清晰的位置）的轨迹标记为黑色。

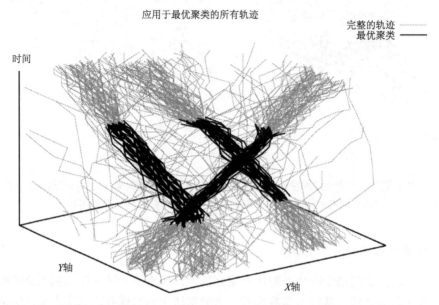

图 6.7　使用时间聚焦轨迹聚类方法从合成轨迹数据集中获得聚类结果的三维显示

6.3.2　轨迹分类

聚类的目标是实现对象的分组，并且无须事先知道会存在哪些分组，以及每个对象会属于哪个组等信息，因此聚类通常被称为无监督分类。但在一些情况下，这些信息是可以提供的，即预先定义了分组的类别集合，并且一些对象也已经标注了其所属的类别（即所谓的训练集）。接下来的问题是找到一个规则，以与先验知识（它们与训练集很好地匹配）一致的方式对新对象进行分类。例如，我们已经获得了一组手动标记车辆类型（汽车、卡车、摩托车）的车辆轨迹数据，接下来要找到一种方法，可以对其他更大规模的轨迹数据进行自动标记。

轨迹分类最简单的解决方案是所谓的 k 最近邻（k-nearest neighbors, kNN）方法：它不推断任何分类规则，而是直接将每个新轨迹 t 与训练集进行比较，并找到与 t 最接近的 k 个标记轨迹，进一步选择 k 个标记中已被使用最多的一个分配给 t。该方法的理论假设是：两条轨迹越相似，它们属于同一类的可能性就越大。显然，该方法的核心是选择合适的相似性度量，而这与具体的分类问题相关。例如，我们认为相比于仅基于访问过位置的相似性度量，在相似函数中考虑物体加速度可以更好地识别车辆类型：通常车辆越轻，就越容易达到高加速度，汽车相对于卡车具有更高的加速度。

kNN 方法的思想也可用于基于采样数据的轨迹聚类：当数据集太大而无法处理时，随机采样一小部分轨迹并对其进行聚类，然后使用 kNN 方法（或通过与每个聚类质心的比较）将剩余的轨迹数据分配给已有的聚类（实际上即分类）。

当然，也可以从一个不同的角度来分析轨迹分类问题：每个类都可以建模为一个概率模型（模型与已经标定为对应类别的轨迹相匹配），并为新轨迹标注最有可能生成它的概率模型所对应的类别。与我们在聚类方法中看到的类似，HMM 也是一种常见的选择。与聚类方法相比，由于具有轨迹和类关联的先验知识，基于 HMM 的轨迹分类问题更为简单。HMM 轨迹分类概率框架的原理是：HMM 依据轨迹的整体形状进行聚合，且假设相似的轨迹更可能属于同一类别。

最后一种对轨迹进行分类的方法是基于传统的两步方法：先通过对轨迹的初步分析提取一组判别特征，再使用这些特征（表示为数据库元组或向量）从向量/关系数据中训练各种现有的标准分类模型。

首先，需要了解轨迹的哪些特征可以更好地预测轨迹的类别。一种简单直接的方法是计算一组预定义的度量值。要求这些度量值对于分类任务具有足够的信息量，如可以是轨迹的平均速度、长度、持续时间、平均加速度和覆盖区域的直径等信息的聚合。其他更复杂的方法包括：提取运动的更精细信息，即只计算最有用的信息。文献中介绍的 TraClass 方法即为此类方法。TraClass 方法主要依赖于轨迹聚类步骤，其基于这样一个基本发现：在许多情况下，最能区分轨迹类的特征通常只与整条轨迹中一小部分数据相关。但是，目前现有的方法都只考虑轨迹的整体特性，包括基于 HMM 的方法（每个模型必须适合整条轨迹），即隐藏在整条轨迹中的单一、短期事件可能会在数据处理过程中丢失。而 TraClass 方法则通过提取一组轨迹行为（我们记得，这些行为是寻找局部行为，而不是完整轨迹的总体描述）来解决这一问题：通过轨迹分段，以及分段聚类得到运动模式。

TraClass 工作在两个层面：区域和轨迹段。前者根据轨迹所访问的空间区域（不使用运动模）提取更高级别的特征，后者使用运动模式计算较低级别的轨迹特征。评估区域和模式的判别能力，可以使提取分类模型更加有效。例如，由所有类别的轨迹执行的频繁运动模式对于分类并没有太多的用处（了解轨迹数据中包含这样的模式，无助于猜测与轨迹相关联的类别）；相反，主要是单一类别轨迹所遵循的不太频繁的模式，则可作为轨迹分类的有用特征。TraClass 框架中，通过轨迹划分实现轨迹的分类，同时通过两种模式的协作可以实现更好的轨迹表征。

最后，在为每条轨迹计算特征向量后，我们就可以选择任何通用的、基于向量的分类算法进行轨迹分类。决策树是一个很有代表性（也很容易掌握）的方法。生成的分类模型具有树的结构，其中，树的内部节点表示对要分类对象特征的测试，叶子节点表示要为对象赋予的类别。图 6.8 是一个基于 TraClass 的分类示例，其中包含两个类别，即正（P）和负（N）。当需要对新轨迹进行分类时，首先从其根部（顶部圆）进行测试。在本例中，如果轨迹访问区域 A，那么我们将移动到根的左子对象进行测试，否则移动到右子对象。对于左子对象的情况，需要进一步测试轨迹是否遵循模式 X：如果条件满足，则将轨迹标记为"P 类"，否则标记为"N 类"。对于其他情况，分类过程以类似的方式进行：从根节点开始，通过路径下降，直到叶子节点，通过叶子节点进行轨迹标签分类。决策树的另一种用法是将其作为一组决策规则：从根节点到叶子节点的每一条路径都对应一条决策规则。例如，"If（访问区域 A）AND（遵循模式 X）THEN Class P"。

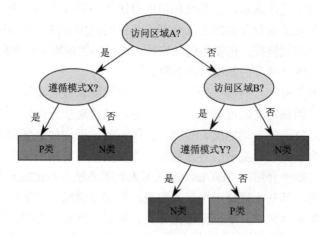

图 6.8　基于区域和模式上的决策树示例

6.3.3　轨迹位置预测

轨迹分类可以看作是对轨迹类别的预测。然而，预测通常与变量的时间演变相关。轨迹的主要构成是位置，预测轨迹未来的位置是一个重要的主题。

对移动对象的顺序演化进行建模，可以作为轨迹预测的候选方法。事实上，一旦将轨迹与最可能的模型相关联（如聚类问题所述，从混合模型包含的 k 个 HMM 组合中，选择一个 HMM 模型），就可以使用模型对轨迹的未来位置进行模拟预测。但是，也存在与本节前面讨论的轨迹分类模型类似的问题：如果模型基于一组轨迹行为的总体特征，则很可能无法捕获局部事件，即使局部事件与未来行为（即下一个位置）高度相关。

文献中提到了一种称为 WhereNext 的方法，该方法与用于轨迹分类的 TraClass 方法基本类似：首先从轨迹训练数据集中提取 T-模式（见 6.2.2 节），然后，将其组合成类似于前缀树的树结构。这样每个根到节点的路径对应一个 T-模式，而每个根到叶的路径对应一个最大模式。图 6.9 中给出了一个预测树示例，包括 12 个模式，其中有 7 个最大模式（每个叶子节点对应一个最大模式）。

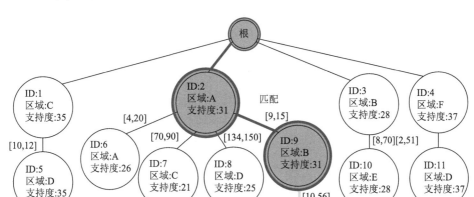

图 6.9　WhereNext 生成的预测树示例

对于新的轨迹，将其最近段与树中表示的区域进行比较，寻找根到节点路径之间的最佳匹配。例如，图 6.9 表示轨迹的最后一部分访问了区域 A，并在延迟 9～15 个时间单位后访问了区域 B。匹配部分标记为深色阴影序列。可以看出模型匹配的序列（$A^{(9\sim15)} \to B$）是更长模式（$A^{(9\sim15)} \to B^{(10\sim56)} \to E$）的前缀，据此预测移动对象将在延迟 10～56 个时间单位后可能会到达区域 E（图中用浅色阴影标记）。

6.3.4　轨迹异常值

聚类的主要目标是将数据中的每个对象归入某个类别。然而，有时分析员会对那些偏离其他数据集的对象（即不能划分为任何类别的对象）非常感兴趣，这样的对象称为异常值。

发现异常对象意味着发现适用于该对象的特征或模式，但这些特征或模式在数据集中是异常的或至少是罕见的。从这个意义上讲，探测异常被看作是发现一个不经常发生的模式。现有文献中，检测离群点都采用聚类过程：将离群点识别为那些被（或将被）排除在任何聚类之外的对象。这里我们提供两个例子。

一种基本方法是采用基于密度的聚类，即计算每条轨迹特定领域范围内的邻近轨迹数量。对于邻近轨迹数量太少的轨迹，将其归为异常值。基于密度的聚类的距离度量是参数化的，即可以选定任意的距离度量方法。或者，先从每条轨迹中提取一组预定义的代表性特征（如平均速度、初始位置等），然后计算这些矢量数据（即代表性特征）的任意标准距离。

6.3.2 节介绍了 TraClass 轨迹分类方法，该方法的特点是基于轨迹段（通过正确切割原始轨迹获得）而不是整个轨迹，即先对轨迹段进行聚类，提取相关的子区域模式，然后基于连接的模式进行分类。按照同样的思路，也可设计相应的轨迹异常值发现方法：发现轨迹段内的异常值（即行为异常轨迹中部分轨迹段）。具体来说，将每个轨迹段与每个聚类中的代表段进行比较，如果不能匹配任何一个代表段，则该轨迹段为异常值。

6.4　结　　论

本节我们对本章的主题进行总结，并讨论移动数据挖掘研究中的一些开放性问题。

移动性数据挖掘，如同一般数据挖掘范式应用于特定环境中的许多其他实例一样，带来了从标准数据挖掘继承的问题和方法的一般分类——频繁模式、聚类和分类。然而，轨迹数据的一些新的特性促使开发一些新的方法。具体地，移动轨迹数据同时包含时间和空间信息，增加了数据的复杂性，使问题的搜索空间大大增加。例如，寻找模式、发现可用于轨迹分类的时空特征及轨迹预测等。

读者通过阅读本章内容可能发现：移动数据挖掘研究领域仍然缺乏一个整体、全面和清晰的理论框架。这样一个框架应该能够容纳文献中提出的现有问题和解决方案，并澄清它们之间的关系。我们也介绍了文献中提出的一些例子，例如，局部轨迹模式和全局轨迹分类模型之间的关系，以及它们对于轨迹数据特征区分时不同的、互补的能力；同时，还包括对于各种轨迹模式之间关系的介绍。但是，这些内容相当孤立，对于现有方法和问题的概括在很大程度上仍然是一个尚待探索的研究领域。

移动性数据挖掘中的另一个重点是，多个数据源可能从不同的角度提供关于相同移动性现象的信息。每个数据源通常都有不同的特点、优点和局限性，它们的集成可能有助于克服每个数据源的局限性。例如，车辆 GPS 数据通常在空间（即空间不确定性很小）和时间（数据采集频率相对较高）上非常详细，但其本质上局限于数据采集过程中涉及的车辆；相反，移动电话服务提供商能够收集有关其所有客户移动性的信息，通过少数提供商的合作，有可能覆盖实际人口中很大一部分的活动。一个例子是通话详细记录（call detail records, CDR），它描述了为每个电话执行每个呼叫时提供服务的蜂窝基站及通话的时间。CDR 允许我们为每个服务的客户构建移动轨迹。然而，这样的轨迹非常稀疏（一个点对应一个呼叫，通常不太频繁）并且在空间上很粗糙（一个点实际上代表基站服务的整个区域）。最近开始出现尝试将这两个数据源结合起来，以通过极高的（空间和时间上较差的）CDR 数据渗透率来提高 GPS 数据的代表性。

最后，到目前为止，我们的讨论一直隐含地假设对轨迹数据的分析是在离线和集中式环境下，即先在单个数据库中收集所有数据，再对其进行分析。然而，移动性数据通常是海量的，并且从数据源以连续流的形式到达。数据的海量和流式特性导致无法在集中式数据库中大规模收集数据，因此需要开发利用适当技术（如分布式数据库）的分析方法（一种范例，其中数据分布在多个数据中心，通过查询获得每个特定分析或计算步骤所需的数据）、分布式计算（多个节点具有计算能力、分析数据的速率）和面向流的计算（基本上是通过只查看一次输入数据来执行计算）。

6.5　文　献　综　述

正如本章开头所提到的，关于移动数据挖掘的文献相当广泛（这是一个新兴的热点研究领域）且跨越多个学科。对现有问题和方法进行详尽的讨论需要更多的篇幅，而且这也超出了本章内容的范畴。本节我们将为读者提供一些基本参考文献，其中有些文献包括本章介绍的方法内容，而有的文献可以作为读者进一步研究的参考。

群（flock）模式的最初定义要求移动对象组在某一个瞬间相遇，并具有相同的运动方向。自 Gudmundsson 等（2004）开始，许多学者提出了一系列的基于持续时间约束的改进方法（这些方法在本章也有介绍）。Kalnis 等（2005）定义了移动聚类，并提出了一些启发式方法，用于增量计算感兴趣的模式。Jeung 等（2008）描述了"护航"（convoy）模式。Cao 等（2005）提出了时空序列模式。

Giannotti 等（2007）提出了 T-模式，此后，Monreale 等（2009）提出了一种位置预测方法——WhereNext，这两类方法均已应用在许多应用系统中。

Pelekis 等（2007）提供了一种丰富的轨迹距离计算库，以用于通用聚类算法。一些文献[如 Tan 等（2005）介绍的数据挖掘方法]提出了应用于轨迹数据的标准（基于距离的）聚类方法。

针对特定应用领域（视频监控、动物跟踪等）的几篇文献中提出了基于模型的轨迹聚类方法。本章介绍的基于混合模型轨迹聚类方法，最先在 Gaffney 和 Smyth（1999）中提出（此后扩展了时间偏移的方法）。Mlich 和 Chmelar（2008）提出了基于隐马尔可夫模型的方法。

Nanni 和 Pedreschi（2006）提出了基于密度轨迹聚类的扩展方法——时间聚

焦的聚类方法。

　　Lee 等（2008a）在其前期轨迹分割和聚类工作的基础上，提出了轨迹分类的 TraClass 框架，并基于相同的思路，设计了轨迹异常值检测方法（Lee et al., 2008b）。

　　最后，还有一些文献可用于更深入研究轨迹数据的相关专题，例如 Giannotti 和 Pedreschi（2008）书中的时空数据挖掘，以及 Kisilevich 等（2010b）书中的时空聚类。

第 7 章 使用移动性数据挖掘理解人类移动性

Chiara Renso 和 **Roberto Trasarti**

7.1 移动性知识的发现过程

我们常说"知识就是力量"。在移动性领域尤为如此：从交通管理到城市规划甚至动物行为学等方面，移动性知识都为这些应用领域中的决策者做出恰当选择给予了很大的帮助。移动知识可以解释为对象何时、何地、如何及为什么移动。例如，当交通管理员发现特定交通堵塞发生的原因时，他（或她）便可以采取措施，以改善城市的交通可持续性。再如，动物行为研究学者可以借助移动知识，对所研究动物的特定行为有更加深刻的理解。

近年来，移动数据挖掘领域的研究成为新兴热点，正如第 6 章中所述，研究人员已经提出了多种针对轨迹数据的定制算法和技术。然而，这些技术存在一个常见问题：挖掘步骤产生的知识通常不适用于实际的应用领域，即由于提取的模式缺乏语义，很难实现对提取模式的理解。这一普遍存在于数据挖掘领域的问题，对于移动数据挖掘尤其突出：移动数据本身的复杂性，以及移动应用需求的多样性，使得移动性知识的发现更具挑战性。目前，对于发现移动性模式的兴趣度评估方法，使得 KDD 过程通常被认为只是一种学术应用，而在实际应用中毫无用处。缩小"KDD 知识"和"应用可用知识"之间差距的一种方法是：使用能够轻松管理挖掘步骤（这些步骤与侧重于语义方面的新功能集成，以提高对移动性数据和模式的理解）的工具来增强 KDD 过程。由此促生了许多为移动性数据量身定制的技术，这些技术旨在丰富知识发现过程的步骤，最终实现从移动数据中获取语义知识。

值得注意的是，如第 6 章所示，大多数计算轨迹模式的方法都集中在轨迹的几何特性上。然而，仅仅发现几何轨迹模式的意义有限，因为它们缺乏可被领域专家完全理解的必要语义。例如，对于从轨迹数据集（表达城市中人类运动）中发现的聚类，其只能表达人们如何移动，而不能表达为什么移动（即移动的原因），只有基于**场景语义**或**场景知识**（也称为**背景知识**）才能深入地了解对象移动的原因。例如，我们可以发现由于足球比赛而发生的特定运动模式、访问城市景点游客的聚类及日常生活中通勤者的聚类等。从发现移动是如何发生的（如一个集群）

到理解为什么对象以这种方式移动（如由于通勤流），这种概念提升，需要有针对移动数据特征并结合上下文语义信息的改进的知识发现过程。

我们认为，移动性理解和语义丰富涵盖整个知识发现过程：从数据预处理到数据挖掘，以及后处理中的模式解析。因此，本章的重点是分析可以提高对移动数据和模式理解、最终深入了解移动发生原因的技术方法。该种技术方法在数据预处理、数据挖掘及后处理中都广泛使用语义信息。

我们使用一个称为 M-Atlas 的系统来介绍这个过程。 M-Atlas 提供了用于支持移动性发现过程（包括数据预处理、数据挖掘及后处理）的基本组件。我们将 M-Atlas 系统作为移动知识发现支持系统的一个实例，重点介绍其结合语义信息、从轨迹数据中推断新知识的步骤。首先，我们强调预处理步骤的重要性，通过该步骤可以更好地了解数据，以支持后续的挖掘任务。在挖掘和后处理阶段，语义具有重要作用，其被认为是基于移动性知识的模式解析。我们结合数据预处理（针对数据挖掘的结合上下文的数据预处理）和数据验证（移动性数据用于对被认为"真理"的应用领域知识进行评估）的示例，介绍 M-Atlas 系统的核心概念。接下来，我们要确定用于分析的数据集是否，或者在多大程度上代表真实情况，以此才能确定分析结果在现实情况中是否有用。最后，其他从挖掘步骤中获得有用结果的技术包括渐进式聚类和参数调整。本章的第二部分着重介绍轨迹行为（见第 1 章中介绍的时空行为和语义行为），我们将介绍如何使用语义丰富的移动性知识发现过程来提取语义行为，如"交通堵塞"（StuckInTrafficJam）或"通勤者"（Commuter）。

7.2　M-Atlas 系统

M-Atlas[①]系统包含了移动性知识发现过程的所有步骤。M-Atlas 系统是一个基于 SQL 扩展的轨迹查询挖掘系统，即 M-Atlas 不仅实现轨迹数据的存储和查询，还实现轨迹模式和模型的挖掘（当然，也可以实现模式和模型的存储和查询）。M-Atlas 系统的设计准则是组合性：轨迹数据的查询和挖掘，以及模式和模型都可以自由组合，以实现复杂的移动性知识发现过程。M-Atlas 系统的概念模型将知识发现过程看作是两个概念空间的交互——数据空间和模型空间。前者包括要挖掘的实体集合（即移动轨迹集），后者包括从数据中提取的模型和模式集合（即挖掘的结果）。连接两个概念空间的运算符包括**挖掘运算符**（mining）和**蕴涵运算符**（entailment）。挖掘运算符将数据映射到模型或模式，而蕴涵运算符将模型、模式和数据映射到数据（满足给定模型或模式的表达属性）。因此，M-Atlas 系统

---

① http://www.m-atlas.eu。

的概念模型也具有组合性：数据可以映射到模型，模型也可以映射到数据（这与归纳数据库的特点一致）。M-Atlas 系统的另一个设计准则是：所有实体都用对象-关系数据模型表达。对象-关系数据模型更适合解决具有结构复杂性的时空数据（相对于标准的表格数据）。

M-Atlas 系统提供了一个图形用户界面和一系列的图形交互式工具，这使得用户可以轻松浏览数据和模型，领域专家可充分利用其专业知识。分析人员与界面的每次交互都被编译成一系列的 M-Atlas 查询语句，这些语句可用于任意时刻对整个数据分析过程进行描述或审查。另外，专业的数据挖掘分析师也可以利用 M-Atlas 系统丰富的表达方式，直接提交查询请求。

在知识发现过程中使用数据挖掘算法并不是一个简单的过程：选择最佳算法和设置最佳参数以提取有意义和有用的模式，即使对于专业分析人员通常也很困难。

在本节中，我们将介绍一组技术，并以 M-Atlas 为例进行演示，通过优化数据分析和调整参数设置，驱动用户完成移动性知识发现过程。这里介绍的技术针对的是移动数据，但也可应用于通用的数据挖掘。

7.2.1　数据预处理

在本节中，我们将介绍一些在移动性知识发现中有用的数据预处理技术，并通过使用 M-Atlas 对其进行说明。

1. 数据验证

数据验证是衡量分析的轨迹数据集与现实世界现象一致性（即轨迹数据集反映现实世界现象代表性）的必要步骤。在这里，我们假定数据已经清洗和重建（采用第 2 章所述技术）。当然，重建步骤并没有消除数据中所有可能的缺陷，一些更高级别的错误可能仍然存在。数据的有偏性（如仅跟踪特定类别的用户）或技术故障（如一些区域设备不能正常工作）都可能对分析结果产生异常和不期望的影响。为了评估数据集作为特定区域内真实移动现象的代表的显著性，可以将轨迹数据集（作为一组时空点）与"真实情况"进行比较。"真实情况"数据可以是通过对移动习惯进行访谈（可以通过电话或者其他形式）的调查数据。首先，在比较中需要考虑一个重要问题是两类数据集代表什么样的人群。例如，对于私家车产生的数据只反映车辆的移动，而调查数据则通常包括所有类型的移动（包括行人和公共交通）。其次，轨迹数据采用自动采集程序和清洗步骤，可以保证所有运动都正确捕获，而调查数据通常会存在遗漏和曲解。最后，轨迹数据中不能提供关于移动目的的明确语义信息（如最终目的地和相关公民档案），而调查数据中则收集了这些信息。另外，轨迹数据和调查数据的大小也有较大的差异，这使得它们对于现实世界的表达也会不同。为确定数据与"真实情况"是否一致，可对两类数据集都执行相同的统计分析，并进行比较。这些步骤至关重要，因为只有在评估了初步分析结果与"真实情况"的对应关系后，我们才能继续进行后续的移动知识发现，并最终保证结果能够代表真正的移动性模式。在第 10 章汽车交通监控应用中，我们将介绍一个针对米兰数据集的验证过程示例。

2. 轨迹重建和准备

如前一章所述，可以采用数据挖掘算法进行轨迹模式发现。但是首先要回答以下问题：采用哪种轨迹定义？是用户历史观察的有序序列？还是停靠点之间移动的子序列？以及如何定义和计算停靠点？回答这些问题至关重要，会深刻影响知识发现处理的结果。例如，我们如果对一定数量的特定用户所遵循的频繁路径感兴趣，就可以使用 T-模式。T-模式将用户全部的移动历史作为单个轨迹，遵循频繁路径的用户数量即为对应模式的支持度。相反，如果我们只对某些频繁路径的使用感兴趣，不需要对用户进行区分，这样要挖掘的轨迹就可以转换为由两个停靠点分隔的用户轨迹子序列（见第 2 章）。考虑不同的约束和阈值，几种轨迹重建方法会产生不同的轨迹集。在 M-Atlas 中，我们可以使用**数据构造函数语句**来完成此类操作。

```
CREATE DATA <trajectory_table> BUILDING MOVING_POINTS
  FROM (SELECT userid, longitude, latitude, datetime
        FROM <raw_observation_table>
        ORDER BY userid, datetime)
  SET MOVING_POINT.<constraint_name> = <value> AND ...
```

M-Atlas 中的查询语法对标准 SQL 进行了扩展。在这个查询中，使用 CREATE DATA 操作，从一个纯关系表构建一种新的数据，并存储在数据库中。使用约束中表示的轨迹重建参数，从原始观测值构建一个新的轨迹表。例如，可以使用第 2 章中介绍的两个轨迹重建参数——MAX_TIME_GAP、MAX_SPEED 来构建两个约束。轨迹重建参数值要依据具体的应用合理设置，否则会影响所有后续分析。对于 MAX_TIME_GAP=30 min 或 MAX_SPEED=5 km/h，分别表示依据时间间隔为 30 min 或最大速度为 5 km/h 的限定条件对轨迹数据进行分割。

3. 数据操作

在执行数据挖掘算法之前，分析人员可能需要进行数据操作（如选择特定区域或时期中的数据）或数据转换（如出于隐私原因而匿名化）。为此，M-Atlas 系统提供了一组丰富的操作：**关系语句**表示在应用该谓词的两个对象之间创建关系，**转换语句**则根据转换函数（或算法）修改原始数据。为了更好地理解关系语句和转换语句，我们给出了两个具体的示例。第一个示例创建轨迹表和时间周期表之间的关系，并计算移动的时间分布，具体语句如下。

```
CREATE RELATION <relation_table> USING INTERSECT
  FROM (SELECT  t.id, t.object, p.id, p.object
        FROM <trajectories_table> t,
             <time_periods_table> p)
```

该查询创建一个新表，其中的轨迹都与一个时间段相交。当必须根据空间和/或时间来选择要挖掘的数据时（如前面的示例所示），这在分析过程中非常有用。M-Atlas 系统支持的时空操作符，依据所应用的数据类型会有不同的含义。例如，相交操作符（intersect）应用于两条轨迹时，就表示时空相交。当两个移动对象同时在同一位置时，该操作符返回 true。

第二个示例是一个转换操作，其构建一组新的用于挖掘的轨迹数据。一个典型的例子是轨迹的匿名化：初始数据集被转换，以保证轨迹的某种程度的匿名化。轨迹匿名化的基本思想是：在匿名数据集中，每个用户与其他 $k-1$ 个用户无法区分开来，详见第 9 章。因此，轨迹匿名的转换操作实际上是将原始数据集更改为具有某些属性的新数据集，由新数据的属性保证个体的匿名性。具体语句如下。

```
CREATE TRANSFORMATION <trans_table> USING K-ANONIMITY
  FROM (SELECT * FROM <trajectories_table> t)
  SET K-ANONIMITY.K = <k_value>
```

7.2.2　数据挖掘

数据挖掘步骤必须要使用挖掘算法，但使用一些额外的操作可以使知识发现的过程更加高效。此外，模型可以被进一步地操纵和组合。

1. 数据挖掘步骤

数据挖掘是知识发现过程的核心步骤，其中包括执行第 6 章中介绍的算法。M-Atlas 使用挖掘语句实现该步操作：

```
CREATE MODEL <model_table> MINE AS <mining_algorithm_name>
  FROM (SELECT t.id, t.object
        FROM <trajectories_table> t)
  SET <mining_algorithm_name>.<param>= <value> AND ...
```

我们可以看到，该语句通过对选择的轨迹指定挖掘算法，创建了一个新的模型作为挖掘任务的结果。具体地，通过对轨迹表[包含属性 ID（t.id）和轨迹对象（t.object）]执行 SELECT 语句获得数据集，并通过 SET 语句定义挖掘算法及其参数。

2. 挖掘数据采样

将数据挖掘算法应用于大规模的轨迹数据集可能非常耗时和占用内存，即由于时间或内存限制，不可能将该挖掘算法直接应用于整个数据集。这个问题可联合数据采样技术和第 6 章中提出的数据挖掘算法来解决。数据采样是一种在不改变数据统计属性情况下，减小数据大小的技术。

可以使用语义标准进行数据采样，例如，使用轨迹的空间或时间特征来划分数据。但是，无论分析人员选择何种采样技术，都应注意一个重要的问题：保持数据的一致性，或者至少应准确地理解数据采样引入的偏差，因其可能会严重影响后续的模式提取。

在 M-Atlas 中实现的随机采样的示例如下：

```
CREATE MODEL <model_table> MINE AS <mining_algorithm_name>
  FROM (SELECT t.id, t.object
       FROM <trajectories_table> t
       ORDER BY RANDOM ()
       LIMIT 20%)
  SET <mining_algorithm_name>.<param>= <value> AND ...
```

我们注意到这里的 RANDOM 关键字通过选择其中 20% 的数据，实现对轨迹数据的随机重排序。从采样数据中提取的模型，可以应用于剩余的数据集，以确定模型的真正支持度。第 10 章介绍了一个针对米兰数据集的挖掘数据采样实例。

3. 模型操作

与轨迹数据类似，从挖掘步骤中产生的模型也可以被存储和操纵，以产生一个有用的和有意义的轨迹行为表达。因此，**关系语句**和**转换语句**也可以用于模型。具体来说，M-Atlas 提供了一个**蕴涵**（entails）关系，其连接数据和模型，识别支持模型的数据。具体的查询语言如下：

```
CREATE RELATION <relation_table> USING ENTAILS
  FROM (SELECT t.id, t.object, m.id, m.object
       FROM <trajectories_table> t, <models_table> m)
```

查询中 ENTAILS 关键字，用于建立 SELECT 语句指定的轨迹和提取模型之间的连接。这对于知识发现过程至关重要，因其实现了过程（在数据和模型之间构建复杂的渐进式查询）的交互。这一过程称为**渐进式挖掘**，将在下一段进行说明。

4. 渐进式挖掘

如前所述，知识发现过程并不是一个简单的顺序过程，即不能通过运行一次数据挖掘算法就可以执行整个任务。迭代和交互对于真正理解数据和提取的模式至关重要。渐进式挖掘技术将一系列挖掘算法串联，每个算法在每一步执行限制约束，去除不感兴趣的数据或噪声。图 7.1 是利用渐进式挖掘技术从数据中提取知识的示意过程，其中每个步骤中提取模型并重新使用支持它们的数据，以用于更严格版本的挖掘算法。例如，对于面向轨迹的聚类（见第 6 章），可以通过减少轨迹之间的允许距离或选择不同的距离函数（如先后设置起点相似度、路线相似度、同步路线相似度）使每一级的结果更精确。在 M-Atlas 中，每一步操作都被实现为两种查询的序列：执行聚类步骤的挖掘查询和选择满足聚类定义轨迹的关系查询（蕴涵操作）。具体查询语句如下：

```
CREATE MODEL <model_table> MINE AS T-CLUSTERING
  FROM (SELECT t.id, t.object
        FROM <trajectories_table> t)
  SET T-CLUSTERING.METHOD = <distance function> AND ...
CREATE RELATION <relation_table> USING ENTAILS
  FROM (SELECT t.id, t.object, m.id, m.object
        FROM <trajectories_table> t, <model_table> m
        WHERE m.id<>'noise')
```

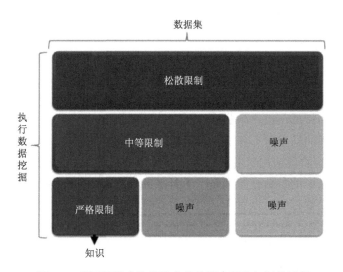

图 7.1　利用渐进式挖掘技术从数据中提取知识的过程

其中，每个级别都设定了约束条件

　　第一个查询对所有轨迹执行聚类任务。第二个查询联合使用表示聚类结果的模型表和原始轨迹数据集，来查找属于某个聚类的轨迹，从而排除噪声（"噪声" ID 指定）。其中，噪声的分类既可以是无监督的（如面向轨迹的聚类），也可以是有监督的（用户单独选择上次执行数据挖掘提取的感兴趣模式）。

　　第 10 章举例说明了该技术在米兰数据集上的应用。

5. 参数调整

　　调整数据挖掘算法的参数并不容易，通常需要多次尝试评估结果以相应地调整参数值。一般来说，我们在处理参数设置时必须考虑两个方面——模式的数量和模式的有用性。分析人员的目标是找到数量少、有用且有意义的模式。为保证这个目标需要合理设置参数值，但这通常非常困难，需要使用一些技术方法对合理的参数值进行猜测。技术方法的本质是根据生成模式的特征逐步调整参数值。以第 6 章中介绍的 T-模式算法为例（其他算法也可采用类似的方法），其中包括的参数：支持阈值、时间容差，以及初始的空间区域集合，算法的目标是：查找用户在其旅行期间，最为频繁访问的空间区域序列。我们提出基于分析挖掘结果来调整参数：考虑结果模式的特征，以不同的参数值向目标挖掘任务迭代。因此，基于挖掘的模式集，可以得到如下情况分类。

　　• 模式的数量少而且有用：达到了分析人员的目标。

　　• 模式的数量太多或算法不能停止：可能是因为支持阈值太低，产生太多的频繁区域，导致模式数量的暴增。有三种可能的解决方案：增大支持阈值；检查并减少空间区域的数量；增加时间容差，以实现更多的模式合并。

　　• 模式的数量很少，但时间间隔很小：时间容差太高，模式包含的空间区域范围太大，导致模式的时间间隔很小。我们需要降低时间容差。

　　• 模式的数量很少，但其包含的区域序列很简单：支持阈值太高，真正的模式隐藏在数据中，或者空间区域集没有意义。某些空间区域的范围太大，需要将其拆分成更细的粒度，以产生具有更好区分的模式。

　　当获得合理的结果时，分析人员可以通过考虑其他属性（如 T-模式中区域的数量），在后处理阶段应用"剪枝"方法移除一些模式。在现有的研究方法中，所有数据挖掘算法中的参数设置都是一个开放的问题：寻找最优解绝非易事。但是，找到驱动参数设置方法可以看作是迈向寻找良好解决方案的第一步。当然，在某些情况下，如果算法对参数变化过于敏感，找到好的参数设置就会变得更加困难。

　　确定一个好的初始参数值的问题也值得讨论：分析人员可以简单地从一组合理（或随机）的阈值开始，按照前面所述方法开始参数调整。另一种比较聪明的方法是考虑算法关键步骤进行初始参数估计。对于 T-模式算法，其主要目标是从分析的区域中发现频繁区域，这使得支持阈值是影响整个过程的最重要的参数。

我们使用数据驱动的启发式方法对该阈值进行估计：基于空间网格单元中轨迹的累计频率分布。图 7.2（a）是米兰数据集的累计频率分布，其中斜率显著变化的点是初始支持阈值的最佳候选点，因为这些点将网格单元分组，使组内频率相当一致，而组间的频率非常不同。

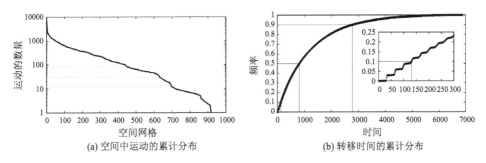

图 7.2　空间轨迹的累计频率分布

（a）基于检测到的显著斜率变化点，得到 T-模式支持阈值的三个候选值（13、24、82）的排序表；（b）所有轨迹中每对点之间转移时间的累计分布

提取 T-模式的另一个关键参数是时间容差 τ。在图 7.2（a）中，我们绘制了所有轨迹中每个点对时间距离的所有可能值，其表示 T-模式挖掘算法中转移时间的所有可能候选者。放大图中的"锐步"可以看到合成的平均采样率≈33 s，这也是 τ 参数的最小可取值。我们注意到，当 τ 取值很高时，T-模式计算会快速地合并转移时间。例如，τ=130 s 时会合并 10%的转移时间。比较合适 τ 参数取值是转移时间合并 50%的情况，即 τ≈14 min。通常情况，转移时间合并的百分点在 10%～90%的区间，即 τ = 2～45 min。在 M-Atlas 系统中，通过计算空间网格和轨迹集合之间的交集（并按照网格进行分组）得到轨迹的频率分布，具体的查询语句如下：

```
CREATE RELATION intersection_table USING INTERSECT
  FROM (SELECT t.id, t.object, s.id, s.object
      FROM <trajectories_table> t, <grid_cells> s)
```

其中，使用关系查询与相交操作（适用于轨迹和空间对象），先得到空间单元中存在的轨迹，并计算频率分布，最后使用标准 SQL 提供的数学函数得到累计分布并识别斜率。

7.2.3　轨迹后处理

后处理是指一旦挖掘步骤结束就可以进行的一组操作，通常指对提取模式的评估（或兴趣度的度量）。模式验证的目的在于度量提取的模式的有效性，而不仅仅是随机结果。相反，模式解释任务更具语义，因为它旨在根据领域知识进行模式解释。后处理的结果可能会触发知识发现过程新一轮的迭代。

1. 模式验证

验证一组已发现的移动性模式可能非常困难，因为有用的模式通常还不为人所知，或者只是一些琐碎的行为。将结果与领域知识（如调查数据可用时）进行比较，对于验证知识发现的方法很有用，但并不适合验证发现的模式。换句话说，模式需要一个解译的过程，这个过程可以在领域专家用户的参与下（或者利用某种形式的上下文信息）完成，最终证明模式真正有用（或有趣）。

尽管领域专家在模式验证方面的直接帮助是最佳解决方案，但由于普遍缺乏领域专家，在实际应用中不容易实现。然而，有时可以采用一些替代的方法：通过评估模式集的某些属性，协助进行模式解译。在这里，我们给出了两个示例，对前一章介绍的模式的通用性和有效性进行评估。

第一个例子是研究提取模式随时间变化的稳定性。当一个模式随时间的推移变得稳定时，意味着该模式可能反映了现实中的一种常见行为。其基本思路是：在几个时间段即几周（或几天）内使用相同的参数值，进行模式计算。如果一个模式对所有时段都有相同的相对支持度，这意味着该模式是稳定的，从而确认该模式是一种常规行为，而不是偶尔发生的异常行为。

类似的方法是研究模式随时间的演变。先在不同的时间间隔（如几天或几周）提取模式，再通过模式匹配构建随时间的演化模式，从而帮助理解模式在时间上如何演化。尽管这与前一种情况类似，但更难实现，因为必须在模式上定义距离度量。例如，对于 T-flock 算法，我们可以在第一天发现第一组模式 $P = \{p_1, p_2\}$，在第二天发现第二组模式 $P' = \{p'_1, p'_2, p'_3\}$，然后使用距离度量 $f(p, p')$ 将两组模式进行匹配，以将最近的模式链接在一起。一旦建立了模式随时间的演化，我们就可以理解模式"何时保持相似""何时及如何变化""何时消失"。

2. 模式解释

行为提取的困难本质上在于需要将上下文知识集成到发现过程中。我们将上下文知识定义为不仅与轨迹的几何部分有关还与移动性数据相关的信息。例如，上下文知识可以为：对象移动的地理环境（如酒店、道路、公园）、任何非几何的移动对象特征（如被跟踪人的年龄）及针对特定应用的概念和行为（移动的目标或预定义行为，如通勤、购物或旅游）。

应用领域知识可以通过形式编码，采用知识表示结构进行全局表达。**本体**是表示应用主要概念的一种知识表示结构，其由形式化和机器可读的语言描述，包括支持知识自动处理的推理工具。诸如**描述逻辑**（description logics, DL）等标准提供了一个基于形式化、基础良好的语义演绎推理系统。DL 的基本组件适用于概念、属性和实例的表达。复杂表达式（称为**公理**）可用于隐式定义新概念。本体论与数据挖掘相结合是一个复杂、富有挑战性且不断发展的研究领域，由于移动性数据在数据和模式管理方面更为复杂，使得本体论与移动性数据挖掘的结合更加困难。缺乏基本的时空本体表示和推理机制，是两者成功结合的主要障碍。

最近的一些研究已经朝着这个方向迈出了第一步：提出了基于本体形式的上下文知识。在知识发现过程中，将数据挖掘与本体相结合的一个有趣特性是，可以将演绎和归纳结合起来。数据挖掘的归纳能力，即从数据中提取模式（自下而上），可以得到进一步的增强：可以基于某些应用领域知识（自上而下）推断额外信息。这种组合允许我们将移动模式（从挖掘步骤中提取的），分类到以本体编码的应用知识概念中。Athena 框架就是这种归纳-演绎组合的一个例子，其扩展 M-Atlas 系统，在移动性知识发现过程中使用本体论。Athena 以本体来表达应用领域知识，本体中的公理定义我们希望在数据中发现的行为。因此，基于本体推理机，可以直接将提取的模式分类为预定义的行为。下一节，我们将介绍基于 Athena 的一个实例。

7.3　从轨迹数据中发现行为

移动性 KDD 过程的目标是理解移动性数据。目前的内容包括统计分析（表示数据集的属性）、提取局部模式和全局模型（显示轨迹几何方面的隐藏相关性）。然而，要实现从移动行为方面来对移动性数据进行正确理解和解译，仅靠这些内容可能还不够。

移动性知识发现过程的主要结果是从原始轨迹数据中提取行为，实现从原始数据到语义行为的渐进语义丰富。轨迹行为包括不同的类型：仅基于轨迹几何特性的行为，以及涉及领域知识和其他语义信息的更面向语义的行为。在下文中，我们对此类行为类型进行分类，并介绍一些示例。在本节后面，我们将给出几个示例，介绍如何使用 M-Atlas 系统从原始数据中提取这些行为。

7.3.1　时空行为

时空行为的特征在于轨迹的几何特性。当在单个轨迹上定义时，行为是个体的；当行为定义涉及多个轨迹时，行为是群体的。

个体时空行为的例子如下：

- 停留（Residence）：如果在整个时间间隔 I 期间，某条轨迹所有的时空位置均位于区域 A 内，则该轨迹在时间间隔 I 及区域 A 内具有停留行为。

- 系统运动（SystematicMovement）：如果轨迹包含用户一段时间内频繁运动的模式，则该轨迹表示系统运动。

群体时空行为的例子如下：

- 群集（Flock）：当一组轨迹在时间间隔 I 的区间彼此保持接近，则称该组轨迹在时间间隔 I 内具有群集行为。或者更精确地说，在时间间隔 I 的每个时刻 t，都有一个圆，且满足条件：①圆的半径小于给定的阈值；②圆包含所有轨迹在时刻 t 的位置。

- 汇集（Convergence）：也称为相遇（Encounter），如果一组轨迹中的每条轨迹在同一时刻大致经过同一点，则该组轨迹具有汇集行为。

- 领导（Leadership）：假定 S 是一组显示 Flock 行为的轨迹，如果在某个给定时间间隔 I 期间，每次 S 移动，S 中的轨迹 T 都领先于 S 中的其他轨迹，则称轨迹 T 显示了在 I 期间的领导行为。

7.3.2　语义行为

语义行为可以通过轨迹的语义属性来识别。同样，我们可以区分个体行为和群体行为。

个体语义行为的例子如下：

- 家（Home）：用户轨迹最频繁"停留"的地方。
- 工作（Work）：用户轨迹第二频繁"停留"的地方。
- 家到工作（HomeToWork）：如果轨迹开始于 Home 位置，结束于 Work 位置，则轨迹显示 HomeToWork 行为。
- 通勤运动（CommuterMovement）：这是一种同为系统运动（SystematicMovement）和家到工作（HomeToWork）的轨迹，其中家在城市市区"外部"，工作在城市市区"内部"，或者相反。

群体语义行为的例子如下：

- 堵车（StuckInTrafficJam）：如果一辆车的轨迹是群集（Flock）模式的一个成员，且该车的速度始终低于区域自由速度的 1/4，则该车的轨迹具有 StuckInTrafficJam 行为。

- 事件（Events）：几条轨迹在一个时间区间 I 内汇集（Converge）并"停留"（Residence）的公共场所。

- 导游（Tourist Guide）：从标记为"信息中心"的位置开始的一种系统运动（SystematicMovement）的行人轨迹，该轨迹是一组轨迹的领导（Leader）。

可以在 M-Atlas 系统中，将行为定义转换为三个主要 KDD 步骤的组合。图 7.3 是提取 StuckInTrafficJam 行为所需的操作流程。接下来，我们将介绍实现流程步骤的一组查询。

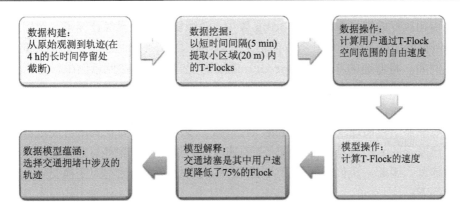

图 7.3　提取 StuckInTrafficJam 行为的操作流程

7.3.3　提取行为

考虑一个 Observations 表，其包含多个用户 GPS 设备收集的原始点。Observations 表由四列组成：userID、longitude、latitude 和 timestamp。第一个 M-Atlas 查询实现了数据构建：分别根据 3 h 和 50 m 的时空约束构建轨迹。轨迹重建的这一步将用户的移动分割成描述真实活动的行程，从而避免长时间停车（如在夜间或工作时间）。

```
CREATE DATA Trajectories AS MOVING_POINTS
  FROM (SELECT t.userID, t.lon, t.lat, t.timestamp
        FROM Observations)
  SET MOVING_POINTS.MAX_TIME_GAP = 3 hours AND
      MOVING_POINTS.MAX_SPACE_GAP = 50 meters
```

查询结果生成一个 Trajectories 表，该表包含三列 userID、trajID 和 trajectory。我们可以注意到，轨迹成为 M-Atlas 系统中的一种数据类型。由于篇幅原因，我们跳过了其他可能的预处理步骤，并使用 T-flock 算法（见第 6 章）继续进行数据挖掘，以获得至少 10 辆车、车与车之间的最大距离为 20 m、时间段至少为 5 min 的多个组。这些参数作为表达候选交通堵塞的合理近似值。当然，这些参数的取值，很大程度上取决于分析城市区域的具体应用与特征。例如，通常为了实现对大城市交通堵塞的识别，需要设定更大的参数值。

```
CREATE MODEL Flocks USING T-FLOCK
  FROM (SELECT trajID, trajectory FROM Trajectories)
  SET T-FLOCK.MIN_SUPPORT = 10 AND
      T-FLOCK.MAX_SPACE_GAP = 20 meters AND
      T-FLOCK.MIN_DURATION = 5 minutes
```

　　语句执行的结果存储在 Flocks 表中，该步骤实际上已经计算了一个时空行为，但我们还需完成一些任务以向语义行为（即 StuckInTrafficJam）更进一步，例如，将低速的群集（Flocks）识别为交通堵塞。在此示例中，分析区域中的自由速度①是定义交通拥堵时要考虑的上下文信息。具体的执行步骤包括：①通过数据操作步骤，计算每个群集区域中的自由速度；②使用模型操纵步骤，选择速度低于自由速度 1/4 的群集。对于第①步，我们需要找到所有经过群集区域（已发现的）的轨迹，以计算轨迹的速度，并进一步计算可与群集速度比较的自由速度。因此，我们需要计算 T-flock 模式和轨迹之间的空间变换交集，查询语句如下：

```
CREATE TRANSFORMATION SubTrajectories USING INTERSECTION
  FROM (SELECT flockID, flock FROM Flocks),
       (SELECT trajID, trajectory FROM Trajectories)
  SET INTERSECTION.ONLY_SPATIAL = true
```

　　查询结果生成 SubTrajectories 表，仅包含与 Flock 空间范围相交的部分轨迹（使用 ONLY SPATIAL 参数），即只考虑在分析期间通过该区域的车辆。这些子轨迹集合用于提取平均速度，并作为自由速度的估计值。

```
CREATE TRANSFORMATION FreeSpeeds USING STATISTICS
  FROM (SELECT flockID, trajID, trajectory
        FROM SubTrajectories)
```

　　STATISTICS 构造函数得到一组预定义的轨迹统计信息，包括平均速度。轨迹统计信息存储在 FreeSpeeds 表中。第二个任务是计算与自由速度进行比较的 Flocks 的速度，查询语句如下：

```
CREATE TRANSFORMATION FlockSpeeds USING STATISTICS
  FROM (SELECT flockID, flock FROM Flocks)
```

　　为了识别交通拥堵的群集，我们使用模型解译步骤：使用图 7.3 中的交通拥堵定义来约束 Flock 集，查询语句如下：

```
CREATE TABLE TrafficJams AS
  SELECT f.flockID, f.flock
  FROM FlockSpeeds s, Flocks f, FreeSpeeds fs
  WHERE s.flockID = f.flockID AND
        s.flockID = fs.FLOCK ID AND
        s.avg_speed <= fs.avg_speed*.25
```

　　一旦我们获取了交通拥堵，就可以使用数据模型操作（通过 Entail 关系谓

---

① 术语"自由速度"表示车辆在没有障碍物（如交通灯、事故或交通堵塞）的道路上的平均速度。

词实现）来检索用户的轨迹，以确定谁被困在那里，查询语句如下：

```
CREATE RELATION StuckInTrafficJam USING ENTAIL
  FROM (SELECT flockID, flock FROM TrafficJams),
       (SELECT userID, trajID, trajectory)
```

查询得到的表 StuckInTrafficJam 包含了交通拥堵用户的轨迹的集合（由 flockID 标识）。在图 7.4 中，我们将一些步骤在地图上进行了可视化。然而，需要说明的是，这个过程还没有完成对移动性的理解。事实上，还可以进一步分析选定的轨迹，如确定交通拥堵的原因等。例如，将 StuckInTrafficJam 与 CommuterMovement 结合起来，可发现交通拥堵与通勤行为之间的可能关系。

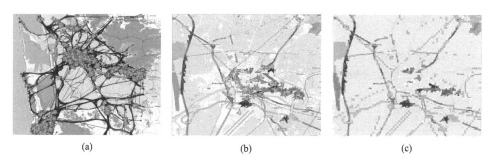

(a)　　　　　　　　　　(b)　　　　　　　　　　(c)

图 7.4　从数据中提取交通拥堵模式过程的图形表达（请扫二维码看彩图）

（a）使用 T-flock 算法提取所有候选者；（b）根据速度与同一区域内的自由速度之比对模式进行着色（蓝色> 1，红色 <1）；（c）速度低于自由速度 1/4 的模式

在前面的示例中，我们已经看到，从时空行为转换到语义行为（从 flocks 转换到 StuckInTrafficJam 行为）时，语义信息嵌入知识发现的过程：在 M-Atlas 查询中使用了领域信息来识别提取的群集（flocks）的语义行为。然而，语义充实步骤在这个过程中还不够明确，分析人员只是以某种方式将领域信息嵌入 M-Atlas 查询中。KDD 过程中推断和模块化的语义丰富任务进一步的工作是：将 KDD 过程定义为归纳（或挖掘）和演绎（语义行为推理）推理任务的组合。Athena 框架提供了一个基于扩展 M-Atlas 的解决方案：在移动性知识发现过程中集成本体。从本质上讲，这个新过程包括了具有推理功能的查询和挖掘处理。Athena 表示将领域知识应用到本体中，并定义了本体概念到数据和模式之间的映射。本体概念表达数据（如轨迹、道路）、模式（如群集）和语义行为（如 StuckInTrafficJam）。本体中嵌入了应用领域的语义，其中，公理定义的概念定义了我们想要从模式和数据推断的语义行为。

我们以 CommuterMovement 行为为例进行说明。通过定义一个轨迹，将这种行为表示为本体中的一个公理。即轨迹在早上从城市外移入，在市中心停留很长时间，然后在下午从市中心移出。轨迹、模式和本体之间的映射在特定的映射文

件中被形式化，使轨迹、移动模式和地理知识成为本体中的实例。运行本体推理
机，可以将模式和轨迹转化为由公理定义的适当行为（如满足 HomeToWork 行为
的轨迹）。

在图 7.5 中，我们展示了 HomeToWork 行为的本体定义示例。我们可以看到
HomeToWork 和 Systematic 运动是轨迹的子类，代表的是个体行为，而 Systematic
行为定义为一种特殊的 Frequent 模式，代表的是群体行为。

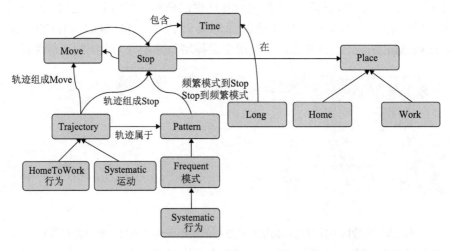

图 7.5　Athena 中用于发现 HomeToWork 行为的本体片段

M-Atlas 中定义了一个称为 SEMANTIC（object）的特殊函数，其目标是返
回所有本体概念（其中的对象通过映射文件或推理机分类）。例如，给定一个轨迹
对象，其 SEMANTIC 函数返回值可以是映射文件定义的"Trajectory"类，也可以
是本体引擎演绎推断的"HomeToWork"类，具体的查询语句为

```
SELECT t.id, t.trajectory
  FROM trajectories t
  WHERE 'HomeToWork behavior' in SEMANTIC (t.trajectory)
```

查询语句返回所有 HomeToWork 轨迹（基于公理定义和本体推理机的演绎）。接
下来，我们可以将结果与 Areas 表中的城市**内部区域**和**外部区域**相结合，以提
取 CommuterMovement，具体的查询语句为

```
CREATE TABLE CommuterMovement AS
SELECT t.trajId, t.trajectory
  FROM trajectories t, areas a, areas a2
  WHERE 'HomeToWork behavior' in SEMANTIC (t.trajectory)
    AND 'Systematic movement' in SEMANTIC (t.trajectory)
```

```
AND ST_contains (ST_PointN (trajectory,first), a.area)
AND ST_contains (ST_PointN (trajectory,last), a2.area)
AND a.label = 'outside' and a2.label = 'inside'
```

其中，ST_contains[①]是一个空间谓词，用于检查某个点是否包含在特定区域中。在图 7.6 中，我们展示了一个生成轨迹的实例。与上面介绍的 TrafficJam 实例类似，我们可以结合 CommuterMovement 和 StuckInTrafficJam 这两个分析的结果，得到陷入交通拥堵的通勤者，具体的查询语句为

```
SELECT sj.userID, sj.flock
  FROM CommuterMovement cm, StuckInTrafficJam sj
  WHERE cm.trajID = sj.trajID
```

图 7.6　通勤者运动分析得到的轨迹

7.4　结　　论

　　本章通过结合基于 M-Atlas 系统的示例，介绍了移动性理解的逐步的 KDD 过程。结果表明，对移动性数据的理解是一个复杂的过程，涉及许多不同的步骤，且所有这些步骤都是正确理解移动性现象所必需的。本节介绍了这些步骤，以及

---

① 该函数和其他空间查询函数均来源于 PostGIS，可直接用于 M-Atlas 系统。

其中用于发现有意义行为所必需的应用技术。在这个逐步的 KDD 过程中，我们注意到越来越多的语义和上下文信息逐渐嵌入这个过程。作为这种语义丰富的移动性知识发现过程的最终结果，我们定义了语义轨迹行为的概念。为了获取语义轨迹行为，语义信息通过两种方式集成到 KDD 过程。一种方法是，KDD 分析人员使用 M-Atlas 原语，通过使用适当的参数正确地利用系统函数来发现语义行为。另一种方法是，在后处理步骤中使用本体明确表示语义信息，从而使发现过程自动化。在该方法的实例中，我们添加了一个自动演绎步骤，其中的应用领域知识在流程中显式表达。总之，由数据中提取行为的经验可得出的主要信息是：单靠数据挖掘（即使应用于大量轨迹数据）不足以将数据转化为知识，即我们需要一个涉及语义信息的更复杂的过程。

7.5　文　献　综　述

Fayyad 等（1996）首次在相关应用案例中介绍了知识发现（KDD）过程，并讨论了主要 KDD 步骤。此后，该 KDD 过程成为数据挖掘和知识发现研究领域的基础。本章提出的移动性知识发现过程也基于 Fayyad 提出的这一 KDD 过程，针对移动轨迹进行调整，并采用本体论新的演绎步骤进行功能丰富。Baglioni 等（2012）的 Athena 系统中介绍了新功能（即 Fayyad 原始过程没有涉及的），并针对汽车和行人的两类轨迹数据集进行了实验。

本章介绍了一种支持移动性知识发现过程的系统——M-Atlas，并结合具体示例对系统的功能进行了说明。M-Atlas 系统的设计灵感来自于 Mannila（1997）的归纳数据库愿景。Giannotti 等（2011）最先介绍了 M-Atlas 系统，并在意大利两个城市收集的 GPS 汽车轨迹集上进行了实验。实验部分内容将在本书第 10 章中进行介绍。M-Atlas 系统在 PostGIS 空间数据库系统的基础上进行实现，许多空间算子都继承 PostGIS。

预处理步骤中介绍的技术来源于文献著作。例如，Scheaffer 等（2005）在书中对于数据集采集技术的综述，Rinzivillo 等（2008）在论文中介绍的轨迹数据渐进式聚类方法。

目前，还未有针对语义轨迹（表达为停留和移动的序列）的数据挖掘方法（也是一种理解移动性的方法）。一种解决的方法是：使用标准数据挖掘技术，如频繁模式挖掘和序列模式挖掘。Alvares 等（2007）提出先进行轨迹数据预处理，将其转换为停留和移动的序列[即 Spaccapietra 等（2008）所述的关系表达]，再采用标准数据挖掘技术进行语义轨迹挖掘的方法。这种方法简单但巧妙，可以使用户能够根据轨迹的几何结构提取纯语义的轨迹模式，而传统的时空数据挖掘方法则无法做到。因此，这项技术可以看作解决语义轨迹挖掘问题的第一种方法。

第8章 移动性数据的可视化分析：一种增强理解的调色板技术

Natalia Andrienko 和 **Gennady Andrienko**

8.1 引　　言

可视化分析包括一系列知识、方法和技术，联合使用了人工分析和电子数据处理的优势（Keim et al., 2008）。技术上，可视化分析将交互式可视化技术与计算数据分析算法相结合。可视化技术的关键是实现数据的人工理解和人工推理。这对于人们选择适当的计算方法开展工作十分重要。目前，将可视化分析方法应用于数据分析和问题理解还没有达到完全自动化的程度。通过使用人类的理解、推理能力及已有的知识和经验，可视化分析可以帮助研究人员找到分析数据和解决问题的合适方法（今后这一过程有可能完全或部分自动化）。通过这种方式，可视化分析可以推动计算分析和学习算法的开发和发展。

可视化对于地理空间中现象和过程的分析尤其重要。由于空间的异质性及空间中出现的各种属性和关系无法充分表达（以实现地理空间数据的全自动处理、探索和分析），从地理空间数据中获取知识，就依赖于分析人员对空间和地点的感知、掌握的空间和地点的隐性知识（即空间和地点的固有属性和它们之间的关系），以及处理空间/地点数据时的相关经验。这些情况，尤其适用于移动性数据。

为实现对移动的理解和分析，可视化分析研究人员可以使用传统的制图技术，对部落、军队、探险者、飓风等对象的移动进行表达；基于时间地理学（人文地理学的一个分支）将空间和时间视为统一连续体（时空立方体）维度的思想，把个体行为表达为连续体中的路径；采用信息可视化的用户交互显示技术，进行数据的探索性分析；使用地理可视化中的交互式地图及相关方法，进行空间信息的探索性分析。

本章简要介绍用于移动性数据的可视化分析方法。根据分析的重点，我们将现有可视化分析方法分为以下四类。

（1）**查看轨迹**：关注被看作整体的物体移动轨迹。该方法支持对单个轨迹的空间和时间特性的探索及几个（或多个）轨迹的比较。

（2）**探索轨迹内部**：关注轨迹运动特征的变化。该方法在轨迹段和轨迹点的级别考虑轨迹，支持探测和定位具有特定运动特征的轨迹段，以及表达个体运动特定局部模式的轨迹段序列。

（3）**运动的鸟瞰图**：关注多个运动的时空分布。不关注个体运动，使用泛化和聚合方法发现整体的时空模式。

（4）**场景的移动**：关注移动对象与其场景之间的关系及相互作用，包括各种空间、时间和时空对象及现象。移动性数据与描述场景的其他数据一起分析。计算技术用于检测特定类型的关系或交互的产生，可视化方法支持对这些产生进行全面和详细地探索。

我们使用在意大利米兰一周内收集的 17 241 辆汽车的 GPS 轨迹数据集（数据由米兰市政府提供）演示可视化分析功能。

8.2　查看轨迹

本节中，我们首先考虑轨迹的可视化表达及表达交互技术。然后，使用聚类方法进行多轨迹比较研究。最后，通过时间转换支持轨迹时间特性探索和多轨迹动态特性的比较。

8.2.1　可视化轨迹

离散实体运动可视化常见方法包括静态地图、动态地图及交互式时空立方体（STC）。STC 将时间和空间统一表示为一个三维立方体，其中二维表示空间，一维表示时间。时空位置可以表示为 STC 中的点，轨迹可以表示为 STC 中的三维线。STC 的缺点是：当显示多个轨迹时可能会出现视觉混乱和遮挡、投影造成的空间和时间的失真，以及有效探索的时间间隔长度很有限等。为了弥补这些缺点，地图和 STC 可视化通常采用其他类型的图形和图表作为补充。

对轨迹和相关数据可视化探索的常见交互技术包括视图操作（缩放、移动、旋转、更改不同信息层的可见性和渲染顺序、更改不透明度级别等）、数据表达操作（选择要表达的属性，并对其值进行可视化编码，如通过着色或设置线条粗细）、内容操作（选择或过滤将要显示的对象）及与可视化元素的交互（如通过鼠标指向获取详细信息、高亮显示、选择对象在其他视图中浏览等）。多种可视化的共存通过使用一致的可视化编码（如相同的颜色）进行可视化连接，并通过对各种用户交互的同时反应表达协调一致的行为。

图 8.1 给出了地图和 STC 显示的示例，并示意了一些基本的交互技术。图 8.1（a）中的地图显示了米兰数据集的一个子集，该数据集包括始于 2007 年 4 月 4 日星期三的 8206 条轨迹。为了使地图清晰可见，轨迹线仅以 5% 的不透明度绘制。图 8.1（c）中的时间过滤器用于限制地图视图，使其仅显示选定时间间隔内的

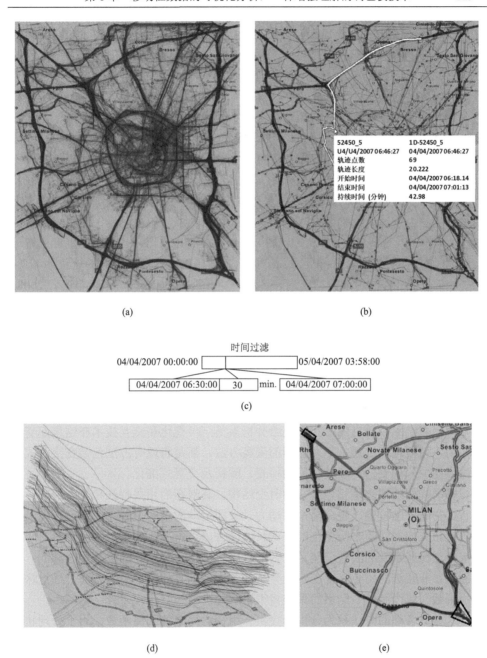

图 8.1　轨迹的可视化：地图和时空立方体

（a）地图上显示以 5%不透明度绘制的 8206 条汽车轨迹；（b）地图显示通过时间过滤器（c）选择的 30 min 时间间隔内的位置和运动；（d）时空立方体（STC）显示通过空间过滤器（e）选择的轨迹子集

位置和移动。因此，图 8.1（b）中的显示状态对应于从早上 06:30 到早上 07:00 的 30 min 时间间隔。时间过滤器也可用于地图动画：限定时间间隔在时间上向前或向后移动（自动或交互），地图和其他显示视图根据间隔的当前开始和结束动态更新其内容。

图 8.1（b）还演示了对与轨迹相关的各种属性（如开始和结束时间、位置数量、长度和持续时间等）的访问。当鼠标（光标）指向某条轨迹线时，会在弹出窗口中显示该轨迹的属性及汽车在鼠标所在位置的时间。

图 8.1（d）是时空立方体（STC）的显示，其中二维表示空间，第三维表示时间。时间轴从立方体底部（显示的基础底图）到顶部。当所有轨迹都包含在 STC 中时，视图由于过度绘制而难以辨认。图 8.1（d）中，STC 显示了通过空间过滤器[图 8.1（e）]选择的 63 条轨迹。图 8.1（e）中的过滤器，是在地图上标出了城市西北和东南的两个区域，并要求只有按给定顺序访问这两个区域的轨迹才可见。另外，还有一些其他用于数据查询和过滤的交互技术，如 Bouvier 和 Oates（2008）及 Guo 等（2011）提出的方法。

8.2.2　轨迹聚类

聚类是可视化分析中用于处理大量数据的常用技术。聚类不应被视为一种独立的分析方法，其结果可以用于任何目的。聚类分析的一个重要部分是分析人员对聚类结果的解释，这样分析才有意义和价值。为了能够对聚类结果进行解释，需要将聚类结果以适当的形式呈现给分析人员。可视化和交互技术在这里起着关键作用。可视化分析通常不发明新的聚类方法，而是将现有方法包装在交互式可视化界面中，以支持对聚类结果的检查、解释及交互式细化。

移动物体的轨迹是相当复杂的时空结构，其潜在的相关特征包括路径的几何形状、空间中的位置、生命周期和动力学（即运动的空间位置、速度、方向及其他与点相关的属性随时间变化的方式）。轨迹的聚类需要适当的距离（不相似）函数来处理这些重要的属性。但是，为所有属性创建一个单个函数是不合理的。一方面，并非轨迹的所有特征在实际分析任务中都同时相关；另一方面，通过这种通用函数（单个函数）产生的聚类将很难解释。

一种更合理的方法是为分析者提供一组相对简单的距离函数，用于处理轨迹的不同特性，并提供在分析过程中结合这些特性的可能性。最简单、最直观的方法是按一系列步骤进行分析。在每个步骤中，将单个距离函数的聚类应用于整个轨迹集或在前面步骤中获得的一个或多个聚类。如果分析人员清楚每个距离函数的目的和工作原理，则通过跟踪其推导历史，可以很容易地解释在每个步骤中获得的聚类。这样分析人员可以逐步完善他或她对数据的理解。先前分析的结果，为新的分析问题确定下一步操作提供基础，这个过程称为"渐进式聚类"

（Rinzivillo et al.，2008）。

OPTICS 是一种基于密度的聚类算法，其聚类过程与距离度量函数相互分离，可以实现基于不同距离函数的聚类。因此，基于 OPTICS 的渐进式聚类实现过程如下：用户先选择某一个合适的距离度量函数对整个轨迹集进行聚类，然后以交互方式选择一个或多个聚类，使用不同的距离度量函数（或不同的参数设置）对选中聚类中的轨迹数据子集进行聚类，最后迭代操作直至获得最终的聚类结果。通过该渐进式聚类可以实现：①细化聚类结果，②组合使用不同语义的距离度量函数，③逐渐实现对轨迹不同方面的全面理解。

图 8.2 是一个渐进式聚类过程的实例。图 8.2（a）是对图 8.1 的汽车轨迹子集进行聚类的结果，其中的距离度量函数为"公共目的地"（即距离度量函数比较轨迹末端的空间位置）。图 8.1 的 8206 条轨迹中，4385 条被分为 80 个基于密度的聚类，3821 条被视为噪声。图 8.2（b）是去除噪声后的聚类结果。图 8.2（c）是最大聚类的显示，由 590 条在西北方向结束的轨迹组成。对图 8.2（c）中聚类的轨迹数据，使用"路线相似性"距离度量函数进一步聚类（即距离度量函数比较移动对象遵循的路线），聚类结果如图 8.2（d）所示。其中，包括 18 个聚类，171 条轨迹视为噪声被隐藏。最大的聚类（红色）由 116 条从市中心出发的轨迹组成，第二大的聚类（橙色）由 104 条从东北方向出发、沿着北部高速公路的轨迹组成。图 8.2（e）是图 8.2（d）中聚类（即按路线相似性划分的聚类）在 STC 中的显示，该显示涉及时间变换，具体内容将在下一小节中讨论。

8.2.3　轨迹时间变换

当轨迹在时间上距离较远时，使用 STC、时间图或其他时间可视化方式，很难进行轨迹动态特性的比较（因其中表达的轨迹，彼此相距较远）。这个问题可以通过变换轨迹中的时间来解决（或缓解）。两类轨迹时间变换的方法如下。

（1）**基于时间周期的变换**：根据数据和应用，将轨迹按时间投影到年、季、月、周或天。这样，用户就可以发现（和研究）与时间周期相关的移动模式。例如，找到早上出行的典型路线，并查看其与晚上回归路线的差异。

（2）**基于各个轨迹生命周期的变换**：按时间将轨迹变换到共同的开始时间或共同的结束时间，以比较轨迹（特别是空间相似的轨迹）的动力学特性（如速度动力学），对齐轨迹的开始时间和结束时间支持，在不考虑轨迹平均移动速度时，还可进行轨迹内部动力学的比较。

图 8.2（e）显示了经过时间变换的轨迹。其中的 STC 显示了在西北方向结束、基于路线相似性的车辆轨迹聚类。轨迹中的时间进行了转换，所有轨迹都具有共同的结束时间。由图 8.2（e）中 STC 可知，尽管每个轨迹内的轨迹路线相似，但移动的动力学特性有很大不同。从线路的斜率可以判断轨迹移动的速度：略微倾

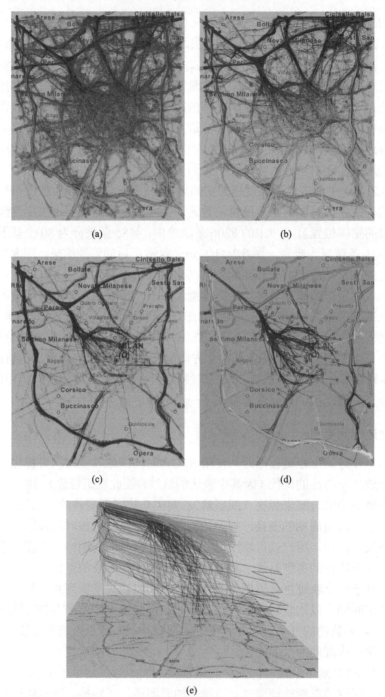

图 8.2　轨迹的交互式渐进聚类（请扫二维码看彩图）

（a）根据目的地对车辆轨迹进行聚类；（b）噪声数据被隐藏；（c）最大聚类；（d）通过路线相似性对所选聚类中
的轨迹数据进行聚类，并隐藏噪声数据；（e）STC 中显示按路线相似性划分的聚类

斜的轨迹路线，表示车辆快速移动（即在更短的时间内移动得更远）；陡峭的轨迹路线表示车辆缓慢移动；垂直轨迹路线表示车辆停留在同一位置。因此，我们可以非常清楚地看到红色聚类中车辆移动的动力学：车辆在市中心缓慢移动，但在到达城区西北角方向的高速公路后开始快速移动。橙色聚类分为两部分：其中一部分由几乎笔直、略微倾斜的轨迹路线组成，表示在该路线上的车辆快速匀速行驶。另一部分的轨迹路线开始于陡峭段，表示车辆在北部高速公路东部的通行受阻，无法高速行驶。此外，我们还可以交互式选择陡峭部分的轨迹，并找出交通阻塞的时间：大约从上午 6:00 到下午 1:00，尤其是在上午 10:30 之后。所有这些信息，在基于原始时间轨迹表达 STC 中，均很难观测到。

8.3　探索轨迹内部：属性、事件和模式

上一节介绍的方法将轨迹作为整体处理，即将轨迹作为原子对象处理。本节我们介绍在轨迹点和轨迹段级别上操作的方法：可视化分析轨迹点或轨迹段的运动特征（速度、方向等）及动态属性的变化。一种最直接的可视化位置相关属性方法是：先将地图或三维显示中表示的轨迹线（或条带）划分为若干轨迹段，然后分别改变这些轨迹段的外观（依据属性值来改变轨迹段的颜色或阴影）。

轨迹点相关的动态属性也可以通过单独的时间显示进行可视化。例如，时间图或时间条显示。图 8.3（a）是时间条显示的示例，其中，横轴代表时间，每条轨迹表示为一个水平条（水平条的起始位置和长度，分别对应轨迹的开始时间和持续时间）。请注意，图中的时间进行了缩放：全部可用宽度限定为从上午 6:30 到下午 12:00 的间隔。垂直维度用于对时间条的排列，可以根据轨迹的一个或多个属性（示例中使用的是开始时间）进行排序。时间条的颜色对轨迹点相关联的、用户选择的某些动态属性的值进行编码。动态属性可以实现现有的（测量的）属性，即可以是从位置记录（坐标和时间）派生的属性。例如，速度、加速度和方向等。通过颜色表示属性值，需要先将属性值范围划分为多个间隔，再为每个间隔指定不同的颜色或阴影。在图 8.3（a）中，时间条的颜色表示速度值：红色表示车辆低速行驶，绿色表示车辆高速行驶。左边的图例表示颜色编码。用户通过时间条的显示与地图显示之间的交互，可以将轨迹点的属性值与空间场景进行关联。例如，当鼠标光标指向时间条的某个元素时，地图上就通过横穿地图的水平线和垂直线的交叉点来标记元素对应的空间位置，并高亮显示包含元素对应位置的轨迹[图 8.3（b）]。在本例中，我们看到高亮显示轨迹在上午 6:54 以 1.2 km/h 的速度向东北方向移动。

上述动态链接仅限于探索一条或几条特定轨迹。为了研究大量轨迹中与位置相关的动态属性，分析人员可以根据属性值对轨迹段进行过滤。图 8.3（c）和（d）

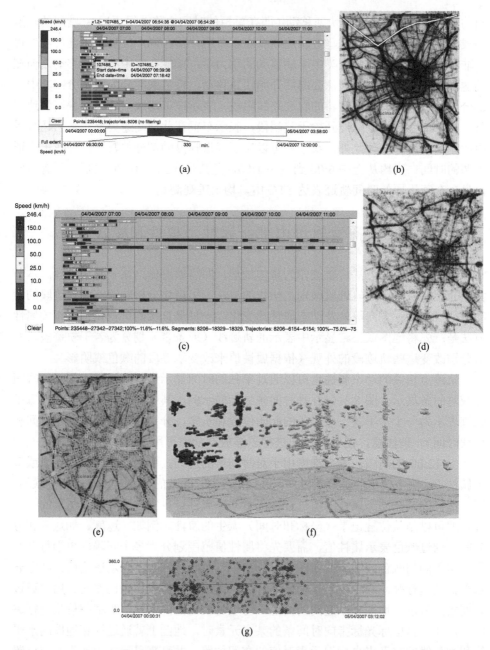

图 8.3　（a）时间条通过颜色编码显示轨迹移动的速度；（b）在地图中高亮显示选中的轨迹以及在（a）中鼠标指向轨迹点的位置；（c）根据速度值过滤轨迹段；（d）地图上只显示满足过滤条件的轨迹段；（e）根据时间间隔过滤条件从轨迹中提取低速事件；（f）在时空立方体中显示低速事件基于密度的时空聚类；（g）低速事件的散点图，其中水平维度为时间，垂直维度为运动方向（请扫二维码看彩图）

显示了如何以高度交互的方式进行过滤。时间条左侧的彩色图例是一个过滤器：用户可以通过单击图例中相应的彩色矩形来关闭（或打开）和任何值（速度）间隔的可见性。在图 8.3（c）中，用户关闭了除速度为 0～5 km/h 间隔外的所有间隔，即速度值高于 5 km/h 的轨迹段被隐藏。过滤器不仅影响时间条的显示，还影响地图显示[图 8.3（d）]。另外，用户也可以根据不同属性值的组合进行多个间隔的过滤。

可以从轨迹中提取满足过滤条件的点，以生成由空间事件（即位于空间和时间中的对象）组成的单独数据集（信息层）。数据集可独立于原始轨迹也可与原始轨迹组合进行可视化分析。图 8.3（e）中，黄色圆圈代表 19 339 个空间事件，这些事件是由车速不超过 5 km/h 的车辆轨迹点构成的。在图 8.3（e）中取消了轨迹段的过滤，使所有轨迹都可看到。基于空间事件的分析结果：正如预料的那样，在市中心有许多低速活动。但在高速公路及其入口/出口的许多地方此类事件也集中发生，表明这些地方很可能发生了交通拥堵。

为了研究交通拥堵发生的时间和地点，我们对提取的事件集合应用基于密度的聚类，以便找到低速事件的时空聚类。由于独立的低速事件可能与交通拥堵无关，我们采用基于密度的时空聚类，其中的距离函数是事件之间的时空距离。图 8.3（f）中的 STC 显示了聚类的结果，其中，15 554 个事件噪声被隐藏，且聚类的结果依据地理位置进行了着色。图 8.3（f）中，我们看到城市东部（确切地说，在利纳泰机场）有一个垂直延伸的浅绿色的聚类，但这个聚类中的低速事件并不是交通拥堵，而是停车或乘客上下车。在西北（蓝色）和东北（青色）的一些聚类，则与交通拥堵相关，而这些聚类在空间上具有较大的范围，意味着交通在很长的一段道路上发生了拥堵。通过图 8.3（g）中二维显示的散点图（水平轴表示事件的时间，其对应于车辆移动的方向）可以更加方便地查看聚类发生的时间。通过逐个选择聚类，可以查看聚类发生的时间及移动的方向。例如，在 05:38～06:50 和 10:20～12:44 的时间间隔内，在较远的东北部出现了两个大规模向西缓慢移动的聚类。

此外，还有许多方法用于进一步分析从轨迹中提取的事件。感兴趣的读者可参考 Andrienko 等（2011b，2011c）的论文。

8.4 运动的鸟瞰图：泛化和聚集

泛化和聚集可以全面了解多个运动轨迹的时空分布（由单个轨迹的可视化很难获得）。聚集有助于处理大量数据，并支持两类主要的分析任务：

· 研究空间中不同位置移动对象的表征及其时间变化。

· 研究空间位置之间移动对象的流动（聚集移动对象）及其时间变化。

8.4.1　表征和密度分析

在某个时间间隔内，某个位置中存在的移动对象可以根据访问该位置的不同对象的计数、访问次数（某些对象可能多次访问该位置）及在该位置花费的总时间来表征。此外，也可以使用描述对象的各种属性的统计值、运动特征及对象在该位置的活动进行表征。为了获得这些度量值，需要先将移动数据在空间上聚集为连续密度曲面（或离散网格），然后再使用颜色编码（和/或照明模型）在地图上显示密度场，如图 8.4（a）所示，其中，使用不同半径核构建密度场，并将其组合在一张地图中，以同时显示大尺度模式和精细特征。

图 8.4（b）给出了使用离散网格的空间聚集示例，其中根据汽车轨迹点的空间分布构建了不规则网格，且网格阴影的暗度与汽车访问该网格的总次数成正比。此外，每个网格都包含一个圆圈，其面积与汽车访问该网格持续时间的中位数成正比。从图 8.4（b）可以看出，具有流量密集（深色阴影）的网格中停留持续时间的中位数大多较低。在市中心（尤其是在东部的利纳泰机场）的网格中停留持续时间更长。此外，在城市周边一些交通强度低的地方，其停留持续时间也较长。

为了研究空间中对象表征和相关属性的时间变化，空间聚集与时间聚集（可以是连续的，也可以是离散的）可以相结合。空间密度的概念可扩展到时空密度：将移动数据聚集成三维时空连续场（用 STC 表示）中的密度体。

对于离散时间聚集，时间被划分为时间间隔。依据应用和分析目标，分析人员可将时间看作一条线（即线性有序的时刻集）或作为一个周期（如天、周、年等），并在选定的线或周期上定义用于聚集的时间间隔。离散时间聚集与连续空间聚集的组合提供了一系列密度表面（每个时间间隔一个），并可以通过动态密度图进行可视化。进一步，通过计算两个密度表面之间的差异及在地图上可视化，来查看密度表面随时间发生的变化（这种技术称为变化图）。

离散时间聚集与离散空间聚集的组合为空间单元（如网格单元）和时间单元的每个组合产生一个（或多个）聚集属性值，即每个空间单元包含一个（或多个）时间序列的聚集属性值。对于连续表面，通过动态密度图（也称动态表征图）和变化图进行可视化。另外，时间序列也可以在 STC 中按比例大小（或阴影或彩色）的符号进行显示，其中，符号在位置上方垂直对齐。如图 8.4（c）所示，其中彩色图例在图 8.4 的右下角给出。但是，这种可视化显示方式存在一个严重的问题——符号遮挡。因此，我们使用交互式过滤，只显示访问量最大的网格（每天 1000 次或更多访问）。

当空间单元（如网格单元）的数量较多且时间序列较长时，仅使用可视化交互技术就很难发现对象表征的时空分布。因此，就需要利用时间序列的相似性对网格进行聚类，并对聚类的时间变化进行分析：研究聚类内属性的动态变化，并

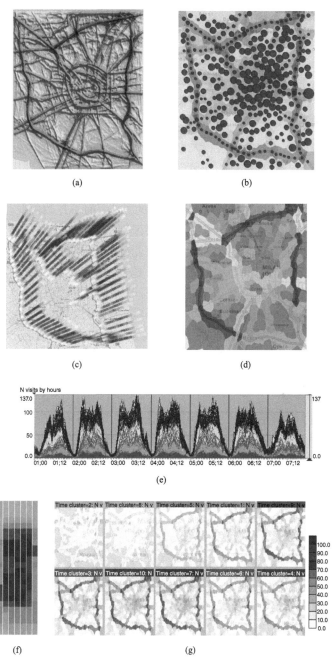

图 8.4　（a）在连续密度表面聚集的汽车轨迹；（b）在离散网格单元聚集的汽车轨迹；（c）在 STC 中显示一天中访问量最大的网格单元中汽车表征的变化；（d）基于时间序列相似性对网格单元的聚类；（e）为相同时间序列线（对应于处于相同聚类中的网格）绘制相同颜色的时间图；（f）基于汽车表征的空间分布相似性的时间间隔聚类；（g）通过多图显示对"空间场景"的聚类的概括（请扫二维码看彩图）

进行聚类之间的对比。图 8.4（d）是依据车辆表征的时间序列（按 1 h 间隔，聚集一周内的车辆移动数据，即一个时间序列由 168 个时间步组成），对网格进行 k-均值聚类的结果。其中，每个聚类指定不同的颜色，并基于网格单元在地图上绘制。图 8.4（e）是为相同时间序列线绘制相同颜色得到的时间图，其中，时间序列线的颜色依据其对应网格所属聚类中心投影到二维连续颜色图上的颜色来确定。因此，具有邻近聚类中心的聚类（即其包含网格对应的时间序列线）使用相似的颜色，反之亦然，颜色差别越大也就意味着聚类之间的差异更大。图 8.4（e）显示了一周内基于网格单元的汽车表征的周期变化，我们可以使用交互式工具逐个（或成对）选择聚类进行比较（只显示这些聚类）。我们发现，除了鲜红色和橙色的聚类外，其他聚类的主要差异在于数值的大小，而不是数值变化的时间模式，而且这些聚类中值的范围也非常接近。主要区别在于红色聚类在周日和周六下午的数值较高，这可能与人们周末通常到城市北部的湖泊附近度假有关。

上述基于空间参考时间序列的方法，只是表达离散时空聚集结果方法中的一种。另一种方法是将离散时空聚集看作"空间场景"的时间序列。术语"空间场景"表示一个（或多个）属性在一个时间间隔内的聚集值的空间分布。因此，在上述示例中，我们可以得到 168 种"空间场景"（每种情况对应于一周内一个小时的间隔）。"空间场景"的时间变化也可以通过聚类来研究，即"空间场景"被视为表征不同时间间隔的特征向量，基于这些特征向量的相似性进行聚类，以实现对时间间隔的分组。

在图 8.4（f）中，我们对 168 种汽车表征的"空间场景"进行 k-均值聚类，构建了一个时间马赛克显示，其中每个小时的间隔由一个正方形表示。与基于空间参考时间序列方法一样，也为不同的聚类分配不同的颜色，并以时间马赛克中的方块为单元进行颜色绘制。从左到右排列的正方形对应一周：从星期日（我们数据集中的第一天）到星期六。从上到下排列的正方形对应一天中的一个小时：从顶部的 0 到底部的 23。从图 8.4（f），我们看到工作日（第 2～6 列）具有非常相似的着色模式，这说明了"空间场景"每天变化的相似性。但是，周日（第 1 列）和周六（第 7 列）的变化模式与工作日显著不同。图 8.4（g）中通过多图显示对"空间场景"的聚类进行概括：每个小地图代表各自时间聚类中的平均表征值[颜色编码与图 8.4（c）中的 STC 相同，参见右下角的图例]。可以看出：出现在夜间的青色阴影对应于城市中的汽车表征量非常低，而在工作日从 5 点到 17 点，以及周日下午（从 15 点到 17 点）和周六早上（从 8 点到 9 点），出现的红色阴影表示较高的汽车表征量，主要发生在城市周围的带状道路上。

为了处理大量的移动数据[可能不适合随机存储内存（RAM）]，可以先在数据库或数据仓库中进行离散时空聚集，然后再将聚集加载到 RAM 中进行可视化和交互式分析。

8.4.2　踪迹流

在上一节中，我们已经考虑了按位置（空间间隔）对运动数据进行空间聚集。另一种空间聚集方法则使用位置对：对于两个位置 *A* 和 *B*，汇总从 *A* 到 *B* 的移动（转换）。这可能产生诸如转换次数、从 *A* 移动到 *B* 的不同对象的数量、速度统计和转换持续时间等聚集属性。术语"流"通常指不同位置之间的聚集运动。相应的移动量，即移动物体的数量或转换的数量，可以称为"流量大小"。

有两种可能的方法可以将轨迹聚集为流。第一种方法是：假设每个轨迹代表一个移动对象从某个起点到某个目的地的完整行程，轨迹可以通过起点-目的地对进行聚集（忽略中间位置）。聚集的结果是众所周知的表示形式——起点-终点矩阵（origin-destination matrix, OD 矩阵），其中行和列对应于位置，单元格包含聚合值。OD 矩阵通常以图形方式表示为带有阴影或彩色单元格的矩阵。行和列可以自动或交互地重新排序，以揭示连接模式，如强连接位置和"中心"（即与许多其他位置强连接的位置）的聚类。OD 矩阵的一个主要缺点是缺乏空间背景。

另一种可视化流的方法是流图，其中，流由连接位置的直线（或曲线，或箭头）表示，流量大小由比例宽度（和/或符号的颜色，或阴影）表示。由于直线（或箭头）不仅可以连接相邻位置，还可以连接任意距离的任意两个位置，因此可能会出现大量符号交叉和遮挡，这使得地图难以辨认。为减少显示混乱的优化方法，要么涉及高信息损失（如过滤，或者为较小流量的流设置低不透明度），要么仅在特殊情况下有效（如仅显示来自一个或两个位置的流）。

将轨迹转换为流的另一种可能方式是：先将每条轨迹表示为路径上所有访问位置之间的转换序列，然后对所有轨迹的转换进行聚集。具有足够精细时间粒度的移动数据，或允许在已知位置之间插值的运动数据都可以被聚集，以使只有相邻位置（相邻空间网格）才能通过流连接。这样在流图上表示流时，就不会出现流符号的交叉和遮挡。为此，需要先将移动性数据所在的空间划分为较大（或较小）的网格[可以使用 Andrienko 和 Andrienko（2011）提出的方法]，以实现对移动性数据较高（或较低）程度的概括和抽象。例如，图 8.5（a）～（c）是分别使用精细、中等和粗糙的网格划分，将相同的车辆轨迹（周三一天的轨迹数据集）聚集为流的结果。流由"半箭头"符号表示，以区分在相同位置之间相反方向的移动。另外，图中还隐藏了较小流量的流，以提高可视化的清晰度（参见地图下方具体图例）。同时，还可以通过鼠标指向流符号来获得其流量大小及其他流量相关属性的精确值。流图也可以使用预定义的位置或空间划分来构建，例如，图 8.5（f）是采用将米兰地区划分为 13 个地理区域而构建的流图。

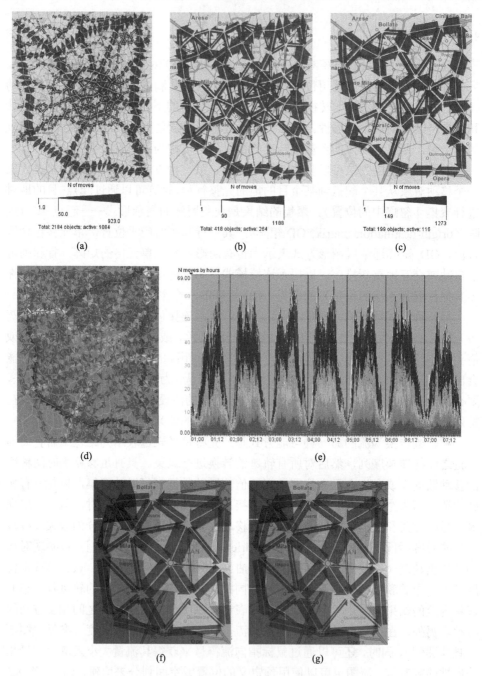

图 8.5　（a）～（c）基于自动获得的精细、中等、粗糙区域划分的流图；（d）、（e）基于流量大小时间序列的流聚类；（f）预定义区域之间的流；（g）研究区域之间随时间变化的移动，其中的时间根据轨迹的单个生命周期进行了调整（请扫二维码看彩图）

流图可以作为相似轨迹聚类的富有表现力的可视化概括。为了获得这样的概括，可对每个聚类分别进行聚集。

当移动数据按时间间隔聚集成流量时，结果是流量大小的时间序列，其可以通过动态流动图[或通过流图与时间显示（如时间图）相结合]进行可视化。流可以通过各个时间序列的相似性进行聚类，如图 8.5（d）、（e）所示，也可以通过时间变化进行聚类，正如前面章节所述的针对移动数据表征的聚类方法。我们可以看到，地图上空间模式和时间图上流量变化的周期性模式[图 8.5（d）、（e）]与针对移动数据表征的结果相似[图 8.4（d）、（e）]。但是，我们看到图 8.5（d）、（e）中的对称流，即相同位置之间相反方向的流，具有不同的时间变化模式。例如，在城市的东部和南部，蓝色和洋红色的对称流对应的时间序列就属于不同的聚类。另外，除了星期五（第 6 天），洋红色聚类中的流每天下午都具有较高的强度。

将移动数据聚集为位置之间的转换，不能发现包括两个以上位置的路径和移动行为。图 8.5（g）中可视化技术采用可以追踪移动行为的方式进行轨迹聚集（Bremm et al.，2011）。这是一个抽象的可视化，其中横轴代表时间，不同颜色代表不同的位置。图 8.5（g）、（f）分别使用相同的颜色、不同的颜色表示米兰的地理区域。

在本例中，我们分析 4634 辆汽车周三在研究区域上花费至少 6 h 的运动，即选择持续时间至少为 6 h 的轨迹。图 8.5（f）中的流图概括了这些汽车的运动。如 8.2.3 节所述，轨迹在开始和结束时间进行了对齐，轨迹的时间单位是总轨迹持续时间的千分之一，转换过的时间被分成 50 个间隔，每个间隔的长度为千分之二十，即 2%。图 8.5（g）中的时间通过垂直条表示的时间间隔进行可视化，其中的垂直条划分的彩色段成比例于对应时间间隔中访问对应区域的汽车数量。区域之间的聚集转移由垂直条之间的绘制带表示。绘制带的宽度与移动对象的数量成正比。绘制带采用渐变色，左端绘制起始位置的颜色，右端绘制目标位置的颜色。

彩色的垂直条不显示所有时间间隔，只显示交互式（或自动）选择部分的时间间隔。在示例中，我们选择了前 3 个间隔、最后 3 个间隔（其中间隔之间的划分按照 10%、20%等），底部的小矩形表示所有的时间间隔。灰度阴影对每个间隔相对于上一个间隔的变化量进行编码，即移动到不同位置的对象数量。我们可以观察到，所选汽车最密集的移动发生在全部轨迹生成周期的前 2% 和后 2%，即在时间间隔 100 和 900 之间，汽车大多停留在相同的区域。访问量最大的区域是市中心。与城市南部相比，城市北部的表征和流动性更高。最密集的流动开始于城市中部和市区内的东北部，结束于城市市区外的东北部。

通过交互可视化，不仅可以探索位置之间的直接转换，还可以探索更长的访问位置序列。当用户单击垂直条时，相应对象子集的移动会高亮显示，用户可以查看车辆具体访问了哪些位置及访问时间。例如，我们发现 500 间隔（即行程时间的中间）的 994 辆汽车中，489 辆汽车在整个时间段内都在某一个区域，而其余的汽车在前 2%的时间分别从东北（133 辆）、西南（132 辆）、西北（74 辆）和东南（62 辆）来到这个区域，此后又返回到出发点。类似地，用户可以单击连接段的绘制带，来选择参与相应转换的对象并跟踪它们的移动。

8.5　场景中的移动

移动的时空上下文包括不同位置（如土地覆盖或道路类型）和不同时间（如白天或晚上、工作日或周末）的属性及影响和/或受运动影响的各种空间、时间和时空对象。到目前为止讨论的可视化方法似乎只处理移动数据，而不是处理移动的上下文（至少没有以明确的方式提出）。然而，在对可视化内容进行解译的过程中，总是会涉及上下文。因此，分析人员总是试图将可见的空间模式与空间上下文（如高速公路上的汽车交通密度最高），以及可见的时间模式与时间上下文（如周末交通量减少）联系起来。

地图是有关空间背景信息的一个非常重要的提供者，对于分析移动数据至关重要。尽管在时间图等时间显示中可以包含有关时间上下文的信息，但这种情况并不常见。时空立方体可能会显示时空上下文，但遮挡和投影效果通常会使分析复杂化。除了在视觉显示上明确表示的上下文内容之外，分析人员还从他/她的背景知识中获取相关的上下文信息。可视化显示，尤其是地图，可以帮助分析人员这样做，因为可视化显示的事物可以促进分析人员从脑海中回忆相关事物。在注意到观察到的模式与某个上下文内容、内容组合或内容类型之间的可能关系后，分析人员可能借助交互式可视化工具对模式进行检查。

分析人员的目标不仅是关注上下文场景以解释之前所做分析的结果，还包括检测和研究移动与特定上下文内容（或上下文内容组合）之间的特定关系。例如，研究汽车如何在高速公路上（或在交通拥堵的情况下）行驶。为此，还需要研究支持关注上下文内容及和关注内容之间关系的特定技术方法。

移动数据中的位置记录可能包括一些上下文信息，但这种情况很少见。另外，在任何情况下，移动数据都不能包括所有可能的上下文信息。相关上下文信息通常来源于描述移动上下文场景的某些方面的一个或多个附加数据集。我们将这样的数据简称为"场景数据"。另外，场景数据可能来自于对移动数据的先前分析。在我们之前的例子中，展示了空间事件、事件聚类及位置和时间时刻的聚类的提取过程。提取的这些数据即为场景数据，可用于进一步的移动数据分析。

常用的一般方法是：先通过联合处理移动数据和场景数据，得到轨迹位置的上下文属性，然后通过可视化属性来观察模式并确定关系。获得的属性可以表征移动对象所处位置的环境（如天气条件）及位置与上下文内容之间的关系（如空间距离）。获得的属性值通常适用于所有轨迹位置，因此分析人员的目标是：寻找上下文属性和运动属性之间的相关性、依赖性，或者更具体地说，寻找稳定（或频繁）的对应关系。

除了运动期间移动对象与上下文之间的稳定关系，分析人员还可能对它们之间持续时间有限的短时空间、时间和时空关系感兴趣。例如，两个（或多个）移动对象之间的相对运动（接近、相遇、经过和跟随等）及与其他类型空间物体的相对运动。这种短时的关系通常存在于特定的空间和时间中，因此可以看作是空间事件。

许多类型的关系都可以用空间和/或时间距离表示。例如，移动对象之间的接近度、特定位置（或位置类型）的访问，以及处于空间事件的时空邻域等。得到的移动对象与其上下文内容之间的空间（和/或时间距离），可以作为移动对象轨迹位置的新属性，并用于进一步的可视化分析，例如，轨迹过滤和事件提取（如8.3节所述）。

作为分析上下文中移动的示例，我们研究在高速公路上行驶汽车的速度与汽车之间距离的关系。我们关注的移动环境包括位置类型（即高速公路）和车辆（即车辆之间的距离）。计算车辆之间的距离不需要额外的数据，可以由轨迹数据直接确定：使用计算程序，为每个轨迹位置找到给定时间窗口（如 1 min，即相对于当前位置的时间从-30 s 到+30 s）内的另一个最近的轨迹位置。

位置类型可以从描述街道的附加数据集中获取。但是，我们没有米兰的此类数据集。接下来，我们介绍如何使用先前生成的数据。图 8.4 中先对米兰的版图数据进行了划分，然后根据汽车在划分的网格中存在的时间变化进行聚类，以区分高速公路上的网格与其他区域的网格[图 8.4（d）]。图 8.6（d）中的黄色填充部分即为高速公路上的单元格。接下来，我们计算所有轨迹位置到黄色填充部分单元格的距离（对于每个位置，采用最近的单元格），计算出的距离作为新属性附加到轨迹点上，以用于后续的过滤。最后，通过选择到黄色填充部分单元格距离为零的过滤条件，即可提取所有高速公路上的轨迹点和轨迹线。

我们计算在 1 min 时间窗口内从每个位置到另一辆车最近位置的距离，并将距离作为一个属性附加到位置记录上。然后，我们根据距离属性值设定三个不同范围的过滤条件：20 m 以下、20～50 m 和 50 m 以上。接下来，对过滤得到的轨迹点集依据其速度生成频率（轨迹点计数）直方图，如图 8.6（a）～（c）所示。这三个图具有相同的高度，且每个矩形的宽度也相同（每个矩形对应于大约 5 km/h 的速度）。因此，尽管轨迹点子集的数量不同，但其分布的形状可以进行比较。三个图中均具有许多低速点（0～10 km/h），但在图 8.6（a）中低速轨迹点的数量相对最多，而在图 8.6（c）中相对最少。三个图中速度为 80～90 km/h 时的频率峰值较小，但图 8.6（a）的频率峰值最低，图 8.6（c）的频率峰值最高。因此，我们得出结论：高速公路上汽车之间的距离越小，对应的移动速度越低。

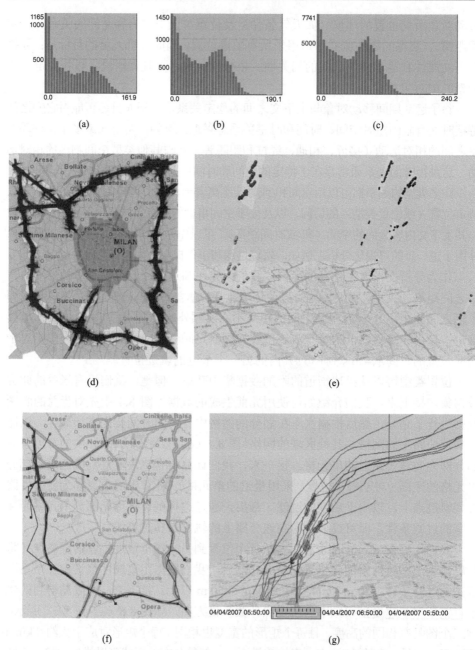

图 8.6　高速公路在最邻近车距离在不同车速范围内的频率分布：（a）低于 20 m；（b）20～50 m；（c）50 m 以上；（d）通过段过滤器选择的高速公路上或附近的轨迹段；（e）高速公路上与最近车辆距离为 10 m（或更近）的低速事件的时空聚类，黄色形状表示聚类的时空凸包；（f）通过过滤选择的穿过其中一个凸包的轨迹；（g）STC 中显示选定的轨迹和相应的低速事件（请扫二维码看彩图）

接下来，用实例说明移动对象和上下文项目之间的关系：在车辆轨迹中提取车辆位于高速公路上，其与最邻近车辆的距离最多为 10 m（反映了车辆与高速公路和其他车辆之间发生的邻近关系），而移动速度不超过 10 km/h（低速则表明可能发生了交通拥堵）的事件。进一步利用 8.3 节中的方法发现事件的时空聚类 [图 8.6（e）]。为每个事件聚类构建一个时空凸包[图 8.6（e）中的黄色形状]，每个凸包代表一个交通拥堵点。这样，就获得了一个新数据集：高速公路交通拥堵的时空边界。这些数据集可以作为场景数据用于进一步的分析。图 8.6（f）显示了选定的一个交通拥堵的轨迹（即交通拥堵作为轨迹选择的过滤器）。我们进一步通过图 8.6（g）中的 STC 研究受交通拥堵影响的车辆的移动情况。

8.2～8.4 节表明，运动可以在不同的层次上进行分析：整体轨迹、轨迹要素（点和段）和高级概括（如密度、流等）。原则上，也可以在这些层次上进行基于上下文的移动分析。但是，目前还没有一套全面的可视化分析方法，能够解决所有这些层次和不同类型的上下文内容的可视化分析问题，这也是今后这一方向上进一步研究的内容。

8.6　结　　论

移动数据将空间、时间和定位在空间和时间中的对象联系在一起。移动数据保存着关于移动对象、时空特性及发生在时空中的事件和过程的有价值的多方面信息。可视化分析开发了多种方法和工具来分析移动数据，使分析人员能够从不同的角度查看数据并执行不同的分析任务。可视化显示和交互技术通常与计算处理相结合，尤其是与纯可视化方法相比，可视化显示和交互技术可以分析更大量的数据。可视化分析利用与数据分析相关的其他领域开发的方法和工具，特别是统计、机器学习和地理信息科学。可视化分析的主要目标是促进人类的理解和推理。我们通过示例演示了如何通过可视化显示及交互（可能在适当的数据转换和/或计算推导额外的数据之后）来理解移动的各个方面。

8.7　文　献　综　述

Keim 等（2008）给出了可视化分析的一般定义，并介绍了该领域的研究范围。Andrienko 等（2011a）提出了一个概念框架，定义了移动数据、轨迹和事件的概念，以及移动对象、位置和时间之间的可能关系，并表明：移动数据不仅包含关于移动对象的有价值的信息，还包含关于空间和时间的属性，以及空间和时间中发生的事件和过程等有价值的信息。为了揭示隐藏在移动数据中的各种类型的信息，有必要从不同的角度考虑数据并执行各种分析任务。该论文定义了分析移动数据时的关键和任务。此外，该论文还定义了通用的分析技术类别，并将任务类型与支持实现任务的技术联系起来。这些技术包括可视化、数据转换，以及其他领域开发的计算分析方法，如可视化分析、地理信息科学、数据库研究和数据挖掘等。

对轨迹可视化和与交互显示的技术感兴趣的读者可以参考 Kapler 和 Wright（2005）的论文，其中介绍了时空立方体的具体实现。Bouvier 和 Oates（2008）提出了在动画显示上标记移动对象并跟踪其运动的原始交互技术。Guo 等（2011）介绍了几种专门为轨迹设计的协同显示和交互查询技术的使用，如绘制草图以查找具有特定形状的轨迹。

Rinzivillo 等（2008）讨论了可视化支持的渐进式轨迹聚类，主张使用不同的距离函数来处理轨迹的不同属性，并基于几种距离函数示例演示了渐进式聚类。

Andrienko 等（2011b，2011c）介绍了"探索轨迹内部"的方法（见 8.3 节）。其中，Andrienko 等（2011b）介绍了与轨迹位置相关的动态属性随时间变化的可视化方法。Andrienko 等（2011c）给出了位置相关属性（可以单独从移动数据，以及移动数据和场景数据的组合中计算得出）的结构化列表，即属性描述运动本身，或者移动对象与移动上下文之间的可能关系。另外，Andrienko 等（2011b，2011c）的两篇论文都涉及从移动数据中提取空间事件。Andrienko 等（2011b）介绍了一个概念模型，其中，移动被视为空间事件（在空间和时间上具有不同类型和范围）的组合。空间和时间关系发生在运动事件和时空上下文的元素之间。该模型为从轨迹中提取感兴趣事件并将事件作为独立对象处理方法的基础。此外，Andrienko 等（2011b）还描述了从轨迹中提取事件的交互技术。Andrienko 等（2011c）更侧重于在进一步分析中使用提取的事件：关注移动相关事件基于密度的聚类（考虑时空位置、运动方向等其他属性）。聚类提取有意义的位置，此后用这些位置对事件（或轨迹）进行时空聚集。

Andrienko 和 Andrienko（2010）对移动数据的聚合方法及聚合结果的可视化技术进行了综述。Andrienko 等（2011a）详细地介绍了这些方法和技术。Willems 等（2009）使用专门设计的核密度估计方法（基于速度和加速度进行连续轨迹点之间的插值），将轨迹聚合到一个连续的密度曲面中。使用不同半径的核构建的密度场可以组合到一个场中，以同时显示大规模模式和精细特征。Andrienko 和 Andrienko（2011）提出了一种空间区域划分的方法，用于移动数据的离散空间聚合和以流图的形式生成富有表现力的可视化概括。该方法基于从轨迹中提取的特征点的空间分布，将区域划分为指定大小的凸多边形。然后，使用一种点空间聚类算法，生成用户指定空间范围（半径）的聚类。根据选择的半径，可以在不同的空间尺度上聚集数据，以实现更低（或更高程度）的泛化和抽象。

Guo（2007）给出的示例介绍了以起点-终点矩阵形式对位置之间流的可视化

的方法，其中，行和列可以自动或交互地重新排序，以揭示连接模式，如强连接位置和"中心"的聚类（即与许多其他位置具有强连接关系的位置）。

Raffaetà 等（2011）针对大量移动数据不适合在 RAM 中处理的情况，提出在数据库（或数据仓库）中进行移动数据的离散时空聚合。只将聚合数据加载到 RAM 中，以进行可视化和交互式分析。分析人员通过使用仓库的上卷和下钻操作，可以改变聚合的级别。

Andrienko 和 Andrienko（2013）对移动数据可视化分析的方法、工具和程序进行了全面的综述，并提供了大量参考文献。

第9章　移动性数据与隐私

Fosca Giannotti、Anna Monreale 和 Dino Pedreschi

9.1　引　　言

移动数据是一种宝贵的信息来源，通过移动通信和普适计算，可以连续感知移动用户的位置。然而，移动数据集收集、存储和共享引发了严重的隐私问题。事实上，位置数据可能会揭示用户的移动行为：去哪里、住在哪里、在哪里工作、宗教信仰是什么等。所有这些信息都涉及个人隐私，对移动数据的分析可能会潜在地揭示私人生活的许多方面。因此，移动数据须视为个人信息，以避免不良和非法披露。

针对移动场景，存在两种位置隐私问题的环境需要考虑：在线位置服务（LBS）环境和离线数据分析环境。在第一种情况下，用户与服务提供商通信时提供其位置，以实现特定服务的即时接收。LBS 的一个例子是查找最近的兴趣点（POI）（如一家餐厅）。第 2 章已经讨论了在线位置服务（LBS）中的隐私问题。在第二种情况下，收集了大量的移动数据以用于离线数据挖掘分析，通过提取可靠的知识辅助理解和管理智能交通、城市规划及可持续移动等（如前几章所述）。

学术界已经提出了许多用于移动性数据的隐私增强技术（PET）。9.3 节介绍了最具代表性的方法，并重点介绍最初为关系数据库设计的隐私模型（见 9.2 节）如何扩展到时空数据。但是，所有这些技术中有一个共同观点是：由于移动数据的复杂性，获得隐私保护变得越来越困难，即很容易证明隐私不能通过简单地去识别化（直接删除数据中包含的标识）来实现。例如，对于在特定时段内去除用户标识的 GPS 轨迹（城市中行驶车辆的轨迹），使用简单的分析工具，就可以可视化轨迹及其地理背景，进一步推断出与用户相关的重要敏感信息，如用户最常访问的区域。然后，分析关于不同区域的时间线，可以推断出在最频繁访问的位置中，哪个区域对应于用户的家（他或她通常在那里过夜），哪个区域对应于用户的工作场所（他或她通常每天都在同一时间去那里，并整天待在那里）。最后，通过检索公开可用的信息（如黄页网站），可以获取以某个区域为家的人群，以及以某个区域为工作场所的人群，从而将用户标记为隶属于这两类人员中的成员。

一般来说，数据隐私问题需要在隐私和数据效用之间找到一个最佳的平衡点。

一方面，人们希望转换数据以避免对个人（和/或位置）的重新识别，即人们希望安全地发布用于挖掘分析的数据，或者为每个数据主体在没有风险（或风险可以忽略不计）的情况下传输位置以获取在线服务。另一方面，人们希望最大限度地减少信息丢失。当信息作为数据挖掘方法的输入时，丢失信息会降低基础数据的有效性，并可能降低接收位置服务的质量。因此，在保证隐私安全的同时，要尽可能地保持数据的效用。为了度量数据转换过程引入的信息损失，需要定义度量效用的标准。同样，也需要量化侵犯隐私风险的标准。在隐私保护数据分析的研究领域，隐私设计是最近的一种范式，它有望在解决数据保护和数据效用之间的冲突方面取得突破性进展（见 9.4 节）。这种范式在设计移动数据隐私保护框架方面的最新应用证明：可实现合理且可度量的隐私保证及质量良好的数据分析结果。

9.2　数据隐私的基本概念

向公众或第三方（如数据挖掘者）分析和披露个人信息受隐私保护法规的限制。然而，如果这些信息是匿名的，这些限制将不适用，因此可以在没有明确用户同意的情况下共享和分析信息。近十年来，学术界提出了不同的模型来实现隐私保护，同时共享和分析个人敏感信息。最重要的隐私模型包括 k-匿名（k-anonymity）、l-多样性（l-diversity）、t-接近度（t-closeness）、随机化（randomization）和基于密码学的模型（cryptography-based models）。

1. k-匿名

k-匿名模型是针对关系数据库引入的，其中数据存储在一个表中，该表的每一行对应一个单独的数据。k-匿名模型的基本思想是保证每个数据主体的信息不能与其他 $k-1$ 个数据主体的信息区分开来。该模型假设用户记录中存在以下类型的属性：**标识符**，明确标识数据所有者，如姓名和社会安全号码（SSN）；**准标识符**，可识别数据所有者或一小部分人，如性别和邮政编码；**敏感属性**，表示需要保护的敏感个人特定信息，如疾病和工资。基于这种分类，k-匿名定义的隐私要求是对于每个已发布的记录（如图 9.1 中一条记录是表格中的一行），必须至少有其他 $k-1$ 个具有相同准标识符值的记录。具有相同准标识符值的记录组称为**等价类**。文献中采用的 k-匿名的技术包括移除显式标识符、泛化（如将出生日期更改为出生年份）、抑制（如移除出生日期）、微聚集（聚类和平均）准标识符等。显然，这些技术均会降低披露信息的准确性。

准标识符属性			敏感属性
性别	出生日期	ZIP 编码	疾病
F	1988	561*	流感
F	1988	561*	流感
F	1988	561*	流感
M	1990	910*	心脏病
M	1990	910*	感冒
M	1990	910*	流感

图 9.1　$k=3$ 匿名数据库

2. l-多样性

k-匿名模型的缺点在于它可能泄露敏感信息。换句话说,它只保护用户的身份。事实上,如果一组 k 个记录都具有相同的准标识符值和相同的敏感属性值,则无法对敏感信息进行保护。例如,考虑图 9.1 中的数据。假设攻击者知道艾丽斯出生在 1988 年,居住在邮政(ZIP)编码为 56123 的地区,则艾丽斯的记录是表中的前三个之一,由于所有这些病人都有相同的疾病(流感),故对手可以识别艾丽斯所患的疾病。

为了克服这一弱点,l-多样性模型要求数据对象组既要具有不可区分准标识符,也要具有可接受的敏感信息多样性。具体来说,该方法的主要思想是:对于包含个人信息的属性,每个 k-匿名组应至少包含 l 个不同的值。

3. t-接近度

l-多样性的问题是:当对手知道私人信息值的分布时,就不能防止私人信息的泄露。事实上,如果对手具有针对数据对象私有值的先验知识,他(或她)可以将先验知识与计算得出的概率(根据观察公开信息)进行比较。为了避免这个弱点,t-接近度模型要求任何一组准标识符中的敏感属性值的分布,都要接近于属性值在整个表中的分布。两个分布之间的距离不应超过阈值 t,即通过这个条件限制了攻击者在攻击后的信息增益。

4. 随机化

随机化模型的基本思想:通过添加一个噪声量来干扰将要发布的数据。更具体地说,这种方法可以描述如下。$X=\{x_1,\cdots,x_m\}$ 表示原始数据集。新的失真数据集表示为 $Z=\{z_1,\cdots,z_m\}$,其中,$z_i\in Z$ 由一个独立概率分布的噪声量 n_i 加到 $x_i\in X$ 得到。噪声量的集合表示为 $N=\{n_1,\cdots,n_m\}$。只要噪声的方差足够大,原始记录值就不能很容易地从失真的数据中猜测出来，但是，原始数据集的分布可以容易地恢复。

5. 基于密码学的模型

基于密码学技术的隐私模型的基本思想是在不共享数据的情况下计算分析结果。除了分析的最终结果外，不公开任何其他信息。一般来说，模型允许人们在不共享输入数据的情况下，计算由多方提供输入参数的函数。这个问题在安全多方计算领域的密码学中得到了解决。例如，对于一个由 n 个参数和 n 个不同方组成的函数 f。如果每一方都提供一个参数，则需要一个协议，以实现信息交换，以及在不损害隐私的情况下计算函数 $f(x_1, \cdots, x_n)$。已有一些将数据挖掘问题转换为安全多方计算问题的方法。在文献中，已经提出了一些用于计算的协议：安全和、安全集合并集、集合交集的安全大小和标量积等。对于水平分区和垂直分区的数据集，这些协议可以作为数据挖掘原语用于安全多方计算。

9.3　离线移动数据分析中的隐私

在离线移动数据分析的背景下，收集的大量移动数据可以用来提取可靠的知识，有助于理解非常复杂和有趣的现象。事实上，这些数据可以用于各种数据分析，从而改进城市交通控制、移动管理和城市规划系统等（见第 6 章、第 7 章和第 10 章）。但是，由于移动数据提供了个人的详细移动信息，这些信息也可以用来对他们进行识别，有时还可以用来推断有关他们的个人敏感信息。因此，在对时空数据进行分析（和/或发布）时，保障数据中的个人隐私保护至关重要。

上一节中描述的关系数据隐私模型已被广泛采用，以在时空数据离线分析的背景下实现隐私保护。然而，移动数据相对于关系数据具有不同且更复杂的性质，导致难以将针对关系数据的隐私模型应用于移动数据。为此，学术界提出了一些针对移动数据的变体方法。关系数据隐私模型应用于轨迹数据时存在问题的主要原因是轨迹数据具有以下特征：时间依赖性、位置依赖性和数据稀疏性。移动数据的位置和时间构成使得实施隐私保护更加困难。在实际应用中，攻击者可以单独使用（或与外部资源结合）移动数据的位置和时间信息，可以实现个人的重新识别，并发现其相关的敏感信息。因此，移动数据的隐私保护必须考虑到这一情况，应用数据转换消除来自这两个信息来源（即位置和时间信息）的隐私威胁。此外，大量移动数据存在稀疏性，这使得移动数据的隐私保护更加困难。实际上，相对于研究区域内可用位置的总数，个人访问的位置通常很少，轨迹长度相对较短，很难找到不同轨迹之间重叠的位置，从而导致移动数据的稀疏问题。最后，时间分量使情况更加复杂，因为不同的人可以在不同的时间访问相同的位置。所有这些都使得移动数据非常稀疏，在这种情况下，显然难以识别和组合轨迹以执行传统的隐私模型，如 k-匿名。

下一节展示了如何修改 9.2 节中提出的数据隐私基本概念，以解决离线数据分析中时空数据带来的新挑战。我们提出三种类型的 PET：用于移动数据发布的 PET、用于分布式移动数据挖掘的 PET 和用于移动数据中知识隐藏的 PET。

9.3.1　用于发布轨迹数据的 PET

移动数据发布包括与特定接收者（如数据挖掘者）共享移动数据，以及发布数据供公众下载。在这两种情况下，接收者都可能试图将公布数据中的敏感信息与已知人员关联，从而成为潜在的攻击者。移动数据发布的隐私保护技术的目标是转换时空数据以实现匿名，即提供适当的正式保障措施，以防止数据中所代表的个人因其移动行为而被重新识别。

在文献中，大多数提出的用于移动数据发布的 PET 隐私模型都是经典 k-匿名模型的变体方法。他们认为对手使用基于位置的知识来重新识别用户。如 9.2 节所述，攻击者可以使用代表公共知识的准标识符属性（如年龄、性别和邮政编码），作为重新识别个人的关键要素。类似地，在时空数据库中，攻击者使用成对的位置和时间戳作为准标识符来识别对应指定轨迹的用户。在这种情况下，挑战往往是如何定义现实和合理的准标识符。当我们定义时空数据库中的准标识符时，需要回答以下两个重要问题：①对于数据库中的所有个体，我们都可以假设相同的准标识符集合吗？②在哪里及如何获得准标识符的信息？

关于第一个问题，一些文献认为，不同于关系数据中每个元组都具有相同的准标识符属性集，在时空数据中不同的个体可能具有不同的准标识符。在对攻击者掌握的知识进行建模时应考虑这种情况。但是，允许为不同的个人设置不同的准标识符会使匿名化问题更具挑战性，因为匿名化组之间可能会相交。

关于第二个问题，我们可能通过不同的方法获取：①准标识符可能是用户个性化设置的一部分；②用户在订阅服务时可直接提供准标识符；③通过统计数据分析或数据挖掘获得准标识符。

鉴于在现实世界中，对移动数据中准标识符的定义较为困难，大多数匿名化方法在匿名化过程中都不使用轨迹准标识符的信息。本节中，我们介绍此类典型技术（即不使用准标识符的匿名）的详细信息。

无准标识符的匿名化：这是一种不考虑轨迹准标识符任何知识的时空匿名技术，其默认假设攻击者可以识别在任何时间、任何位置的用户。显然，这是一个非常保守的设置，在这种假设下，匿名数据集由匿名组组成，每个组包含至少 k 个相同或非常相似的轨迹。因此，这种时空匿名技术通常采用基于聚类的方法来实现。

　　经典的 k-匿名概念很难直接应用于时空数据，因为需要考虑时空数据的一些特定情况。例如，在隐私模型的定义中，需要考虑定位设备的不精确性，即数据收集中可能引入的位置不精确性。由此产生了一种针对移动对象数据库的 k-匿名概念变体模型 (k, δ)，其中，δ 表示位置的不精确性。这种新模型基于共定位的概念，其利用了移动对象位置的本质不确定性。直观地说，轨迹被认为是具有一定不确定性的圆柱体。换句话说，移动对象的位置在圆柱体中的位置不确定。图 9.2 是一个不确定轨迹的图形表示。

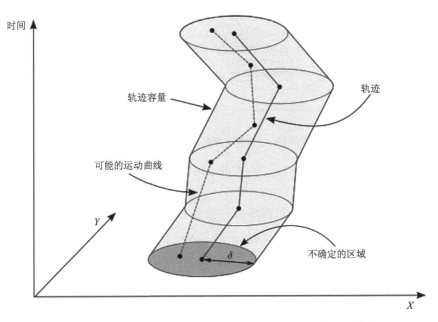

图 9.2　不确定轨迹：不确定区域、轨迹体积和可能的运动曲线

　　在同一圆柱内运动的两条轨迹不可区分，其 (k, δ)-匿名模型定义如下：

　　定义 9.1　给定一个匿名阈值 k 和一个半径参数 δ，(k, δ)-匿名集是对应于参数 δ 的共定位的至少 k 个轨迹的集合。　　　　　　　　　　　　　□

　　对于一组轨迹集合 S，其中 $|S| \geqslant k$，其对应的 (k, δ)-匿名集满足以下条件：当且仅当存在一条轨迹 t_c，使得 S 中的所有轨迹都是 t_c 在不确定半径 $\dfrac{\delta}{2}$ 内的可能运动曲线。给定 S 的匿名集 (k, δ)，我们通过对每一个时刻 $t \in [t_1, t_n]$ 取点 (x, y) 来获得轨迹 t_c，其中，点 (x, y) 是所有轨迹在时间 t 的所有点最小边界圆的中心（图 9.3）。

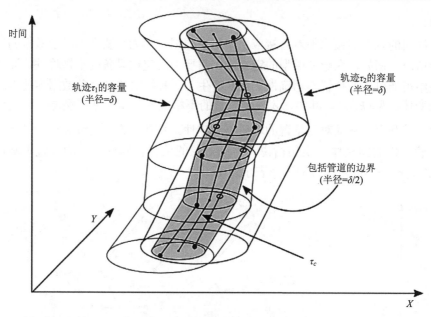

图9.3　由两个共定位轨迹形成的$(2, \delta)$-匿名集和对应的不确定性体积及包含的两个轨迹半径为$\dfrac{\delta}{2}$的中心圆柱体

(k, δ)-匿名框架将轨迹数据库D变换到D'中，其中，对于每个轨迹$t \in D'$，都存在一个匿名集$S = (k, \delta)$，满足条件：$S \subset D'$，$t \in S$，且D和D'之间的失真最小化。为了得到(k, δ)-匿名数据集，我们可以应用一种基于轨迹聚类和空间平移的方法（一种数据扰动方式）。该方法包括3个主要步骤。

（1）**预处理步骤**：此阶段的目标是在等价类中找到原始数据库关于时间跨度的划分。换句话说，每个等价类都包含具有相同开始时间和结束时间的轨迹。这一步是必要的，因为算法必须计算轨迹之间的欧氏距离，当在输入原始数据上进行计算时可能会导致生成非常小的等价类。

（2）**聚类步骤**：在这一阶段，使用贪心法对预处理步骤获得的轨迹进行聚类。该步骤迭代地选择一个轴心轨迹作为聚类中心，并将其与最接近的$k-1$条轨迹分配给聚类。聚类的半径必须不大于一个给定的阈值，以保证轨迹群的某种紧密性。因此，如果紧密性准则不满足，那么这个过程就重复选择一个不同的轴心轨迹。显然，当剩余的轨迹不能在不违反紧密性约束的情况下添加到任何聚类时，就会被视为异常值并丢弃。

（3）**空间变换步骤**：此步骤的目的是将每个聚类变换为(k, δ)-匿名集。通过空间平移扰动每个轨迹来实现，即通过空间平移将所有轨迹放在一个共同的不确定圆柱体中。

9.3.2　用于离线移动数据分析的其他 PET

尽管用于移动数据发布的 PET 代表了移动数据分析中隐私保护的主要方法，但还有其他针对不同场景和不同应用设置的隐私模型。例如，应用于分布式数据分析和挖掘应用的隐私模型，以及针对发布数据库中敏感知识的隐私模型。

1. 分布式隐私保护移动数据挖掘

此类方法旨在对划分和分布在多个组织中的数据集进行分析。一方面，这些组织多方不希望（或不能）共享数据（或数据中包含的某些企业信息）；另一方面，这些组织又希望能够开发基于全局数据的公共模型。因此，多个数据持有者希望在不泄露其敏感信息的情况下，联合执行数据挖掘。问题的关键是：如何在不共享数据（除数据挖掘过程的最终结果之外，什么都不披露）的情况下计算结果。这个问题在安全多方计算领域的密码学中得到了解决。通过这种方法解决的问题的实例是：在水平分区的时空数据中进行隐私保护聚类。其中，每个水平分区包含从不同站点收集的不同移动对象的轨迹，这些站点希望在不向其他数据持有者发布敏感位置信息（即其存储的轨迹数据）的情况下对这些轨迹进行聚类。最终，每个数据持有者都可以获得针对所有轨迹数据的全局聚类结果。实现这一目标的方法是以隐私保护的方式构造轨迹的相异矩阵，并将其作为任何分层聚类算法的输入。为此，需要一个第三方来执行以下任务：①管理数据持有者之间的通信；②构造全局相异矩阵；③利用相异矩阵对轨迹进行聚类；④向数据持有者公布最终结果。其中，多个数据持有者（包括第三方）都被认为是半可信的，即假定其会遵守协议，不存储可以推断敏感数据的任何信息。同时，也假定多个数据持有者（包括第三方）之间不共享任何敏感信息。

该技术的一个应用实例是：交通管制部门分析移动运营商的数据解决交通拥堵问题。因隐私问题移动运营商不能向第三方共享数据。为避免时空数据的共享，可以使用该技术对水平分区的移动运营商数据执行隐私保护聚类算法。

2. 移动数据中的知识隐藏

知识隐藏是指在发布之前隐藏数据库中被认为是敏感的模式。如果数据按原样发布，攻击者通过使用数据挖掘技术可以得到其中的敏感模式。知识隐藏在对数据库进行清理的过程中，既要使得无法再推断敏感知识，也要尽可能少地更改原始数据库。这个问题对于轨迹数据库中的时空模式尤为重要。移动性数据会包含出于政治或安全原因被视为敏感的典型移动行为（即频繁模式），有必要在数据库公开之前进行敏感模式的隐藏。同时，隐藏技术应考虑道路网络才有效，其中，道路建模为有向图，移动轨迹建模为背景道路网络上的对象。隐藏技术对输入轨迹数据库 D 的清理应在隐藏敏感时空模式集合 P 的同时保留 D 中的大部分信息。生成的数据库 D'（即发布版本），应与背景道路网络一致。同时，隐藏技术还应避免在清理过程中创建不真实的轨迹。因为道路网络通常可以公开获取，不真实的轨迹可以被轻松识别。在 D' 中隐藏的所有敏感模式，表明其支持度不超过给定的阈值 ψ。此外，D' 和 D 也应尽可能地保持相似。

9.4　数据挖掘中的隐私保护设计

如前几节所述，学术界已经提出了几种技术来开发技术框架，在不妨碍基于数据挖掘技术的知识发现情况下应对不良（和非法影响）的隐私侵犯。然而，得到的共同结果是，不存在既能处理"通用个人数据"又能保存"通用分析结果"的通用方法。理想的解决方案是通过设计将隐私保护写入知识发现技术，以便分析从一开始就满足相关的隐私要求。我们在这里引用了"隐私设计"的概念，由加拿大安大略省信息和隐私专员 Ann Cavoukian 在 20 世纪 90 年代提出。简而言之，隐私设计是指将隐私嵌入信息处理技术及系统的设计、操作和管理的理念与方法。

在数据挖掘领域，"设计"原则通常表述为：以目标为导向的方法可以更好地实现更高的保护和质量。在这种方法中，数据挖掘过程的设计假设如下：

- 分析的对象，即敏感的个人数据；
- 攻击模型，即有兴趣发现某些个人敏感数据的攻击方的知识和目的；
- 分析查询的类别，需要使用数据进行回答。

在这些假设下，一个保护隐私的分析过程设计如下：

（1）将数据转换为匿名版本，并提供可量化的隐私保证，即恶意攻击失败的概率；

（2）保证在指定数据效用的可量化近似范围内，使用转换数据而不是原始数据，正确回答一类分析查询。

在接下来的章节中，我们将通过两个不同的隐私设计实例，介绍应用于个人移动轨迹（从 GPS 设备或手机获得）的两个框架。第一个框架用于移动数据的隐私感知发布，使用聚类分析协助理解特定城市地区的人类移动行为。通过获取原始轨迹的泛化版本，实现发布轨迹的匿名。第二个框架用于发布包含原始数据真实位置的轨迹数据集。该框架通过对原始数据执行一个信息不变的转换过程，实现轨迹数据的匿名。

应用隐私设计方法需要了解：受保护轨迹的具体属性；必须保留哪些特征以保证数据分析的质量；攻击者可以使用哪些知识来重新识别用户。显然，这些信息是数据转换的基础。

9.4.1 基于空间泛化的轨迹匿名

在本节中，我们将展示一个隐私保护框架的设计，该框架发布移动数据，并可保证数据可用于聚类分析。该框架基于数据驱动实现轨迹数据集的空间泛化。应用该框架的实验结果表明：通过轨迹匿名化，可以防止重新识别，同时保留轨迹挖掘聚类的可用性，从而为信息移动或基于位置的服务提供新颖的强大分析服务。

1. 攻击模型

在这个框架中，针对**链接攻击模型**，即通过发布数据与外部信息的链接，实现对数据相关对象的重新标识。在关系数据库中，通过准标识符进行链接攻击，即通过属性组合，如出生日期和性别等（见 9.2 节），实现对个体的唯一标识。除准标识符外的剩余属性表示对象的隐私信息，即链接攻击的信息。隐私保护数据发布技术（如 k-匿名）的目标正是找到针对这种攻击的对策：对于发布的个人数据，限定攻击者使用准标识符链接其他信息的能力。对于时空数据，每条记录都是特定对象访问的位置时间序列，将属性分为准标识符（QI）和隐私信息（PI）的二分法不再适用：（子）轨迹既可以是 QI，也可以是 PI。具体地，攻击者获取某个人 P 到访过的地点序列。例如，通过对 P 一段时间的跟踪，了解到 P 先后到访过购物中心、公园、火车站。此后，攻击者就可以利用这些信息（地点序列），从发布的数据集中获取 P 的完整轨迹。例如，攻击者只要获知发布数据集肯定包含 P 的轨迹，即发布的数据集中只有一条轨迹包含已知轨迹（攻击者获取某个人 P 到访过的地点序列的子轨迹），即可进行成功攻击（从发布的数据集中获取 P 的完整轨迹）。在此链接攻击示例中，攻击者已知的子轨迹是 QI，而整条轨迹是 PI（QI 和 PI 都属于同一个对象，即可以对 PI 进行重标识）。显然，从该实例中，我们可以看出：很难对 QI 和 PI 进行区分。理论上，任何一个位置都可能被攻击者跟踪，任何位置序列都可能看作 QI，都可能用于重标识。换句话说，对位置进行 QI 和 PI 的区分，意味着人为限制攻击者的背景知识。但是，恰恰相反，对于隐私和安全研究，需要对攻击者的知识进行尽可能自由的假设，以实现最大程度的保护。

基于分析的结果，我们可以考虑这样一个极端的假设，即任何可以与少数个体相关的（子）轨迹都是潜在危险的 QI 和潜在敏感的 PI。因此，在轨迹链接攻击中攻击者 M 获取对象 R 的了轨迹后（如 R 已被 M 跟踪了一系列位置），即可在发布数据中识别属于 R 的整个轨迹，进一步获知 R 到访过的所有地方。

2. 隐私保护技术

如何使得上述链接攻击的成功概率非常低，并保留数据的实用性以进行有意义的分析呢？我们接下来以图 9.4 中的轨迹数据（意大利米兰市一周内 17 000 辆私家车庞大的 GPS 轨迹跟踪数据）进行举例说明。

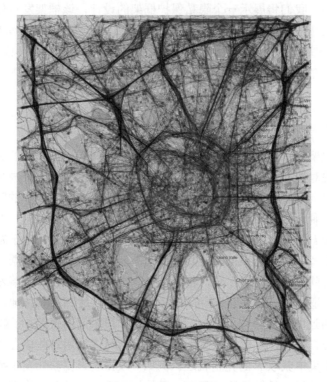

图 9.4　米兰 GPS 轨迹

　　每条轨迹都是一辆被跟踪车辆去除标识的时间戳标记的位置序列。虽然去除了标识，但是每条轨迹基本上也都是唯一的。因为在给定极其精细的高时空分辨率的情况下，两条不同轨迹很少有情况完全相同。因此，轨迹链接攻击的成功率会很高。如果攻击者 M 获取对象 R 访问的位置子序列 S 足够长，则数据集中与 S 匹配的轨迹数量就会很少，甚至可能只有一条。事实上，直接发布原始轨迹数据（图 9.4）是一种不安全的做法，可能会对记录其踪迹的驾驶员的私人空间（如推测其居住地和工作地点非常容易）带来很高的隐私泄露风险。现在，假设我们希望通过数据挖掘发现轨迹数据中的聚类，即具有共同移动行为的轨迹组，如遵循类似路线（家→工作单位和工作单位→家）的通勤者。轨迹的匿名转换包括以下步骤。

　　（1）从原始轨迹中提取特征点：起点、终点、重要转折点、重要停止点 [图 9.5（a）]；

　　（2）通过空间接近度将特征点聚集成小组 [图 9.5（b）]；

（3）基于组的中心点进行空间划分（通过 Voronoi 划分的方式）[图 9.5（c）]；

（4）将每个原始轨迹转换成它穿过 Voronoi 网格的序列[图 9.5（d）]。

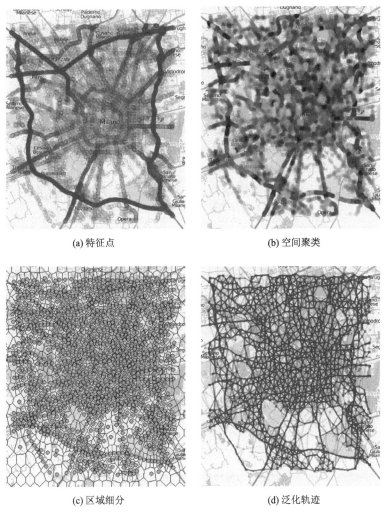

(a) 特征点　　　　　　　　　　　　　　(b) 空间聚类

(c) 区域细分　　　　　　　　　　　　　(d) 泛化轨迹

图 9.5　匿名化步骤（请扫二维码看彩图）

　　数据驱动转换后的结果是，轨迹从点序列泛化为网格序列，重标识的概率显著降低。当然，还可以采用技术进一步降低重标识概率，以获取最坏情况的安全理论上限（即链接攻击成功的最大概率）和极低的平均概率。一种技术方法是：对于攻击者使用的任何子轨迹，确保其被重新标识的概率始终控制在给定阈值 $1/k$ 以下，保证发布数据集具有 k-匿名属性。该方法中提出了基于 k-harmful 轨迹的 k-匿名概念。k-harmful 轨迹即是数据库中出现频率小于 k 的轨迹。因此，对于满足如下条件的轨迹数据库 D^*，可以看作是数据库 D 的 k-匿名版本：D 中的每条 k-harmful 轨迹在 D^* 中至少出现 k 次，或者不再出现在 D^* 中。为了得到 k-匿名数据库，基于数据驱动转换的轨迹泛化，应保证 D 中所有的 k-harmful 子轨迹在 D^* 中都不再是 k-harmful。

在图 9.4 的示例中，攻击成功概率的理论上界是 1/20（即实现了 $k=20$ 的匿名），但 95% 攻击的实际上界低于 10^{-3}。

3. 聚类分析

上述结果表明，转换后的轨迹比原始数据要安全几个数量级（基于攻击成功概率的度量）。但是，转换后的轨迹对于实现预期结果（即发现轨迹聚类）是否仍然有用？

图 9.6 和图 9.7 分别是挖掘原始轨迹和匿名轨迹发现的相关聚类。

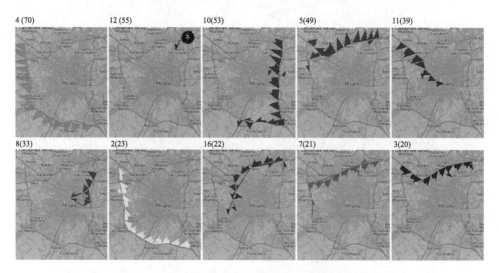

图 9.6　原始轨迹中的 10 个最大聚类

匿名化过程的一个直接影响是轨迹集中度的增加（即多条原始轨迹绑定到同一条路线上）；因此，聚类方法将受到轨迹密度分布变化的影响。轨迹集中度的增加主要原因是噪声数据的减少。事实上，匿名化过程会使得每条轨迹与相邻轨迹相似，这意味着最初归类为噪声的原始轨迹会"提升"为聚类的成员。最终会产生原始聚类的放大版本。为了定量地评估聚类的保持性，我们可以采用 F-测度（F-measure）。F-测度通常用于表示精度（precision）和召回率（recall）的组合值，并定义为两个测度的调和平均值。此处的召回率（recall）用于度量聚类内聚性的保持：如果将整个原始聚类映射到一个单个的匿名聚类，则召回率为 1；否则，

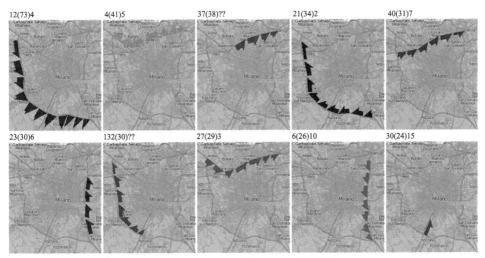

图 9.7　匿名轨迹中的 10 个最大聚类

如果原始聚类分散在多个匿名聚类中，则召回率趋于 0。此处的精度（precision）用于度量将聚类映射到匿名版本的单一性：如果匿名聚类只包含原始聚类的元素，则其值为 1；否则，如果包含其他聚类的元素，则其值趋于 0。匿名聚类受到的干扰性取决于两个因素：①存在与其他原始聚类相对应的元素，或②存在以前是噪声的元素，但已被提升为匿名聚类的成员。

　　通过对图9.6和图9.7直接可视分析可知,两类聚类结果具有非常高的相似性。图 9.8 通过对聚类结果的 F-测度（为聚类比较重新进行了定义）的比较，进一步证实了两种聚类结果的相似性。

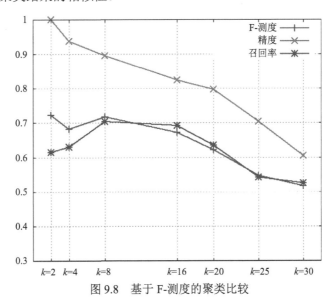

图 9.8　基于 F-测度的聚类比较

通过上述实例过程分析，可以得出结论：通过采取具体的保护方法和设计链接攻击测度，在实现隐私保护的同时可以保证分析结果的质量。

9.4.2　基于微聚集和扰动的轨迹匿名

当需要获得匿名数据并保留数据中的真实位置时，基于空间泛化的轨迹匿名技术就不再适用。为满足此要求，可以使用称为 SwapLocations 和 ReachLocations 的匿名化方法，这些方法可以直接对原始位置组成的轨迹进行匿名化。

1. 攻击模型

这两种方法的目标是保护轨迹数据中的个体不受链接攻击。这一点与基于空间泛化的轨迹匿名方法处理的攻击类似，唯一的区别是：攻击者知道匿名轨迹中的每个位置都必定在原始数据中。这一点很重要，因为一个位置与特定用户的链接，会暴露用户确切的位置，而不是泛化的位置。因此，可能会产生两种攻击：（a）找到特定真实轨迹的匿名版本；（b）确定某个位置是否属于某个特定轨迹。

2. 隐私保护技术

如何保证上述链接攻击成功的概率非常低，并保留数据的实用性以进行有意义的分析呢？对于（a）中攻击的对策是使用微聚合，通过最小化聚类内距离的总和，将轨迹集划分为几个聚类。每个聚类的基数必须在 $k+1$ 和 $2k-1$ 之间。设置 k 为聚类大小是为了实现轨迹的 k-匿名。给定一个聚类，算法随机选择一个轨迹，并尝试将该轨迹的每个未交换位置 l 与其他 $k-1$ 个未交换位置进行聚类。所有这些位置必须属于不同的轨迹，并且必须满足以下条件：①这些位置的时间戳的差异不超过指定的时间阈值；②空间坐标相差不超过指定的空间阈值。对于给定的聚类，都要进行位置随机交换。如果找不到 $k-1$ 个合适的位置来创建聚类，则删除位置 l。这样，在一个包含 k 条轨迹的聚类中，所有的原始位置都进行了交换，攻击者将真实轨迹与匿名轨迹连接起来的概率也不会高于 $1/k$。对于（b）中攻击的对策是：必须确保从给定位置出发，只有距离小于指定阈值且处于道路网络（底层背景网络）上的位置才被认为可直接到达。每个位置都基于所有轨迹的全部位置独立地进行 k-匿名。具体来说，给定一个位置 l，用其与其他至少 $k-1$ 个位置来构建聚类，其中，这些位置属于 k 个不同的轨迹，并且这 $k-1$ 个位置与位置 l 之间具有指定的空间和时间距离。然后，将位置 l 的空间坐标与聚类中某个随机位置的空间坐标进行交换。当所有位置至少交换一次时，交换过程停止。最终的转换结果是：真实轨迹的位置 l 出现在匿名后数据中的概率最多为 $1/k$（即位置 k-多样性）。

3. 数据效用分析

上述技术为轨迹隐私保护提供了保障；但现在一个重要的问题是，转换后的数据是否仍可用于数据分析，并能取得预期的分析结果。评估表明：这两种对轨迹数据匿名化的技术会产生可接受的空间失真。同时，通过为每个 k 值提供低失真，还可以使匿名轨迹适合于范围查询（度量移动对象与特定空间区域之间的相对位置）。

9.5　结　　论

移动数据是重要的知识来源，但移动数据的共享也可能会引发严重的隐私问题：移动数据可能会揭示个人生活的诸多方面。必须在两种不同的场景中解决移动数据隐私问题：在线位置服务和离线数据分析。时空数据中的隐私保护是最近研究的热点，学者们提出了许多隐私增强技术。这些技术的主要目标是在数据隐私和数据效用之间找到一个可接受的折中方案。迄今为止，得到的普遍结论是不存在既能处理"通用个人数据"，又能保持"通用分析结果"的通用方法。最近的一种称为隐私设计的范式，成为解决数据保护和数据实用性冲突的一个理想方案。该范式在移动数据挖掘中的应用表明，在具有明确形式的隐私保护环境中，可以保障数据分析结果的质量，即可以实现对于链接攻击防护的度量。这一实验结果具有重要影响，一旦确定了分析过程，就可以部署和复制使用上述隐私保护方法，以在不同时间段、不同城市、不同环境中进行移动数据分析。这样，一旦部署，就从真正匿名的数据开始生成具有预期质量知识的安全服务。

9.6　文　献　综　述

关于移动数据隐私的文献越来越丰富。在下文中，我们将为读者提供一个重要的参考书目列表，包括本章中讨论的问题和解决方案的参考书目。

Giannotti 和 Pedreschi（2008）深入讨论了移动数据挖掘中的隐私问题。Monreale 等（2010）概述了数据挖掘学界和统计公开控制学界提出的主要隐私保护数据发布和挖掘技术，其中讨论了复杂领域中的隐私问题，重点关注时空数据集的匿名性方法。

Samarati 和 Sweeney(1998)引入了 k-匿名模型，然后 Machanavajjhala 等（2007）和 Li 等（2007）提出了 l-多样性和 t-接近性，以克服 k-匿名的缺点。k-匿名模型及其变体已被广泛用于实现移动数据的隐私保护，尤其是轨迹的隐私保护发布。Bonchi 等（2011）对这一主题进行了最新综述。

　　Abul 等（2010）研究了在轨迹数据中隐藏敏感时空模式的问题，而 Inan 和 Saygin（2006）描述了在水平分区时空数据中隐私保护的聚类方法。

　　Monreale（2011）介绍了数据挖掘中的隐私设计范式。这篇博士论文提出了一种新颖的方法来解决复杂数据中的隐私问题，并特别关注具有序列性质的数据（如轨迹数据）。

　　最后，Domingo-Ferrer 和 Trujillo-Rasua（2012）在其最近的工作中引入了基于微聚合和扰动的轨迹匿名技术。

第三篇　移动性数据应用

第 10 章　汽车交通监控

Davy Janssens、**Mirco Nanni** 和 **Salvatore Rinzivillo**

10.1　交通建模与交通科学

交通科学及其相关研究领域是当今社会的一门重点学科,其对社会组织和资源利用的多个层面都有潜在影响。在本章中,我们将讨论下一代交通解决方案的一些主要问题,重点关注交通模型,并介绍一些移动性数据分析可以提供辅助功能的案例研究。

1. 交通建模的背景

联合国在 2001 年的一份研究报告中估计,交通运输部门消耗的能源约占全世界商业能源消耗总量的 25%,消耗的石油约占总产量的 50%。国际能源机构(IEA)曾预测,到 2020 年,交通运输业将取代工业成为最大的能源用户。不幸的是,这对经济、社会和环境都有重大的负面影响。在环境层面,运输已被证明是氮氧化物、硫氧化物和其他挥发性有机化合物的来源,其会对环境和健康产生负面影响。污染、环境退化、空间消耗和温室气体作为交通和土地利用发展模式的可立即检测到的明显特征正受到越来越多的关注。在经济层面,事故和拥堵、交通堵塞、行人和车辆冲突带来的压力,以及低效的公共交通和城市扩张都与不可持续的交通系统(间接地代表了社会成本)相关。在社会层面,研究报告表明,在公共交通作为非主要交通手段或没有公共交通的区域,以及汽车拥有率明显较低的地区,人们对于交通的社会排斥风险更高。良好的交通系统可以增加互动需求的机会,而连通性差的交通系统会限制经济和社会的发展(Ortúzar and Willumsen,2002)。其中的主要原因是交通系统可以节省人们移动(活动)的时间(Miller,2003;Rietveld,1994)。

2. 交通建模的标准

由于对这些越来越难以忍受的明显特征(即污染、环境退化、空间消耗和温室气体等)的担忧,人们越来越关注可以减缓个人移动性增长压力及支持可持续发展原则的交通规划政策(Barrett,1996;Salomon et al.,1993)。最初,交通规划政策的重点是通过限制汽车流动性来控制（汽车）移动性的增长预期。出行需求和行为的估计与预测，通常采用的标准方法包括四步建模过程：出行生成、出行分布、交通模式选择，以及将出行需求分配给公路和公交网络。出行生成阶段的目标是预测研究区域内每个分区（zone）生成和吸引的出行总数。出行分布阶段是为目的地分配行程。该阶段生成一个二维单元格（cell）数组（矩阵），其中行和列表示研究区域中的单个分区（zone），单元格（cell）包含从起点分区（行）到终点分区（列）的行程数，即所有单元格构成一个**起点-终点矩阵**。交通模式选择阶段也输出一个起点-终点矩阵，不过其中矩阵值采用表示不同运输模式的行程数。不同于前三个阶段面向出行的需求侧，将出行需求分配给公路和公交网络的阶段主要面向供给侧。在这一步中，交通系统的供给侧（由道路网组成，由连接和成本进行表达）与前三步中估计的出行需求侧相对应。该阶段的生成结果是预测的道路网络上的交通量（通常表达为路段上的汽车数量）。

3. 面向数据驱动/感知的模型

在上述交通科学发展的同时，最近十年移动数据挖掘领域（见第 6 章）的文献和研究也在不断增加。虽然总体目标都是辅助决策者处理与交通有关的问题，但所使用的技术和采用的流程完全不同。主要区别在于：大多数移动数据挖掘领域的技术都完全由数据驱动，因此对交通规划政策的依赖度较低。但是，两个领域相互补充，有望构建可以更好地捕捉真实人类移动动态的下一代交通建模系统。接下来的章节，探究两个领域之间的联系，并给出利用移动数据挖掘方法解决交通理解和建模中一些基本问题的示例。此外，接下来的章节中还介绍使用本书前几章中介绍的方法和技术实现的一系列真实的分析场景。

10.2　数据驱动的交通模型

移动性现象可以通过多种数据收集和监测的方式来感知。例如，交通领域传统的方法使用感应回路、摄像头、传感器和计数器来测量道路网络中的特定弯道。将所有这些观察结果进行融合并与现有模型集成，以优化和拟合模型参数。采用数据驱动方法可以更好地估计移动性现象，精确地评估移动性需求。在本章中，我们将介绍如何处理一系列问题，以为分析员提供针对移动行为的特定观点。这些方法过程的基础是数据的预处理：整合和合并多源的移动性数据。为了重点介绍本章的目标，我们假设移动性数据已经进行了预处理，并具有满足数据分析的数据格式。我们重点分析如何使用一个以轨迹概念为中心的系统框架，来掌握移动知识发现过程的复杂性。更具体地，我们介绍如何通过利用移动数据的海量规模和高精度的优点，来弥补其语义不足的缺陷。同时，我们给出了大规模实验（基

于米兰和比萨两个城市的数万辆私家车的大规模 GPS 轨迹数据的移动性分析）的
分析结果。实验结果可以得到针对移动性行为分析的挑战性问题的答案，而这是
当前的商业系统所不具备的。具体的问题包括：

（1）从人们旅行的起点到终点，最受欢迎的路线是什么？每个此类行程的路
线、时间和交通容量是多少？

（2）人们如何从市区到郊区（或者从郊区到市区）？此类行程的时空分布是
什么样的？

（3）我们如何理解大型设施、火车站或机场等关键交通枢纽的可达性？当人
们接近这些枢纽位置时有哪些行为表现？

（4）我们怎样才能检测到异常事件并了解相关的移动行为？人们如何以及何
时到达和离开事件地点？这种（部分）行程的时空分布是怎样的？

（5）未来一小时交通量最高的区域是哪里？我们的预测精度是多少？

（6）人们在日常活动中的区域是否存在地理边界？如果有，如何定义这些边
界？这些边界与行政边界一致吗？

这些问题不仅仅是示例，还是分析人员从具有复杂多样的大量行踪数据中发
现以某种共同行为（或目的）为特征的分组行踪的典型问题。因此，解决这些典
型问题已经明显超出了当前商业系统的范围。此外，解决这些问题也无法通过简
单地应用单个已知的研究原型系统方法（如第 6 章中介绍的移动数据挖掘方法），
而是需要一个移动知识发现过程（发现一些具有常见移动行为特征的车辆和行踪
分组）。进一步地，需要一个具有查询、分析和挖掘等功能的系统，以支持以轨迹
概念为中心的整体知识发现过程。在本章中，我们将使用第 7 章介绍的 M-Atlas
分析框架提供的处理工具和知识发现过程回答上述问题，其中的移动数据分析过
程包括以下步骤：首先，分析人员对数据进行探索，以了解和理解观察到的现象
的几个维度。在 10.3 节中，我们提出了一组具有双重目标的统计方法。一方面，
它们用于评估与背景知识有关的数据的总体有效性；另一方面，它们提供了对数
据维度内部分布的洞察。一旦分析人员对数据有了深入了解，就可继续进行数据
探索。10.4 节介绍了一系列的分析场景，其中使用不同的移动数据挖掘方法（所
使用的方法已经在第 6 章中介绍过，请读者自行参考，本章不再对每种算法的具
体实现进行详细论述）分别回答上述问题。

为了示例一个典型的移动知识发现过程，我们使用海量的车载 GPS 数据集
（从数以万计带有车载 GPS 接收器的私家车获得）进行分析。其中汽车车主是签
订了按驾驶付费汽车保险合同的用户。根据保险合同，车辆的 GPS 跟踪轨迹会定
期（通过 GSM 网络）发送到中央服务器，以用于反欺诈和防盗。该数据集由该

领域在欧洲的著名企业 Octo Telematics Italia S.p.A 提供[1]，主要用于科学研究。数据集包括两个子数据集——Milano2007、Pisa2010。Milano2007 GPS 数据集是采集于米兰市市区（20 km × 20 km）、时间跨度为一周（2007 年 4 月 1 日至 4 月 7 日）的 17 000 辆汽车的轨迹。Pisa2010 GPS 数据集是采集于比萨市中心区域（100 km × 100 km，托斯卡纳大区海岸）、时间跨度为五周（2011 年 6 月 14 日到 7 月 18 日）的 40 000 辆汽车的轨迹。两个子数据集的 GPS 接收器的平均采样率为 30 s。Milano2007 包括大约 200 万个观测值，Pisa2010 包括大约 2000 万个观测值。每个观测值由一个四元组（id, lat, $long$, t）组成，其中 id 是汽车标识符，（lat, $long$）是空间坐标，t 是观察时间。汽车标识符采用假名，以实现基本的匿名性。

空间坐标的分辨率为 10^{-6}°，在正常情况下的定位误差估计为 10～20 m。时间分辨率以秒为单位。在整个观察期内，对同一车辆 id 的所有观察数据都以时间顺序递增的方式链接在一起，形成车辆 id 的全局轨迹。我们使用第 2 章中介绍的轨迹重构技术，为 Milano2007 数据构建了大约 200 000 个行程，为 Pisa2010 数据构建了大约 1 500 000 个行程。

10.3　数　据　理　解

用于分析的数据是真实人口的采样，首先需要评估数据的代表性和统计意义。我们通过一系列的统计评估来分析典型运动动力学特征的分布，如速度、每个行程的长度和时间点。在某些情况下，这些特征值也可以通过传统的交通方法进行估计。因此，我们可以以将两种方法的结果进行比较，以评估数据样本作为真实移动对象现象代表的可行性。对于 Milano2007 数据集，我们将其与当地交通机构 AMA[2]在 2005～2006 年收集的调查数据进行比较。对比发现：两类数据源的采样数量和收集信息类型有所不同，通过 AMA 生成的移动性报告包括私家车、公共交通和行人的数据。

由于移动性数据的基本组成是空间维度和时间维度，我们分别关注这些维度的统计分析。首先，我们尝试了解人们白天移动的时间信息。具体地，我们获取一天中每个小时移动车辆的数量，并创建一周的直方图。数据分析的结果与由 Milano Survey 提供的典型日分布的对比如图 10.1 所示。

可以看出，图 10.1（a）和（b）中数据分布显著匹配，尤其是一周的第二到第五天，即周一到周四的正常工作日。而对于星期五的异常情况，可以借助相关

---

① http://www.octotelematics.it。

② http://www.ama-mi.it/english。

的背景知识和领域专业知识进行解释：该周的星期五是受难节，因此其与之前工作日的数据分布具有不同形状。在周一到周四的工作日内，图 10.1（a）和（b）的最大偏差是：图 10.1（b）中在两个高峰时段之间，以及高峰时段之后的一小段时间，相对于图 10.1（a）对应时段具有更高的移动量。使用交通机构的评估表明：图 10.1（a）和（b）的结果是一致的。实际上，在该示例中，GPS 数据比调查数据更为可靠。主要是调查数据低估了一天中这些时段的人类活动，因为调查数据中的受访者往往不会报告他们偶尔的活动，如去看牙医或拜访朋友。此外，GPS 数据也包含了不住在市区的人们的移动活动，而调查数据主要关注米兰市区居民。

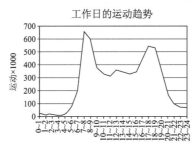

(a) Milano Survey的代表性工作日

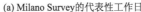

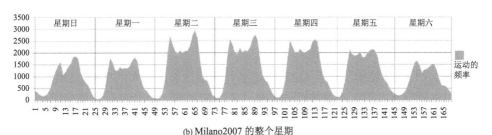

(b) Milano2007 的整个星期

图 10.1　按小时划分的运动分布

分析的第二个维度是空间成分。在这里，我们可以尝试通过 GPS 数据估计该地区的人口数量，并将其与从调查数据中公布的居民区的人口数据［图 10.2(a)］进行比较。基于 Milano2007 数据集进行人口估计的步骤包括：①将空间范围划分为一系列的规则网格，②计算每个网格在单一时间间隔内静止的车辆数量。人口估计值是所有（常规）工作日内车辆数据的平均值，如图 10.2（b）所示。

图 10.2 中两个人口分布在大多数位置（如沿主要街道和郊区住宅区等）都非常匹配，再次证实了调查数据和移动数据分析结果的一致性。两种分布的主要偏差发生在市中心：Milano2007 数据集中高密度点明显较低。其原因是：市区存在对于私家车通行的限制，以及道路和交通容量有限。这导致了 Milano2007 数据集中不包含那些乘坐公共交通到达其工作单位位于市中心的人员。

 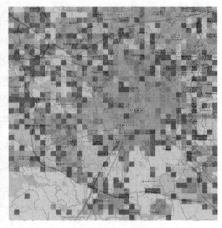

(a) 调查数据　　　　　　　　　　　　　　　(b) GPS 数据

图 10.2　上午 11 点至中午之间的人口分布（请扫二维码看彩图）

浅色阴影表示人口频繁出现的位置

上述两类分析实现了对于数据的初步了解。下一个分析的目标是对运动动力学的探索，即识别轨迹数据集中表示的运动量，如行程长度、行程持续时间、行程长度和速度的相关性。

1. 行程长度和持续时间

图 10.3（a）显示了基于 GPS 轨迹估计的行程长度分布（单位：km）。行程长度的重尾分布表明：大量的行程都是几千米的短途，但是也存在很少但不可忽略的超长行程（几十千米甚至几百千米）。类似的分析也适用于行程持续时间的分布，如图 10.3（b）所示。上述分析的结果表明：移动性是一种复杂的现象，使用简单的平均行为概念可能会产生误导。事实上，分布的方差很大，平均值的代表性很有限。

2. 行程长度和速度的相关性

图 10.4 显示了行程长度（单位：km）和速度（单位：km/h）的相关性。对于每个速度值 s，图表显示平均速度为 s 时的所有行程距离的分布。对于每个速度值，箱线图给出了对应的中位数、第 25 个百分位数、第 75 个百分位数和第 99 个百分位数。值得注意的是：通过选择的特定移动集合（即选择具有特定平均速度 s 的轨迹），可以使用行程的平均长度很好地捕捉行程的行为，因为两者的方差很小。对于 Milano2007 数据集，在速度达到 80 km/h 前行驶距离线性增长，而后随着速度的提高而减小。对于 Pisa2010 数据集，行驶距离线性增长至 110 km/h，

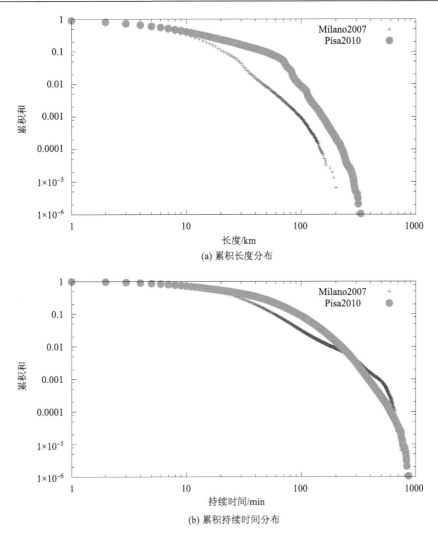

(a) 累积长度分布

(b) 累积持续时间分布

图 10.3　行程长度在对数尺度上的累积分布和行程持续时间在对数尺度上的累积分布

而且在 20～40 km/h 时增长平缓。另外，图 10.4 中还给出了每个速度值的行程次数：速度超过 130 km/h（意大利的最高限制时速）的行程长度的差异很大。主要原因是具有这样行驶速度的行程数量很少，通常被认为是噪声。通常，在交通流量小时（通常是在晚上），会出现速度特别快的行程。

　　我们从上述基本的分析探索中得出两个结论。首先，统计分析显示移动性数据中存在着复杂性，个体移动行为具有很大的多样性，仅使用宏观、全局的度量标准和规则无法完全理解个体移动行为的多样性。其次，基本的时空统计方法并不适合移动模式的发现和分析，因为轨迹数据的本质特性要求深入理解移动的内

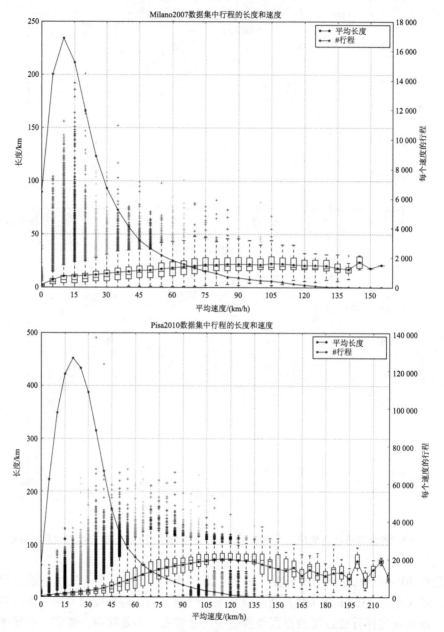

图 10.4　Milano2007 和 Pisa2010 数据集的行程长度和平均速度的
相关性及每种速度的行程数

在动力学特征及其与所处环境之间的关系。为此，我们接下来使用第 6 章介绍的
移动数据挖掘方法进行分析。

10.4　移动行为分析

为了回答 10.2 节中提出的问题，需要一个以轨迹概念为中心的完整的移动知识发现过程。这样的过程应由一个合适的系统提供支持，以实现对分析结果交互式、迭代式的可视化探索，从而使分析人员能够结合不同形式的知识，驱动分析以发现有意义的移动模式。第 7 章已经介绍了一个移动知识发现过程的实例。在本节中，我们介绍如何使用移动数据分析工具，回答 10.2 节中提出的问题。

10.4.1　起点-终点矩阵

如 10.1 节所述，起点-终点（OD）矩阵模型通过对详细真实运动的抽象（即聚合两个区域之间的流量）提供一种简单而紧凑的交通动态表达方式。传统的 OD 矩阵通过对调查数据进行统计分析、样本观察，以及对原始模型的连续改进来建模。而随着大量移动轨迹数据（从真实车辆传感设备获取）的出现，OD 矩阵的自动提取成为可能。基于传统的交通科学方法，建议使用空间划分来对移动性数据进行概括和总结。使用空间划分，将每条 GPS 轨迹都映射到对应的起点（行程开始的区域）和终点（行程的停止区域）。这种表达方式舍弃了具体的移动信息（即具体走哪条路线），只保留了行程的起点和终点信息。依据不同的时间间隔，可以构建不同时间段的 OD 矩阵，从而精确描述交通需求在不同时间段的演变过程。

对于移动性数据分析者，OD 矩阵是一个具有代表性的分析工具，可用于对一个区域的移动性数据进行探索分析，揭示相关的交通流量和时间间隔。我们以米兰及其邻近城市 [其行政边界如图 10.5（a）所示] 的交通流量分析为例，通过可视化界面分析掌握相关行程的复杂性模型。具体的 OD 矩阵可视化探索分析方式，可以参考第 8 章介绍的移动数据可视化方法，图 10.5（b）是基于 M-Atlas 系统的分析结果，其中显示了从米兰市中心到东北郊区的交通流量。

10.4.2　从市中心到郊区的主流路线

选择了一组相关的流向后，我们就可以重点分析与之相关的各个行程。

由此产生的轨迹如图 10.6（a）所示。尽管所有这些行程都起源于市中心，结束于东北郊区，但多样性仍然很明显。为了解所选流向中主流的行程，我们应用一种算法自动检测大量类似的行程。具体地，我们可以使用第 6 章介绍的具有空间路径距离函数的基于密度的聚类算法。给定两条轨迹，路径相似性函数返回其多样性的数值估计：如果轨迹相等，则趋于零，否则趋于无穷大。如果一条线路被许多车辆沿用，则该线路为该移动性分析的结果。聚类算法通过有效地选择具

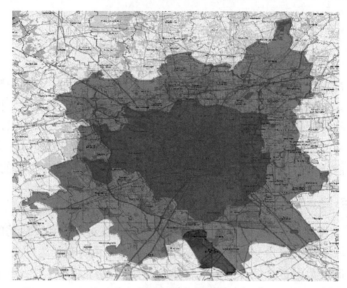

(a) 模型输入的区域

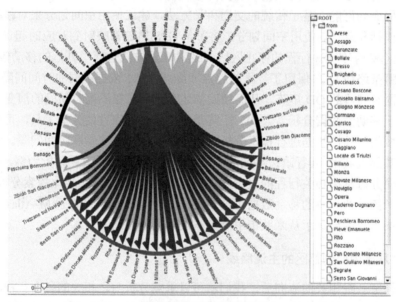

(b) OD矩阵浏览的可视化界面

图 10.5　Milano2007 数据集中特定工作日（4 月 3 日，星期三）的 OD 矩阵模型

（a）中心区域包含米兰的行政边界，邻近单元格代表相邻城市；（b）每个区域用一个节点表示，节点以圆形显示。连接两个节点的弧线代表流量，即从起点到终点节点的行程次数；弧线宽与流量成正比。分析人员可以直观地浏览 OD 矩阵，也可以选择一些指定的起点和/或终点，或通过设置最小支持阈值来突出显示主要行程

有相似线路的轨迹组得到频繁路径，不属于任何轨迹组的轨迹被标记为噪声。这些噪声数据由用户决定是否丢弃，或者在某些特定情况下用于离群轨迹分析。

聚类算法产生一组聚类，每个聚类都可以通过专题渲染进行可视化，其中同一聚类中的轨迹用相同的颜色绘制。图 10.6（b）中主要聚类突出显示司机离开中心前往东北方向时沿用的主要线路。

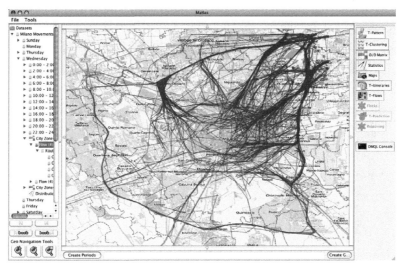

(a) 聚类算法的输入数据集

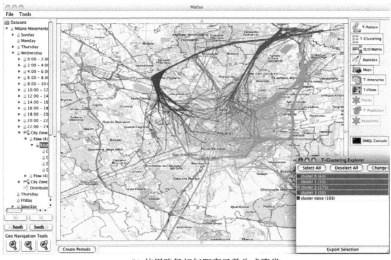

(b) 使用路径相似距离函数生成聚类

图 10.6　从市中心到东北方向移动轨迹聚类的结果

（a）从市中心到东北地区的轨迹；（b）集群使用主题颜色进行可视化，分析人员可以分别选择和浏览

　　在某些情况下，上述聚类过程所得到频繁行为可能具有特定的时段特征（如它可能只出现在周一），也可能具有普遍的时效性。为了区分这两种情况，我们需要度量聚类在一周内的总体分布情况，这项任务可以使用聚类作为无监督分类模型来完成。具体地，从某天轨迹聚类的结果中，选择其中的一个（或多个）聚类结果为代表（即样本），对一周中其他几天的轨迹进行分类：通过将每个新的轨迹 T 分配给最近的样本（即其所代表的聚类）进行分类。如果 T 和这个样本之间的距离太大，则 T 被认为是噪声。图 10.7 显示了在一周内这三个聚类中轨迹数量分布的变化，可以看出：聚类 0 和 3 在整个一周内保持稳定，而最主流的聚类 2 仅在工作日保持稳定（表明其主要由在工作日出行的通勤者构成）。

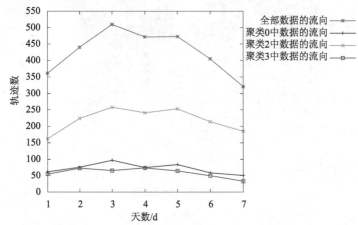

图 10.7　4 月 1 日（星期日）至 7 日（星期六）一周内三个主要聚类的估计基数分布和从市中心到东北郊区的所有行程数

聚类 0 和聚类 3 基本保持不变，在周末（第 1 天和第 7 天）略有下降，而聚类 2 的形状与整体流向相似，在周末显著下降

　　接下来的问题是确定聚类 2 的通勤者是从家到工作地，还是从工作地到家。这个问题可以通过分析聚类 2 在工作日几个小时内行程的时间分布来探索[图 10.8（b）]。

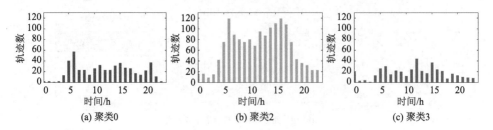

图 10.8　图 10.6（b）所示聚类中的轨迹在工作日各小时的时间分布

聚类 0（a）和聚类 3（c）没有出现明显的峰值，而聚类 2（b）在上午和下午各有一个峰值。聚类 2（b）的时间分布反映了两种通勤行为：早上离开城市（通勤者到外面工作），下午晚些时候离开城市（通勤者下班后回到郊区）

我们介绍基于移动数据挖掘平台中的分析过程。为进一步了解上述分析过程如何映射到一个专用的系统框架中，我们使用 M-Atlas 系统进行说明：使用 DMQL（类似 SQL）语言来实现上述复杂的分析过程。本章介绍的所有分析都可以采用这种语言表达，但由于篇幅限制，我们无法在此处给出所有示例的相应查询语句，只给出使用 DMQL 实现上述分析的过程（第 7 章对 M-Atlas 系统有更详细的介绍）。

首先，根据空间划分提取 OD 矩阵，然后从数据集中检索从给定起点和多个终点之间的轨迹，具体的 DMQL 实现语句为

```
CREATE MODEL MilanODMatrix AS MINE ODMATRIX
FROM (SELECT t.id, t.trajectory FROM TrajectoryTable t),
     (SELECT orig.id, orig.area FROM MunicipalityTable orig),
     (SELECT dest.id, dest.area FROM MunicipalityTable dest)
CREATE RELATION CenterToNESuburbTrajectories USING ENTAIL
FROM (SELECT t.id, t.trajectory
     FROM TrajectoryTable t, MilanODMatrix m
     WHERE m.origin = Milan AND
         m.destination IN (Monza, ..., Brugherio))
```

然后对选择的轨迹进行聚类，以提取具有相似特征的行程组。在以下查询中，使用路线相似性函数：

```
CREATE MODEL ClusteringTable AS MINE T-CLUSTERING
FROM (Select t.id, t.trajectory from CenterToNESuburbTrajs t)
SET T-CLUSTERING.FUNCTION = ROUTE_SIMILARITY AND
    T-CLUSTERING.EPS = 400 AND
    T-CLUSTERING.MIN_PTS = 5
```

通过以下查询，从一周中的特定日期提取聚类样本，并用其对新轨迹进行分类：

```
CREATE MODEL WednesdaySpecimens AS MINE SPECIMENS
FROM (SELECT id, trajectory, cid FROM WedTrajsToClusters)
SET SPECIMENS.MAX_DISTANCE = 750 AND
SPECIMENS.METHOD = ROUTE_SIMILARITY

CREATE TRANSFORMATION ClassifiedTrajectories
    USING SPECIMENS_ CLASSIFIER
FROM (SELECT id, trajectory FROM TrajectoryTable)
SET SPECIMENS_ CLASSIFIER.SPECIMENS =
```

```
(SELECT * FROM WednesdaySpecimens) AND
SPECIMENS_CLASSIFIER.METHOD = ROUTE_SIMILARITY
```

这种管理移动性知识发现过程的方法可以实现模型和数据的互操作,还提供了一个清晰的工具来对分析过程进行总结和正式定义。

10.4.3　关键交通枢纽的可达性

为了解用户如何访问大型交通枢纽,我们将重点关注在城市特定停车场结束的行程。基于对停车场使用动态的深入了解,交通机构可以规划具体的票价、通知用户发生异常事件,以及停止服务等。在本案例研究中,我们选择利纳泰机场的停车场。图 10.9 显示了通过 OD 矩阵选择的从米兰市开始到机场停车场结束的一组轨迹。可以看出车辆从多个位置开始,向停车场汇合。我们的目标是描述车辆接近交通枢纽时的典型行为。但是通过直接聚类无法完成这项任务,因为聚类通常针对整条轨迹进行,而行为通常只出现在较短的子轨迹上。因此,我们只需预先定义一组接近方向,并计算每个方向到达交通枢纽的行程数就可以实现目标,即描述接近交通枢纽行为,不仅要包括进入方向,还要包括遵循的特定路径(如常见的捷径或迂回)。在本示例中,我们只关注为大量车辆所遵循的频繁的行程段(可以使用第 6 章介绍的轨迹模式挖掘方法)。轨迹模式是在数据中频繁出现的区域序列,以及连续区域之间的典型过渡时间。图 10.9(b)是到达利纳泰机场的行程中支持度至少为 5%的轨迹模式的可视化总结。从中我们可以看到接近交通枢纽的三条主要路线及对应的行程时间。图 10.10 给出了三种最为频繁的轨迹模式。从图 10.10 中可以看出:从北面接近机场的轨迹模式比从南面接近机场的轨迹模式更长,这表明北面的行程比南面的行程更早地集中在城市外环,而且南面的行程只使用城市外环的一小部分。从而得出结论:从南部和市中心到机场附近的替代路线比从北部到机场附近的替代路线更多。

10.4.4　异常事件

异常事件对移动性有很大影响。异常事件可以是计划中的大型集会,如音乐会、体育比赛等。这些事件使许多个人行程的目的地设置为一个小区域(即事件地点),在事件期间人集中在这些区域。异常事件也可能是意外事件,如车祸(人为的)、洪水(自然的)等。意外事件会扰乱正常的交通流,在某些特定位置(通常是不希望的)产生车辆的聚集。但是,通过发现在特定时间间隔、特定区域中存在的异常密集的表现特征,可以实现异常事件的检测(详细的内容可以参考第8 章介绍的移动数据中的事件检测方法),使用静止汽车的密度图可视化探索分析可以发现具有异常密集特征的区域。然后,我们可以通过使用空间网格,以及统

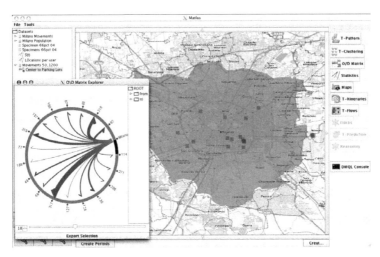

(a) 从米兰(起点)到停车场(终点)的不对称OD矩阵

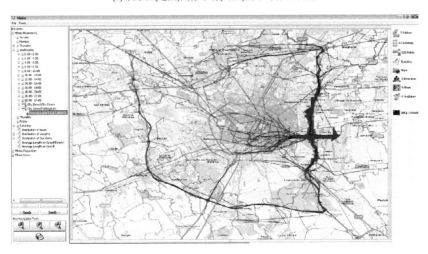

(b) 从米兰到利纳泰机场停车场的行程及相关轨迹模式的总结(描述旅行如何接近终点)

图 10.9　停车场的可达性

（a）通过调整频率阈值滑动条（左下角），可以突出显示到停车场的最高流量。最大的交通枢纽是 317 号停车场（利纳泰机场）

计每个指定时间间隔内每个网格单元中的车辆数来生成密度图。在我们接下来的分析实例中，将研究区域划分成大小为 0.5 km × 0.5 km 的网格集，并统计每天每两个小时间隔内每个网格单元中静止的汽车数量。

(a) 从市中心　　　　　　　　(b) 从北环　　　　　　　　(c) 从南环

图 10.10　直达利纳泰机场的最主要的轨迹模式

转移时间在图中进行了标注

分析 Milano2007 数据的结果如图 10.11 所示，其中的热点位置主要出现在足球场和周围的停车场，猜测热点位置可能举办了一场大型体育赛事[1]。通过新闻报道分析，我们发现该位置这个时段举办了 AC 米兰对拜仁慕尼黑的欧洲冠军联赛四分之一决赛，大约有 77 700 名观众观看。热点位置的发现采用迭代方法自动检测，即迭代程序选择每个网格 C 和时间间隔 h（此处为晚上 8 点到 10 点）进行静止汽车数量的统计，选择所有数量分布 (C, h) 在 90 个百分位以上的网格为热点位置。

(a) 从下午6点到晚上8点　　　(b) 从晚上8点到晚上10点　　　(c) 从晚上10点到午夜

图 10.11　4 月 3 日星期二在三个连续的 2 小时时段内的人员分布

一个明显的热点在晚上 8 点到 10 点之间出现，然后消失；位置在主足球场梅阿查（Meazza）球场

（紧靠市中心以西）

深入分析，我们可能想了解参与者何时及如何到达和离开事件位置。首先，通过分别考虑车辆 v 进来轨迹的终点和出去轨迹的起点来估计 4 月 3 日停在足球场区域的汽车 v 的到达和离开时间。4 月 3 日到达和离开的时间分布如图 10.12（a）、（b）所示。接下来，我们进一步分析比赛结束后参与者的回程线路，以发现

---

[1] http://en.wikipedia.org/wiki/UEFA_Champions_League_2006-2007。

主要的疏散线路（注意，其可能与管理部门设计的路线在形状、使用频率及时间上有所不同）。我们对从晚上 10 点到午夜离开足球场区域的轨迹进行聚类，结果如图 10.12 所示。从中得到的疏散线路信息，可以辅助管理人员制定预防交通拥堵的对策。

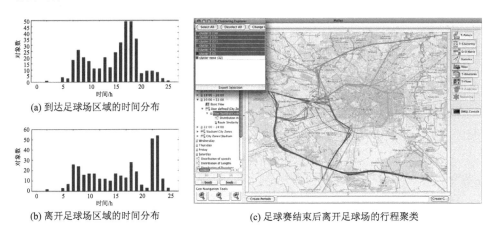

(a) 到达足球场区域的时间分布

(b) 离开足球场区域的时间分布

(c) 足球赛结束后离开足球场的行程聚类

图 10.12   到达和离开足球场区域的时间分布及足球赛结束后离开足球场的行程聚类

到达高峰期为下午 5 点到晚上 8 点，离开高峰期为晚上 10 点到午夜；到达时间的跨度为几个小时，而离开时间的跨度是在比赛结束后不久；聚类由阴影突出显示，主要的聚类包括短途行程，以及沿着环城公路向东北和西南方向的长途行程

10.4.5 移动预测

交通拥堵的预测对于城市交通管理是一项挑战性任务。以下实验旨在展示如何预测未来可能导致交通拥堵的交通密集区域。我们使用 WhereNext 位置预测算法（见第 6 章）对 Pisa2010 数据集进行实验。与 Milano2007 数据集相比，Pisa2010 数据集覆盖区域更大，时间跨度更长，将这种丰富的数据集用于训练和测试阶段，对于预测任务特别有用。其中，我们从 Pisa2010 数据集中选择 5 个工作日（从 7 月 5 日星期一到 7 月 9 日星期五）早高峰时段（上午 8 点至上午 10 点）的 10 000 条轨迹作为训练集，选择 7 月 12 日星期一早高峰时段（上午 8 点至上午 10 点）的 4000 条轨迹作为测试集。基于训练集和测试集得到的模型可以预测 29 个区域的大约 3000 条轨迹的下一个位置，其中 5 个区域的预测轨迹数量超过 150 条。按照这个预测结果，对应于所有的移动车辆数量，预计在这两小时的时间间隔（上午 8 点至上午 10 点）内将有大约 7500 辆车汇聚到这 29 个区域。图 10.13 是预测结果与真实结果（通过计算预测期内真实移动的 GPS 轨迹密度图获得）的对比。

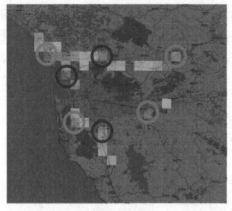

(a) 预测轨迹　　　　　　　　　　　　　　　　(b) 真实轨迹

图 10.13　特征分布（请扫二维码看彩图）

从（a）中可以看出，预测器能够正确预测最密集的位置（绿色圆圈），但也引入了一些误报（红色圆圈）

值得指出的是，对预测区域的解释需要进一步、更深入地分析。事实上，区域密集并不一定表明这些区域存在交通问题，也可能表明这些区域存在着车辆的密集移动，如交通堵塞、拥堵。因此，需要对这些特定区域进行进一步分析，以便更准确地指出可能的交通问题。

10.4.6　人类移动的边界

在这里，我们要解决的问题是：在市县级较低空间分辨率下寻找人类移动的边界。在这一中尺度空间分辨率发现人类移动边界，可为土地管理部门设计最佳行政边界提供辅助决策。我们将社交网络分析技术应用于移动数据，目标是基于区域之间潜在的、隐藏的联系，而非人类自身互动这一不同的视角，来更好地理解人类的移动性模式。为此，我们将社区发现算法应用于地理区域网络（其中每个节点代表一个单元或移动区域），目的是找到基于不同用户访问而紧密连接的区域。社区发现算法将一个图模型作为输入，输出结果是图中节点划分的社区。为使用社区发现算法，需要首先从移动性数据中提取网络模型。如 10.2 节所述，我们采用普查社区对移动数据进行泛化，即每一条轨迹泛化为在其移动期间穿过的人口普查社区的序列。

泛化的移动可以采用有向加权图 $G(V, E)$ 进行表达。其中，每个普查社区映射为一个顶点 $v \in V$，如果至少存在从 u 到 v 的一个移动，则存在一条有向边 $(u, v) \in E$，其中，$u, v \in V$，有向边 (u, v) 的权重 w 对应于从 u 到 v 移动的数量。如果至少有一次行程，其两个连续点中的第一个映射到普查社区 u 且第二个映射到普查社区 v，则图 G 中存在边 $(u, v) \in E$。

　　构建移动网络后，就可以应用社区发现算法来发现可以聚合的节点组，并进行分区。具体地，我们可以采用性能最好的非重叠社区发现算法——Infomap。在发现社区后将节点链接回地理空间，得到每个社区覆盖的区域。

　　Infomap 算法的社区发现结果包含 11 个聚类，如图 10.14 所示。其中，不同聚类采用不同的颜色渲染，而聚集为同一个聚类中的普查社区采用相同的颜色渲染。我们绘制了每个城区的边界，作为真实管理分区的参考。值得注意的是，同一城区中的各个普查社区的凝聚力。通常城区中很少有普查社区分散在几个聚类中，但是在农村地区比较常见，即城市中心的区域具有强大的凝聚力。主要原因

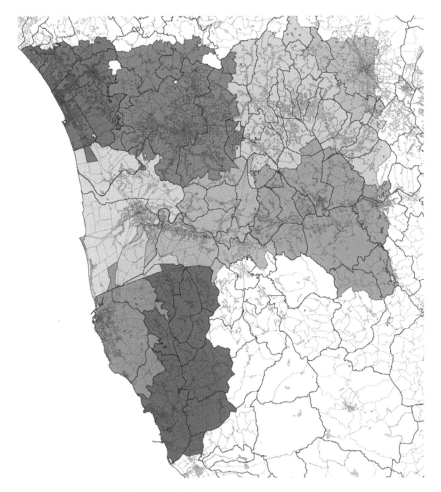

图 10.14　移动性网络探测聚类的可视化

作为对现有行政边界的参考，每个城市的边界都用粗线绘制。基于 Infomap 生成的社区进行聚类，同一聚类区域
具有相同的阴影

是城区中短距离内部出行的比例大，而长距离外部出行的比例小。虽然主要公路与密集的交通相关联，但城区内的局部交通流量还是远大于外部道路网络中的交通流量。事实上，所有的聚类都以城市区域为中心，因为其对周围区域的移动具有吸引作用。另外，也有出现普查社区与另一个城市的聚类相关联的少数情况，通常这种"误分类"普查社区出现在城市行政边界区域。事实上，这种"误分类"也不一定是错误，而是说明该普查社区被邻近城市所吸引。

此外，聚类结果也证明了单个城市不能被视为"孤岛"，相反，一个城市的移动性通常依赖于周边城市的流动性。实际上，每个聚类都由一系列城市组成，即基于聚类的凝聚力特性可以定义新的区域划分，其可用于制定组合的移动性政策和规划。最后，值得注意的是，所有聚类中普查社区在地理上都是相邻的，虽然我们使用的 Infomap 社区发现算法没有增加这种约束。这表明区域之间的大量移动产生了强大的凝聚力，使得区域之间相互吸引，即如前所述，相对于跨域的长途行程，本地短途行程占据主导地位。

10.5　结　论

在本章中，我们介绍了如何使用移动性数据挖掘工具协助决策者和交通规划者回答一些典型问题。例如，通往城市的主流线路、人群聚集和分散到相关地点的动态、异常事件的检测，以及起点-终点矩阵的可视化/建模。

为了有效地实施和分析交通需求管理（TDM）政策（TDM 是交通科学的主要最终目标之一），人们越来越多地意识到需要提高对出行行为的理解。基于移动性数据挖掘方法获得的起点-终点矩阵很好地给出了移动性的整体描述，但是没有涉及交通流背后的原因/机制。因此，需要进一步研究出行需求模型，以实现对个人决策过程的真实描述和理解，协助制定更广泛的交通政策措施。近年来，基于活动的旅行分析方法，作为行程分析方法的替代方法受到了关注。基于活动的旅行分析方法从理论角度分析旅行，考虑了活动参与的需求、旅行之间的相互关系及家庭成员之间的互动。在基于活动的框架中，人类活动满足家庭及其成员的需求和愿望（即旅行由个人代表自己或作为家庭成员进行，以满足他们参与这些活动的需求和愿望）。一方面，基于活动建模科学研究的动机是提高我们对人类行为的理解；另一方面，利用这种理解可以更好地预测社会变化，以及旅行和更广泛的社会政策对交通系统未来使用的影响。在过去的十年里，一些关于活动出行需求的微观模拟模型也已经投入使用。

当前基于活动的模型通常采用传统调查或完整（活动）日志方式来模拟系统中的个人行为。对受访者来说，以纸笔形式或小型手持电脑等计算机辅助技术收集这些数据是一项艰巨而繁重的任务，因为必须收集模拟模型所需的主要维度的数据。同时，收集数据的时间和空间也会受到质疑。而使用 GPS 和 GSM 采集的大型数据集，如本章所述研究中采用的数据集，可以有效避免这些问题。然而，从个人轨迹的原始数据到高水平的群体移动性知识（在基于活动的模型中实现的，可以辅助交通管理者进行决策）还有很长的路要走。

10.6　文　献　综　述

本章介绍的分析场景与前几章介绍的技术和方法相关联。本节中，将相关参考文献介绍如下。

移动性数据的分析过程是基于知识发现过程的一个具体实例（Giannoti and Pedreschi，2008），其中分析方法和算法采用基于 SQL 的语言（Trasarti et al.，2011）实现，在第 7 章中介绍了该查询语言，并将其集成在 M-Atlas 的分析框架中（Giannoti et al.，2011）。

Ruiter 和 Ben-Akiva（1978）提出了通过四步模型估计旅行需求的方法，其中包括起点–终点矩阵的定义：行和列分别代表起点和终点区域，每个单元格估计两个对应区域之间的交通流量。该模型已广泛用于移动性数据管理，以选择、聚合和分析特定的交通流。第 8 章概述了可视化 OD 矩阵并与之交互的不同方法。

第 6 章介绍了一系列挖掘算法：轨迹模式、聚类和 WhereNext 预测模型。在本章中，我们采用了基于渐进式聚类方法的聚类过程（Rinzivillo et al.，2008），其中聚类分析采用逐步进行的方式。

Brockmann 等（2006）最早提出通过网络分析方法提取人类流动边界的方法，其中通过观察钞票的流动来测量移动性。随后采用电话使用数据（Ratti et al.，2010）和 GPS 数据（Rinzivillo et al.，2012）进行了类似的分析。通过社区发现方法识别网络内节点的分组，Coscia 等（2011）详细介绍了各种社区发现方法。第 15 章也介绍了几种利用网络分析方法分析移动性数据的技术。

第 11 章 海 事 监 测

Thomas Devogele、Laurent Etienne 和 Cyril Ray

11.1 海 洋 环 境

移动性数据的建模、管理和理解技术在海洋环境领域具有应用前景。海洋环境复杂多样，开放而又受到部分管控，其中的船舶既有小型帆船又有超级油轮，不同类型的船舶具有不同的移动性行为。与陆地或空中领域类似，海洋环境也开发有多种实时定位系统，如用于跟踪船舶移动的自动识别系统（AIS）。但是，目前这些定位系统提供的大量移动性数据很少被用于知识发现。本章讨论海上移动性数据的分析方法，首先介绍海上定位系统的内在行为，然后给出一种生成轨迹模式方法用于异常点检测。

11.1.1 海上交通

海洋环境对世界经济和我们的日常生活有着巨大的影响。海洋不仅是众多海洋物种生活的空间，也是人类活动（如航海、巡航、捕鱼、货物运输等）急剧发展和增加的地方。例如，自 20 世纪 70 年代以来，世界海上货物贸易量翻了一番，达到了全球贸易量的 90%和价值的 70%。不断增加的交通量会导致沿海和拥挤地区的航行困难和风险：在这些地区，许多不同用途（航行、捕鱼等）船只可能会发生碰撞。碰撞造成的灾害和破坏会对海洋环境和人类生命构成严重威胁。这些灾害和破坏往往会对海洋生态系统产生严重的负面影响：不仅对重要的海洋保护物种和濒危物种构成威胁，也对经济、科学和文化部门构成威胁。因此，海洋环境安全和安保已成为一个主要问题，尤其是在欧洲。

针对这一安全问题，在过去十年中，国际海事组织（IMO）先后从船舶设计、教育和航行规则[如《国际海上避碰规则》（COLREGS）]、交通监控等方面寻找解决方案。目前，每艘船舶都配备了几乎实时的位置报告系统，以识别和定位远处的船舶。

海洋环境复杂多样，开放而又受到部分管控。为实现交通监管，提出了分道通航计划（TSS）（将拥挤空间内的交通分割成多个航道），并定义了船舶必须避开的禁区和特别敏感海域（PSSA）（如生物多样性区域）。在开放空间中船舶的轨迹非常典型：船舶的行为通常类似，以直线行驶，具有明显的趋势和模式。因此，对于开放空间中船舶的轨迹可以进行聚合分析，以检测海上路线、密集区域、交通演变，以及在个体层面上的异常轨迹和定位信息。

11.1.2　海上定位系统

海上导航和定位中最成功的两个系统是自动雷达绘图辅助（ARPA）和自动识别系统（AIS）。船舶和岸上船舶交通服务（VTS）都使用这两个系统，以便辅助航行决策，并对可能发生的碰撞发出警告。船舶交通服务还利用其更高的计算和网络资源在本地存储数据，并在国家和世界范围内共享数据（如欧洲海事安全局的项目 SafeSeaNet）。

1. 船用雷达

自动雷达绘图辅助（ARPA）使用雷达触点跟踪船只。雷达发射器产生很短的无线电波脉冲信号。当其中一个脉冲的无线电波遇到障碍物时，如船只、海岸线或大海浪，部分辐射能量会被反射，并最终为发射雷达所接收。反射的脉冲信号也称为无线电回波。脉冲和回波之间的时间间隔可以精确测量，以用于计算雷达和回波之间的距离。回波的方向也反映脉冲的方向。当目标回波出现在雷达屏幕上时，系统将绘制回波的相对运动图，以确定目标的航向和速度。探测到的目标的最大范围受雷达天线高度及地球曲率对目标高度的影响。因此，多山的海岸线会造成探测的盲区，盲区后面的目标将难以探测到。同样，恶劣的天气条件也会严重影响雷达跟踪的有效性。因此，任何目标都应在 2 min 内的 10 次扫描中被至少 5 次获取和确认后，才能将其标识符和坐标告知给系统操作人员。

2. 自动识别系统

自动识别系统（AIS）最近已经实施，并成为商船和客船的强制性标准。该系统的目标是识别和定位远处的船只通过自组织无线通信（VHF）自动广播基于位置的信息。AIS 通常集成一个收发器系统、一个 GPS 接收器和船上的其他导航传感器（如陀螺罗盘和转向率指示器），AIS 应答器以自主连续模式运行，并根据船舶行为定期广播位置报告。位置报告信息在 35 n mile 范围内向周围的船舶和地面海事当局广播。现有船舶、搜救飞机和地面基站上系统使用的 AIS 主要有两种类型：大型船舶的强制性 AIS（A 类）和小型船舶的低成本 AIS（B 类）。这两类设备以不同的时间间隔（表 11.1）和不同的范围（A 类通常为 20~40 mile[①]，B 类通常为 5~10 mile）进行位置信息的广播。

---

① mile，英里，非法定长度单位，1 mile=1.609 344 km。

表 11.1　AIS 船载移动设备报告间隔

船舶动态状况-A 级 AIS	频率
船下锚或停泊，以低于 3 节速度航行	3 min
船下锚或停泊，以高于 3 节速度航行	10 s
船速在 0～14 节之间	10 s
船速在 0～14 节之间且正改变航向	3⅓ s
船速在 14～23 节之间	6 s
船速在 14～23 节之间且正改变航向	2 s
船速超过 23 节	2 s
船速超过 23 节且正改变航向	2 s

3. 增强型全球定位系统

增强型全球定位系统可以解决 ARPA 和 AIS 的缺点。ARPA 和 AIS 可以相互补充，但是仍然存在缺点。ARPA 可用于探测和跟踪船上没有 AIS 设备的情况，但是 ARPA 提供的信息有限，且在覆盖范围的盲区无法识别移动对象。AIS 可以获得完整的信息，但并非所有船舶上都有此类设备，而且数据也可能会被篡改。此外，ARPA 和 AIS 存在的共性问题是：追踪范围有限，不适用于国际航行的船只。随着卫星通信系统的广泛应用，其将用于增强或取代 AIS。例如，远程识别和跟踪系统（LRIT）每天至少 4 次向其管理机构报告船只的位置。基于卫星的 AIS 监控服务系统（S-AIS）可使用卫星通信来广播 AIS 信息。如今，欧洲海岸每天的位置报告近 150 万条（约 72 000 艘船）。因此，研究针对这些不断增长的数据流的数据集成、融合、过滤、处理和分析技术是有必要的。

4. 基于位置的数据

ARPA 的雷达数据仅限于由标识符、位置和相关时间组成的元组，而 AIS 系统可以广播丰富的信息。船上交通服务信息系统（或机载信息系统）可以将 ARPA 的雷达数据和 AIS 相互融合而生成一个精确的位置信息。当船舶未安装 AIS（通常为小船）时，用于数据分析的报告信息就仅限于上述元组（即标识符、位置和相关时间）。使用哪种类型的数据不会影响数据挖掘过程，我们接下来使用更容易获取的 AIS 数据进行分析。AIS 数据包含 27 类不同的信息（每类信息提供与 AIS 系统行为或船舶位置和特征相关的信息），其中的位置数据用于定义海面上船舶行驶的二维路线轨迹，即 WGS84 格式（纬度 λ、经度 φ、时间 t）的有序位置序列。为了实现对 AIS 中轨迹数据的进一步理解，可将其中的信息分为以下三类。

（1）静态：MMSI 编号（海上移动识别码：唯一 ID）、名称、类型、国际海事组织代码、呼号、船只尺寸。

（2）动态：位置（经度、纬度）、时间、速度、航向、地面航向（COG）、转向率（ROT）、导航状态。

（3）轨迹：目的地、预计到达时间（ETA）、吃水深度、危险性。

AIS 数据的质量可能会不同，主要依赖于 AIS 设备本身的性能及使用的数据生成协议和算法。AIS 数据中包括的坐标、速度等数据都会有一定的误差。经度和纬度通常在 1/10 000 min（即 0.18 m），但是考虑到数据质量及 GPS 数据固有特性，国际海事组织通常只使用 10 m 的精度。另外，在实际应用中，如 MMSI、名称、目的地或导航状态等这些信息都可手动设置，因此也可能会产生错误。这些与地理位置相关的上下文信息，可以辅助进行基于空间、时间、目的地和船舶类型的船舶行为分析，因此在使用之前需要进行数据的错误检测和过滤。

5. 时空间隔

时间不属于定位报告的内容，因为 AIS 最初是被设计为实时服务的。每一份收到的信息的时间都会被接受方的时钟标记。自动识别系统不会持续地发送定位信息，而是定期建立通信。无线电发射机会根据周围船只的行为使用不同的采样率向其广播数据。表 11.1 展示了 A 级 AIS 的采样率。B 级别与 A 级别采取类似的决定采样率。采样率的变化在这里是固定的，并且它可以从对快船的 2 s 采样间隔变化到对停泊船只的数分钟的间隔。

岸上所有 VTS 覆盖的范围有限，不能保证覆盖区域在所有地方都重叠。因此，这种时空间隔使得我们不能对给定时间的海上交通进行全面观测。通常接收到的位置不是用于快照分析所需选定时间的船舶位置。例如，船舶在传播其位置 10 s 后，才能对其进行数据分析。因此，我们必须考虑时间间隔及对轨迹定义的影响，才能合理分析和理解船舶的行为。要注意的是，两个位置报告之间较大的、可变的时空间隔将会显著影响轨迹的计算方式。

11.2 基于数据挖掘过程的监控系统

海上位置信息的不断丰富，为发现长期海上移动行为规律提供了机遇。本节介绍通过海事数据的处理和分析，确定给定位置或轨迹（以计算模式）的方法。例如，通过对实时交通的监控进行异常值检测。具体的实现方法在其他章节（尤其是第 6 章中介绍的数据挖掘原则）有详细介绍。异常值检测方法假设正常移动的船只，即沿相同海上航线的船只，通常具有类似的行为表现方式。

图 11.1 显示了从时空数据库中提取时空模式，并确定船舶位置和轨迹的功能流程。步骤 1（采集步骤），将来自多个监测系统的 AIS 原始数据集成到结构化时

空数据库（STDB）中。步骤 2，在数据库中将兴趣区（ZOI）定义为行程的起点或终点。其中，每个标识的 ZOI 与其面状几何体关联，并记录与其邻居 ZOI 的关联关系（存储在时空数据库中）。步骤 3，根据路线对轨迹进行聚类，以获得具有同质轨迹属性的轨迹组（HGT）。步骤 4，对轨迹组进行统计分析，得到每个聚类的中值轨迹及其与周围轨迹的时空间隔，并结合中值轨迹和时空间隔来定义 HGT 的时空模式。步骤 5，将时空模式存储在知识数据库中。步骤 6～8，将时空模式用于地理可视化分析，以及船舶位置和轨迹的实时定位。

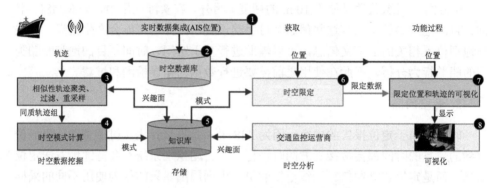

图 11.1　数据挖掘和轨迹定位过程

上述功能流程已经在不同的环境中进行了实验和使用，如实时跟踪布雷斯特（Brest）沿海地区的帆船比赛和海上航行，处理和分析从爱琴海、中国东海、中国北海获取的 AIS 原始数据及从北约各国获取的聚合的实时数据流。本章将以法国布雷斯特湾的一个客船海事案例为例，介绍出于安全目的的轨迹定位过程（在ChoroChronos[①]数据库中可以获得一个样本数据集）。

11.2.1　平台与数据库模型

图 11.1 所示的功能过程需要基于一个通用的、可拓展的信息系统，来实现对海上不同类型的移动对象的实时监控和时空分析。目前，我们基于PostgreSQL/PostGIS 空间数据库（包括数据操作和存储）开发了一个 Java 底层平台系统。该系统采用 4 层 C/S 架构设计，通过分布式数据和处理模型组织而成。该信息系统包含了图 11.1 中的主要功能：
- 定位信息的实时集成（步骤 1）；
- 时空数据挖掘（步骤 3～5）；
- 时空分析（步骤 6）；

---

① http://www.chorochronos.org。

- 基于 Web 的可视化（步骤 7）。

基于前面提到的 AIS 信息分类：静态、动态和轨迹（具体信息如表 11.2 所示），在 PostGIS 数据库中建立数据模型。表 AISPositions 中存储船只的所有动态位置信息。表 AISShips 中存储船只的静态信息，其中的船舶类型（如货船、客船、帆船），可用于相似船只轨迹线的聚类。表 AISTrips 中存储船只的行程信息，如船只的目的地、携带货物的类型等。除了这些表中包含的原始信息，一些派生的数据也可以添加到数据库中。基于表 AISPositions 中的位置信息及表 AISTrips 得到表 Trajectories，以将同一艘船的位置报告链接在一起构建路径（表 11.2 中字段 Trajectories.shape）。AISTrips 给出了船只的目的地信息，我们可以从其中提取出感兴趣区域（ZOI），并且将其储存于另一个新表 Zones 中。ZOI 可由用户根据各种标准自定义，如法规（等候区、交通通道、限制区）、地理（障碍物、地峡、海峡、入口）和经济（商店、装货地点、港口、渔区）。多个 ZOI（表达为空间区域）可以被连接在一起构成区域图（zone graph），以实现对于船舶移动性的分析及路线（表 11.2 中的 Itineraries）的描述。

表 11.2　数据库模型

	表名	描述
AIS 提供的数据	AISPositions	船舶的位置报告以及附加的动态信息 MMSI（数字）、时间（时间戳）、航向（数字）、速度（数字）、COG（数字）、ROT（数字）、坐标（几何）、状态（文本）
	AISShips	船舶的静态信息 MMSI、OMI_Number（数字）、名称（文本）、呼号（文本）、类型（文本）、长度（数字）、宽度（数字）
	AISTrips	基于轨迹的信息 MMSI、吃水（数字）、是否危险（布尔）、目的地（文本）、ETA（时间戳）、报告时间（时间戳）
添加到模型中的派生数据	Trajectories	从原始数据中提取的轨迹 MMSI、开始时间（时间戳）、结束时间（时间戳）、形状（几何）
	Zones	兴趣区（ZOI） ZID（数字）、名称（文本）、形状（几何）
	Itineraries	ZOI 之间的行程 IID（数字）、起始区域 ID（数字）、结束区域 ID（数字）

为了进行更丰富的分析，可以考虑使用地理信息。因此，数据库中可以包括从官方 S-57 矢量图中获得的大量表格数据。表格数据中对空间分析有用的类型对象如下。

- 兴趣点：浮标、沉船、海上集装箱等。
- 兴趣线：海岸线、路径、通道交叉线等。
- 兴趣区：石油泄漏、港口、限制区域、PSSA 等。

图 11.2 是布雷斯特湾从原始数据到轨迹模式的过程示意图。其中，图 11.2（a）中大量的点表示船舶的位置，图 11.3（b）是布雷斯特湾的区域图（graph zone），图（graph）中两个区域（zone）之间的一条弧线是一条航线。图 11.2（c）、（d）是轨迹模式，详细信息在 11.2.3 节和 11.2.4 节中介绍。

11.2.2　从原始点到轨迹

将图 11.2（a）中大量船舶的位置报告连接起来构建轨迹，可以解决基于位置报告原始点查询的问题。严格基于原始点的查询具有两个限制：①由于原始数据数量很多，基于原始点的查询会消耗大量的计算资源。②基于原始点的查询具有空间限制。例如，由于 AIS 行为和采样频率的原因，当船舶的轨迹通过狭窄限定区域时，会误报为区域两侧的位置。因此，很难确定船舶是否通过狭窄通道、进入限制区及计算船舶到海岸的最小距离等（为解决问题，需要插值和额外的计算成本）。

为了更准确有效地查询 AIS 数据库，需要使用轨迹特征。基于轨迹特征可进行多段线（而非原始位置）的距离计算、路线定义、轨迹比较，以及通过区域（或直线）的清晰标识。为减少计算量，需要使用过滤算法减少每条轨迹中的位置数。这样就可以应用空间运算符和函数有效地回答终端用户的问题。轨迹生成阶段对应于图 11.1 中数据挖掘和处理过程的步骤 2～3。

可以使用多种方法来定义海上轨迹。此处，使用 AIS 位置序列来构建轨迹。给定一艘船舶的时序位置序列 $S=\{p_0,\cdots,p_n\}$，其对应的轨迹 T 定义为 S 的子序列，即 $T\subset S\wedge T=\left(p_b,\cdots,p_j,\cdots,p_e\right)$，其中 p_b 代表轨迹的开始位置，p_e 代表轨迹的结束位置。

构建对应轨迹的关键是如何从 S 中选择开始和结束位置。这些特定位置（被视为停止）可以通过移动对象的驻足点（如零速度）、空间位置（感兴趣区域内）或位置报告采样率（传输间隙）来识别。由于 AIS 的位置报告不规则并且取决于船舶的行为（表 11.1），使用简单的时间和空间阈值可能不足以探测间隙（通过定义开始和结束位置），从而进一步将原始位置序列分裂为轨迹。因此，应从 AIS 提供的丰富信息（如航向 H_p、速度 S_p、加速度 A_p 和转弯率 R_p 等指标）来动态地获取空间（δ_s）和时间（δ_t）阈值。具体地，依赖丢失帧数（n_{mf}）和机载 AIS 设备定期的报告间隔（表 11.1）来定义时间（δ_t）和空间（δ_s）阈值。轨迹的下一个位置应在 δ_t 内传输，并且应位于最大距离 δ_s 内。否则，该位置视为停止，序列 S 的后续位置将与新轨迹相关联。

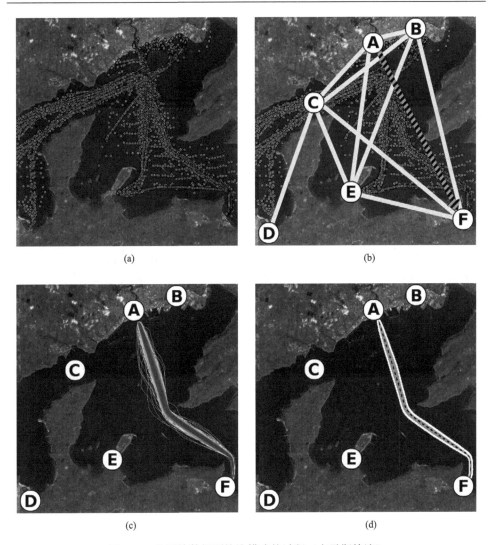

(a)

(b)

(c)

(d)

图 11.2 从原始数据到轨迹模式的过程（布雷斯特湾）

定义位置序列中停靠点的另一种方法是基于感兴趣区域(使用制图信息识别，或者由领域专家来定义，见 11.2.1 节)。相对于先前的方法，这可能会改变轨迹的语义。然而，这种方法更适合于分析海上的流动性，因为海上船只通常都具有明确的起点和目的地（如港口、系泊或等候区）。当然，也可以实现发现感兴趣区域的自动化。例如，通过使用密度分析自动创建感兴趣区域。此时，轨迹的起始位置位于区域 Z 内，并且其下一个位置在区域 Z 之外；轨迹的结束位置位于区域 Z 内，并且其前一位置在区域 Z 之外。因此，给定一个船舶位置的序列 S，其可分割成一个轨迹子集 $\Gamma = \{T_0, \cdots, T_N\}$，其中，$\Gamma \subseteq S$。

　　从位置序列中构建轨迹后，需要使用过滤算法选择轨迹中的关键位置。其中，速度或方向显著变化时的位置被视为关键位置，其他位置可以删除。

　　最初过滤算法采用道路拉斯（Douglas）和普克（Peuker）于 1973 年提出的方法，其应用在典型的船舶直线轨迹上具有良好的性能。算法的原理如下：首先，将给定多段线（polyline）的起点和终点连接起来得到一条直线段。然后，对于多段线中的每个中间端点，计算其到直线段的垂直偏移量，并得到具有最大值的中间端点。如果最大偏移量小于容差距离，则认为直线段可以作为多段线的简化表达。否则，选择具有最大偏移量的中间端点，对直线段进行分割。然后，对分割得到的两个直线段，递归进行上述选择过程，直到满足容差标准。最后，将所有选定的中间端点连接起来，生成多段线的一条简化线。

　　为了提高效率，可以对轨迹过滤的简化算法进行优化。例如，不同于 Meratnia 和 de By（2004）采用点之间的欧氏距离，我们可以采用哈弗森距离（Haversine distance）。沿着球面路径测量两点之间的最短距离（d_s），垂直距离表达为时空距离 d_{ST}，计算公式如下：

$$d_{\text{ST}}\left(T_i, T_j, t\right) = d_s\left(p_i(t) - p_j(t)\right)$$

　　轨迹 T_i 的位置 p_i 与插值轨迹 T_j 的位置 p_j 之间的时空距离的计算，要求位置 p_i 和位置 p_j 应同时产生。值得注意的是，时空距离会受移动对象的速度和方向的影响，需要对应选择不同的容差距离。对应 GPS 的位置精度，通常选择 10 m 的容差距离。

　　我们选择三条船舶轨迹举例说明过滤过程。第一条轨迹涉及一艘名为 Bindy 的客船，其轨迹平稳且速度正常。第二条轨迹是拉罗谢尔港（La Rochelle）的一艘港口引航船，其轨迹很曲折，且出现多个环路。第三条轨迹涉及一艘名为 AB Valencia 的货船，其轨迹是由多条长直线组成的折线。

　　表 11.3 汇总了过滤结果。可以看出三条轨迹的长度非常接近。通过使用过滤算法，过滤掉的位置数据均超过 80%。基于导航的内在特征，对于大型船只过滤掉的位置数据会增加，而对于小型船只则相反。

表 11.3　具有 10 m 容差的过滤处理后的结果

船名	轨迹持续时间	保留轨迹的位置点百分比	保留轨迹的长度（km）百分比
Bindy	28 min 1 s	14.0%（32/229）	99.91%（11.284/11.294）
引航船	1 h 7 min 36 s	21.7%（122/562）	99.82%（24.846/24.892）
AB Valencia	7 h 4 min 20 s	12.0%（279/2316）	99.98%（175.07/175.109）

11.2.3 轨迹聚类过程

一旦定义了轨迹概念,就可以使用不同的轨迹聚类技术来确定同质的轨迹组。第 6 章介绍了一些轨迹聚类方法。另外,也可以使用区域图和路线的技术从遵循相同路线 I 的轨迹中提取聚类,聚类中的轨迹集合称为同质轨迹组(HGT)。

该方法的第一个选择标准基于静态信息(由 AIS 信息提供,表 11.2),如移动对象的类型。第二个选择标准是地理信息。例如,轨迹的第一个位置(p_b)必须是行程出发区(Z_D)内的唯一位置,轨迹的最后一个位置(p_e)必须是行程到达区(Z_A)内的唯一位置。考虑到轨迹样本的频率和移动对象的速度,穿过图区域的轨迹应在该区域内至少有一个位置。最后一个选择标准是时间信息。移动对象可能会周期性地遵循某个路线,使用时间间隔可以区分不同的轨迹。最后,轨迹不应与不属于路线 I 的图 G_Z 的任何其他区相交。所有从 STDB 中提取的有效轨迹构成了要分析的 HGT。

图 11.2 (c)显示了从布雷斯特和海军学院之间的航线(G_Z 中 A—F 的弧线)中提取 500 艘客船航迹的 HGT。在这个 HGT 上可以注意到一些密度差异,其中突出显示了以浅灰色表示的异常轨迹(在深灰色密集区域之外)。

11.2.4 时空模式挖掘

提取并过滤了 HGT 聚类后,接下来就需要定义 HGT 中大多数轨迹所遵循的模式。时空模式挖掘的主要内容是推导 HGT 所遵循的中值轨迹及时空密度分布。对多种轨迹聚类的研究表明,聚类中的轨迹数据不具有任何特定的统计分布。但是,均值和中值之间的差距非常重要,而且两类数值的密度经常变化。例如,在时间维度,移动对象迟到比早到更容易。在描述性统计中,对于有序的数据集,通常使用箱线图序列描述数据随时间的演化。John Tukey 在 1977 年提出了箱线图,通过使用 5 个重要的样本百分位数,对数值分组进行图形描述。5 个样本百分位数分别是:

- 样本最小值(最小观察值);
- 下四分位数或第一个十分位数;
- 中位数;
- 上四分位数或第九个十分位数;
- 样本最人值(最人观察值)。

在我们的海洋环境中,低于第一个十分位或高于第九个十分位的数据被视为异常值。这个想法是增强箱线图系列以产生 2D +时间模式。由于中值及数据集的对称性和分散性,每个模式都概括了一个轨迹聚类(HGT)。

首先,使用类似于 k-均值算法的迭代细化技术来生成中值轨迹(T_m)。选定

HGT 中的轨迹作为初始 T_m。事实上，T_m 是一组有序位置集合：P_{mi}。为了优化生成算法，必须选择长度和持续时间与中值长度和中值持续时间接近的轨迹作为初始 T_m。然后，将该 HGT 中每条轨迹的位置都分配给 T_m 的一个位置。可以使用现有的匹配算法——动态时间扭曲（DTW）和 Fréchet。DTW 对齐轨迹的位置，可以实现两条轨迹匹配位置之间空间距离之和的最小化。Fréchet 则可以实现匹配位置之间最大距离的最小化。两种方法都考虑了轨迹位置的时间顺序。图 11.3 显示了匹配位置 Cm_{pi}（HGT 和 P_{mi} 轨迹中的位置，其中 P_{mi} 轨迹中位置用黑色粗线连接）。浅灰色细线显示了匹配位置之间的连接。

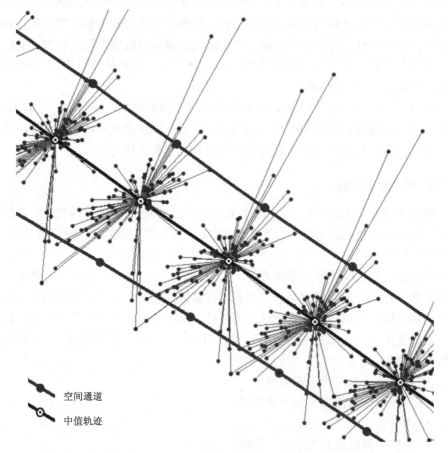

图 11.3　位置聚类和空间模式

一旦所有位置都匹配，P_{mi} 的坐标和时间戳就需要通过计算中位数（median）$X(\tilde{X})$、中位数 $Y(\tilde{Y})$ 和中位数时间戳 $(\tilde{t})$ 进行更新。当然，也可以采用中心点（medoid）方法，不过需要更多的计算时间才能获得类似结果。重复执行分配和更新步骤，直到两个连续点之间的距离（Fréchet 距离或平均距离）达到最小阈值。

当船舶在开阔区域行驶时，其中一些可能会远离主流轨迹。因此，必须将正常的时间（或空间）偏差与异常值区分开来。我们可以通过计算两个通道实现区分。首先，定义空间通道。基于得到的中值轨迹，对匹配位置 Cm_{pi} 的聚类执行统计密度分析。聚类中的位置依照其相对于中值位置 P_{mi} 的方位（以 P_{mi} 的航向为正向），分为两个位置子集：L_{pi}（左侧）和 R_{pi}（右侧）。然后，计算 L_{pi} 和 P_{mi} 位置之间的空间距离。执行统计分析，选择第九个十分位数作为 Cm_{pi} 的通道左限。同理，计算得到 Cm_{pi} 的通道右限。按照时间顺序链接左（右）限可以得到空间通道的左（右）限。图 11.3 中空间通道的左（右）限以深灰色显示。在通道之外的位置可以定义为空间异常值。类似地，我们以同样的方式定义时间通道：将空间通道内 Cm_{pi} 的位置分成早、晚两个子集（根据 Cm_{pi} 位置相对时间戳和中值匹配位置相对时间戳的差异）。基于早、晚两个子集计算得到早、晚时限，并进一步得到每个 Cm_{pi} 的时间通道。在计算时间通道时，不考虑空间通道之外的位置，因为包括这些位置的部分轨迹，很有可能是捷径（或绕路）。每个相对时间的时间和空间通道，可以组合起来创建时空通道，并将其保存到知识库中。图 11.2（d）显示了从图 11.2（b）中 A 区到 F 区提取 HGT［图 11.2（c）］的时空通道。其中，空间和时间的宽度不同，即时空模式中直线部分的空间宽度大于曲线部分。

每个相对时间的时空模式（一个 HGT 对应一个时空模式）都包括五个不同的区域：通常位置区、右侧异常区、左侧异常区、早异常区和晚异常区。该种时空模式（中值轨迹加时空通道）是箱线图概念的 2D+t 增强。图 11.4 显示了一条航线的三维时空模式和异常轨迹。其中，Z 轴表示相对时间，中值轨迹用黑色粗线表示，通常的三维区（中值轨迹连接的一些关键位置）采用灰色盒表示，时空通道的边界用浅灰色线表示。图 11.4 中包括了两个偏离时空通道的异常轨迹（深灰色）。一个是时间异常（晚异常）轨迹（左侧），另一个是空间异常轨迹（右侧）。另外，由于系统会经常更新位置，对应的时空通道也应定期更新。

时空模式集的质量取决于 ZOI 图的精度和移动对象类型的集合。如果每个 Cm_{pi} 位置的时空分布都是单峰的，则时空模式集的质量是可以验证的。如果 Cm_{pi} 位置的时空分布是多峰的，则需要依据移动对象的类型对移动对象集合进行拆分，或者为图中添加新的 ZOI。

11.2.5 异常值检测

对于每个聚类，其关联的时空模式将轨迹位置集分为：异常位置组和常规位置组。对于一个新的船舶位置，这些知识可能有助于实现其位置的检测和确认。因此，本节建议将知识数据库和生产数据库结合起来，以获得一个归纳数据库，

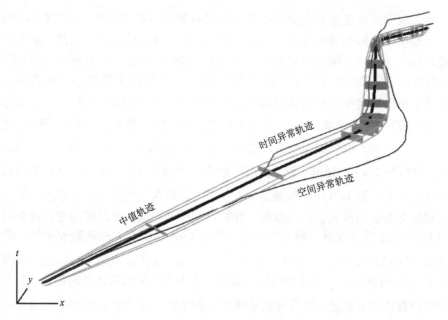

图 11.4　一条航线的三维时空模式和异常轨迹

并用于异常位置的实时检测。我们来考虑一个新的位置 p，其异常判定过程分为三个步骤（图 11.5）：

- 从移动对象所在的最后一个 ZOI 到位置 p 来提取轨迹；
- 将该轨迹与时空模式的中值轨迹进行匹配；
- 将 p 和选定的时空模式进行时空比较。

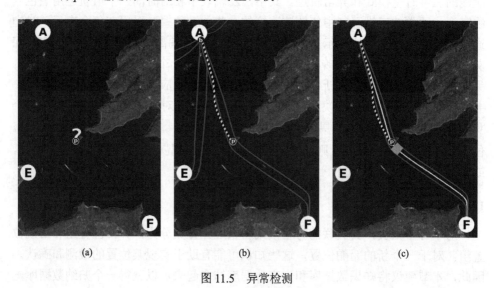

图 11.5　异常检测

第一步，查询数据库以选择轨迹的起始位置。起始位置是 ZOI 表面内一个移动对象的最后一个位置。将起始位置和 p 之间的位置按时间戳排序，以定义轨迹路径。由于最后一个位置 p 没有连接两个 ZOI（如 A 和 F），因此该轨迹称为部分轨迹（T_p）。图 11.5 中，最后一个 ZOI 是 A，起始位置是（b），部分轨迹是虚线表示的多段线。

第二步，将 T_p 与部分中值轨迹进行匹配，匹配过程基于以下信息进行：

- 移动对象的类型；
- 部分轨迹的几何形状；
- 离开 ZOI 的中值轨迹的集合；
- 移动对象到目的地的过程信息。

但是，有关目的地的信息通常都是错误的或未知的。因此，匹配过程只能使用船只的类型和部分轨迹的几何属性。为了匹配两个线状对象，我们可以选择Fréchet 离散距离（因其支持部分匹配）。Fréchet 距离给出两条线之间的最大距离。将 Fréchet 离散距离应用到两个离散轨迹，可以实现轨迹匹配运算且保持轨迹点的顺序。Alt 和 Godau（1995）对这一优势性进行了证明。Devogele 在 2002 年提出对这个距离进行改进的方法，以实现一条线与另一条线的相同部分之间的距离计算。这种部分离散的 Fréchet 距离（$dPdF$）对于知道起始位置的轨迹匹配非常有用。基于 $dPdF$，可以实现 T_p 和来自同一出发 ZOI 的中值轨迹之间的距离计算。另外，我们只考虑该相同类型对象的时空模式。T_p 可以与中值轨迹 $\left(\tilde{T}\right)$ 部分匹配的条件是：$dPdF\left(T_p;\tilde{T}\right)$ 低于（在一定的阈值范围内）T_p 与其他中值轨迹的 $dPdF$，而且 $dPdF\left(T_p;\tilde{T}\right)$ 也必须小于最大值。在该示例中，计算了 T_p 和两个中值轨迹（从A 到 E 和从 A 到 F）之间的距离。T_p 和第二个中值轨迹之间距离较小，因此 T_p 与从 A 到 F 的中值轨迹相匹配。

最后，根据选定模式对位置 p 进行异常判定。利用 p 与起始 ZOI 的相对时间可从知识数据库推断时空通道（存储于时空数据库）。三维通道在时间戳处分割，将通道空间分成五个区域（右、左、通常、晚、早）。基于包含 p 的区域对位置 p 进行异常判定。例如，匹配模式的空间通道用深灰色线标定，而 p 在相对时间的通常区域用灰色显示。位置 p 是一个位于后期区域的异常值，即该对象处于空间"通道内"，但在时间上"落后于计划"。因此，一旦路线匹配且位置正常，就可以采用这种实时分析方法对船舶的目的地和到达时间进行预测。通常，目的地预测率可以高于 90%。同样，到达时的时间通道的宽度即是预测到达时间的置信区间。

11.3　结　　论

海洋环境在移动数据的建模、管理和理解方面表现出越来越大的潜力。海洋环境具有代表性，最近已经开发了几种实时定位系统，如用于跟踪船舶运动的自动识别系统（AIS）。本章通过模式发现和船舶轨迹分析，介绍了理解海上移动性的多方面内容，具体包括轨迹建模、轨迹查询和简化、相似性函数、分类和聚类算法及知识发现等（趋势、异常行为和事件检测）。

本章假设在海上，遵循相同路线的移动对象的行为方式相似（被视为常态），进行异常检测的方法包括以下几个步骤。首先，将自动识别系统提供的数据流存储到结构化时空数据库中进行管理。然后，利用数据挖掘过程提取两个感兴趣区域（起点和终点）之间的轨迹（相同类型的船舶）和时空模式。每个时空模式包括一个中值轨迹和一个时空通道，用于描述轨迹集的分散情况。这种轨迹模式对于理解海上交通和异常位置实时检测具有重要意义。实际上，每个新位置（部分轨迹）都可以根据空间和时间标准进行时空异常判定。对于监控海上交通的最终用户来说，位置和轨迹的实时确认、检测到新的异常值时自动执行的触发器，以及相应的地理可视化处理，对于实现海上安全都至关重要。

本书提出的方法在三个方面还需进一步扩展。首先，地图信息和环境数据（如影响船舶运动的海流、潮汐和风等），可以融入算法设计进一步提高算法的性能。也可考虑使用其他轨迹表达和重建的算法，以实现其他类型的知识发现。同时，还可以考虑使用交互式和适应性地理可视化技术。其次，如何处理新的行程。在实际应用中，会有多种因素影响船只的行为，导致产生新的航线。本书提出的方法只能用于发现常规轨迹中的异常值。因此，应该考虑一个自适应过程，以便检测新的模式，同时更新过时的模式。最后，本书提出的方法也可以应用（或扩展）到在开放空间中运动的其他类型的物体，尤其是那些具有三维轨迹的物体（如行为与船舶非常相似的水下航行器或飞机）。

11.4　文　献　综　述

一些海事项目致力于加强对船只的跟踪和监测。例如，MarNIS（2009）介绍的以 ARPA 和 AIS 传感器为输入的监控系统。Bole 等（2012）对 ARPA 系统进行了详细的描述。航海和灯塔管理局海事辅助设备协会（IALA，2004）也介绍了 AIS 系统。这些新的跟踪和监测系统是国际海事组织（IMO，2008）定义的电子导航的一部分。电子导航依赖于国际水文组织（IHO，2000）定义的电子导航图（ENC）。

如果读者需要了解本章技术点的详细信息，可以参考以下文献。对于过滤部分，Meratnia 和 de By（2004）是本章介绍的过滤过程的基础。对于轨迹之间的相似性度量，本章选用了 Fréchet 距离。Alt 和 Godau（1995）介绍了 Fréchet 适合移动性数据的原因。Devogele（2002）介绍了离散部分 Fréchet 距离的算法。Sakoe 和 Chiba（1978）介绍了基于动态时间规整的匹配过程。两种匹配计算的结果非常相似，但是基于动态时间规整的匹配只能应用于全部对齐轨迹。Bertrand 等（2007）给出了包括本章算法架构的一些详细信息。Etienne 等（2012）详细介绍了基于箱线图的聚类过程和时空模式。Tukey（1977）给出了箱线图的定义。

第 12 章　空中交通分析

Christophe Hurter、Gennady Andrienko、Natalia Andrienko、
Ralf Hartmut Güting 和 Mahmoud Sakr

12.1　引　　言

空中交通管制（ATC）的目标是最大限度地提高安全性和容量，以便在不影响乘客生命（或造成延误）的情况下接受所有航班。预计到 2030 年，空中交通量将翻一番，因此必须开发新的可视化和分析工具，以维持和进一步提高安全水平。为此，空中交通管理者需要 ATC 行为数据执行进一步分析。ATC 行为数据是一个多维数据包括飞机轨迹（三维位置加时间）、飞行路线（代表计划路线的有序时空点序列）和气象数据。在本章中，我们详细介绍 ATC 管理的相关任务，并给出实现这些任务的最新可视化和查询方法。

ATC 数据的特殊性给数据分析带来了新的挑战，同时也带来了新的机遇。ATC 数据的语义丰富，因为它包含第三维度（海拔），可以用来发现显著的事件（如起飞和着陆）。另外，ATC 数据还可以添加更多语义，如增加交通网络和气象数据等背景数据。但是，ATC 数据的规模大且数据中包含错误和不确定性，也给轨迹分析增加了更多挑战。例如，法国一天的交通包含大约 2 万条轨迹（超过 100 万条记录）。记录是以周期性的方式进行的（在我们的数据库中，每架飞机每 4 分钟进行一次雷达绘图），但由于记录时出现的物理问题，数据可能丢失（或产生错误的数据）。

本章展示了最近的轨迹分析工作，包括三种技术：直接操作、可视化分析和移动对象数据库查询。直接操作直观地表示原始轨迹，并允许用户使用方便的视图和简单的鼠标交互高效地进行探索及突出显示特定的数据子集。可视化分析提供丰富的数据转换和可视化工具，帮助分析人员探索数据中的复杂移动事件。移动对象数据库（MOD）定义了可供用户通过文本查询语言访问的查询运算符。基于查询运算符能够有效地对大型数据集执行复杂的计算。依据分析任务、分析人员的经验和数据集大小，可以选择三种分析方法中的任何一种（或它们的组合），如图 12.1 所示。

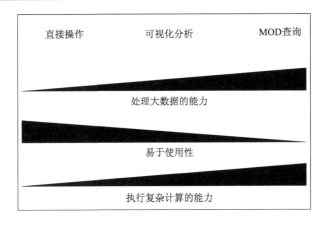

图 12.1　轨迹分析方法的选择因素

直接操作有利于初步查看数据，使用起来很直观。可视化分析提供更复杂的转换和聚合，因此能够处理更大的数据集，并执行更深入的分析。但是，专业知识通常是获得良好分析结果的决定性因素。因此，对于诸如模式匹配之类的复杂计算，MOD 查询也是必需的。其中要求分析人员必须确切地知道分析的目标，以及使用 MOD 查询语言精确描述目标的方法。

在本章中，我们将基于实际任务和真实数据介绍每种分析方法。12.2 节和 12.3 节分别介绍分析的目标和数据集。12.4 节介绍直接操作方法。12.5 节介绍使用可视化分析探索着陆和起飞等移动事件，并进行统计分析。最后，12.6 节解释了一个 MOD 查询操作符，该操作符能够匹配 ATC 数据中的复杂模式，如复飞和逐步下降。

12.2　目　　标

地面雷达监测并记录飞机的飞行轨迹，将其实时显示在雷达屏幕上。飞行轨迹数据对于空管人员至关重要，可用于保持飞机之间的安全距离，以及优化交通流动性（减少飞行时间、噪声和燃料消耗）。本章的目标不是提供实时工具，而是详细介绍可以更深入地分析记录轨迹的离线工具。没有实时限制的情况下，ATC 管理人员可以更详细地分析轨迹数据，从中提取相关信息以执行三项主要任务：提高安全性、优化交通和监测环境因素。

提高安全性包括：

（1）分析和理解过去的冲突（如两架飞机未能达到最小安全距离），然后根据过去的经验反馈来提高安全性。

（2）通过探测轨迹比较（即 GPS 跟踪和雷达测试图），分析地面雷达提供的数据的准确性。

（3）对轨迹进行过滤和提取，以便在空中交通管理人员的训练模拟中重复使用。

优化交通包括：

（1）设计新的空间组织和航线，以用于增加交通容量。

（2）研究盈利能力（即每天特定航线上的飞机数量、实际降落在特定机场的飞机数量等）。

（3）根据交通量计算指标，如交通密度、间隔质量（飞机之间的平均距离）、等待环路的数量、直线轨迹（接近从出发到到达的最短路径的轨迹）的数量等。

（4）度量每个机场的活动，如每小时起飞和降落的次数等。

监测环境因素包括：

（1）比较轨迹与环境因素（燃料消耗、噪声污染、垂直剖面比较）。

（2）检测复飞轨迹（会产生噪声）、单圈训练着陆（飞行员训练起飞、在机场周围飞行和着陆；单圈训练着陆会消耗大量燃料）。

（3）对连续下降的飞机进行计数（由于这些飞机保持恒定的下降速度，它们减少了燃油消耗）。

上述列表并不详尽，只是给出了 ATC 人员需要完成的主要任务，但这些任务凸显了对于分析飞机轨迹的强大工具的需求。

12.3　数　据　集

在本节中，我们详细介绍由 IMAGE 系统提供的飞机轨迹来生成数据集的步骤。在法国，地面雷达通过 RENAR（Réseau de la Navigation Aérienne）网络发送飞机位置。由于网络带宽限制，我们无法将所有原始雷达信息发送到单个网络接入点进行记录。因此，我们使用法国的 IMAGE 系统。IMAGE 是一个旨在从所有法国控制区收集飞机位置的系统。IMAGE 系统的目标既不是监控飞机活动也不是优化交通流量，而是提供交通的总体视图（即通信目的）。IMAGE 系统连接到五个法国系统雷达（STR），每个航路控制中心都有一个（图 12.2）。STR 系统从不同的雷达源接收飞机信息，并计算每架受监控飞机的估计位置（使用跟踪和平滑算法）。IMAGE 系统可以将地面雷达源减少至五个，并实现在 RENAR 网络中检索法国上空飞机的位置。

合并这五个数据源会引发很多问题：唯一的飞机标识符、重叠区域、时间戳和采样率。首先，每个 STR 只能发送标识符为 1~1023 的飞机的位置。但是，飞越法国的飞机数量可能会超过 1023 架，因此，我们需要将标识符扩展至 16 位，重新生成每个轨迹的唯一标识符。我们使用时空帧滤波为每条轨迹分配一个新的

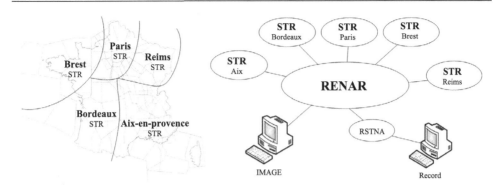

图 12.2　带有 STR 的 IMAGE 网络

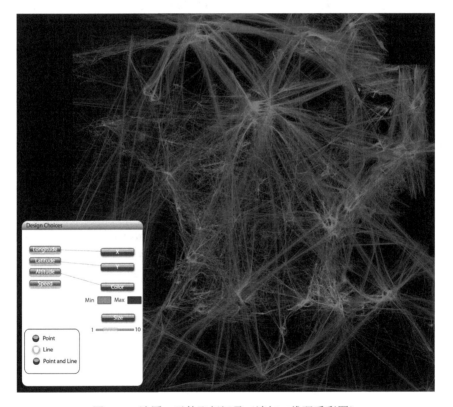

图 12.3　法国一天的飞行记录（请扫二维码看彩图）

绿色到蓝色的颜色渐变表示飞机的上升高度（绿色表示最低高度，蓝色表示最高高度）。法国的海岸线在轻型飞机的娱乐飞行中显示得很明显，其中的蓝色直线代表高空飞行路线。用户界面显示数据集字段和定义的可视化配置

唯一标识符：在半径为 200 km（100 n mile）的区域（相当于 12 min 的高空直线飞行）、600 s 的时间范围内，具有相同标识符的雷达图都属于同一轨迹。其中，少于三个雷达图的轨迹将被删除，并且没有相同标识的轨迹。

其次，我们将所有五个新的、重新分配的雷达记录合并成一个文件。其中的主要问题是连接不同 STR 记录的轨迹。为此，我们对所有数据进行重采样，以确保每个记录具有相同的常规时间戳。我们设置了以下合并参数：当两条轨迹重叠，且重叠点有相同的高度（小于 600 m/2000 ft[①]，相当于 1 min 下降量）和闭合位置（小于 9 km/5 n mile，相当于最小安全距离），则进行合并。

本章中使用的数据集是典型的 IMAGE 数据集。我们使用了一天中（2008 年 2 月 22 日，星期五）在法国上空的 17 851 条飞行轨迹的数据集，其中包含 427 651 条记录。轨迹如图 12.3 所示，其中，包括客运、货运、私人飞机和直升机的飞行轨迹。轨迹数据的时间分辨率主要在 1～3 min，部分会出现较大的时间间隔（最长 5 min）。另外，每天大概有 3000 条轨迹（60 000 条记录，16%）为飞越法国（不着陆）的情况。

12.4　直接操作轨迹

执行轨迹查询通常很困难，原因有二。其一，轨迹查询通常只能通过视觉特征（直线或一般形状）来指定。其二，用户经常像探索数据一样探索查询：在查询探索过程中，用户发现他们认为相关的特征集合通常需要进行调整（可能是因为特征集是错误的，也可能是因为不知如何对特征集进行有效查询）。此外，轨迹数据数量大而且复杂：例如，法国一天的空中交通量约为 20 000 条飞行轨迹。在处理这些轨迹数据时，用户必须对这些包含大量错误和不确定性的大规模多维数据集（>100 万个数据）执行动态请求（响应时间<100 ms）。鉴于数据集的规模大和不确定性的限制，在本节中讨论的问题是：找到一种简单而准确的表达轨迹查询的方法。作为一种解决方案，轨迹的可视化和直接操作提供了高效的交互功能。Ben Shneiderman 于 1983 年基于办公应用程序和虚拟桌面技术引入了"直接操作"技术。目前，"直接操作"这个术语已经扩展到人机交互模式，其目标是使用与物理世界相对应的动作（如抓取、移动对象等），直接操纵呈现给用户的对象。

在下面的章节中，我们首先描述轨迹探索的直接操作要求，然后详细介绍一个实现实例，最后给出一个使用场景。

12.4.1　轨迹探测的设计要求

基于轨迹数据集特征，我们提取了以下设计要求，以实现轨迹的可视化探索。

（1）视图配置：系统必须实现自定义视图，以提供多种理解和可视化查询数据的方式，并允许改变数据和视觉维度之间的映射。另外，系统还应实现自

---

① ft，英尺，非法定长度单位：1 ft=3.048×10⁻¹ m。

定义视图之间的平滑过渡，以允许用户对不同自定义视图配置的可视化进行直观的跟踪。

（2）视图组织和导航：系统必须实现多个视图的同时显示，这样用户能够直观地比较同一数据集的不同视图配置（可以通过矩阵散点图或并置视图来实现）。

（3）视图过滤：系统必须允许用户执行轨迹过滤，以减少混乱。

（4）轨迹选择和布尔运算：系统必须允许用户选择轨迹并进行组合，以执行复杂的查询。有些系统允许多次选择（一个选择有时又称为一个"层"），当用户希望对选择的不同轨迹进行分组时，就可以通过布尔运算（应用"and"运算符）进行"层"的组合。

12.4.2　实现实例：FromDaDy

我们开发了 FromDaDy（Hurter et al.，2009）（代表"从数据到显示"）系统。FromDaDy 是一种可以有效解决大量轨迹（由多达 1000 万个点组成的数百万条轨迹）表达和交互难题的可视化工具。FromDaDy 使用一个简单的范式来探索基于散点图、"轨迹刷"、"拾取与释放"、并置视图和快速可视化配置等多维数据的方法。通过在定制设计和简单交互之间的微调，用户可以以增量方式实现轨迹数据的过滤、删除和添加，直到提取出一组相关数据，并形成复杂的查询。

12.4.3　视图组织和导航

FromDaDy 会话从一个视图（在散点图中显示所有数据）开始。可视化采用默认配置，如数据维度和可视化变量之间的映射。视图位于一个窗口内，占据了一个虚拟无限网格（grid，其从单元的四边向外延伸）中的一个单元（cell）。用户可以配置散点图的两个轴，并使用颜色和线宽等其他视觉变量来显示数据集的维度。例如，在图 12.3 中，用户将数据集纬度字段附加到 y 轴，将经度字段附加到 x 轴。另外，用户还可以选择使用高度来为轨迹部分着色：绿色显示低海拔，蓝色显示高海拔。

12.4.4　操纵轨迹

我们实现了一种简单有效的直接操作技术：轨迹刷、拾取和释放。用户通过轨迹刷技术可以选择特定的数据子集。轨迹刷是一种交互技术，允许用户使用鼠标指针来控制一个大小、形状可自定义的区域，以实现图形实体"刷"取。自定义区域触及的所有轨迹都被选中，并变为灰色。进一步，还可通过笔触（brush strokes）来修改选择，或通过"擦除"模式下的笔触来删除部分选择。屏幕上显示轨迹刷的轨迹，这样用户可以更轻松地查看和记住选择实现的过程。添加/擦除模式之间的快速切换、轨迹可视化、轨迹刷大小的快速设置，以及以光标为中心的缩放等，这些操作的组合可以实现快速和增量的轨迹选择。

接下来，用户可以通过点击空格键来选择"刷"到的轨迹。用户从当前散点图中提取选中的数据，并将其附加到鼠标指针上，以便在"飞越"（fly-over）视图（透明背景）中显示。当用户第二次点击空格键时，鼠标光标所在视图会执行一个释放（drop）操作。如果鼠标所在视图为空，FromDaDy 将使用选中数据创建一个新的散点图。如果用户在鼠标移动到包含数据的视图时按下空格键，FromDaDy 会将选定的数据添加到该视图对应的散点图中。上述操作类似于常规的拖放操作，但我们更喜欢这种"拾取与释放（pick and drop）"的模式。因为在该模式下，即使释放了空格键，从上一个视图中移除的数据也会附加到鼠标上。另外，用户可以通过"刷"到所有轨迹并拾取这些轨迹的方式来销毁一个视图。

12.4.5　刷、拾取与释放

与现有的可视化系统相比，FromDaDy 的创新点是：用户能够跨视图传播数据。在 FromDaDy 中，每条轨迹都只显示为一条线：轨迹跨视图显示，而不是在多个视图中重复显示。这种技术具有很多优点。首先，用户能够从某一视图中删除数据，并将其放到目标视图中实现。同时，基于"飞越"视图，用户能够快速确定显示的数据（先前通过拾取隐藏的数据）是否有趣。其次，可以实现逐步构建特定的数据子集。用户可以通过"飞越"视图查看选择的数据，以立即评估选择数据的质量。此外，用户也可通过从第一个视图中删除数据减少视图的混乱，以使其更容易确定是否拾取和释放更多的轨迹。

"刷、拾取与释放"这种范式的另一个优点是：通过交互操作用户可执行复杂的布尔运算。例如，"我想要获取进入某一区域、飞行高度不要太高，且比给定最小速度稍快的轨迹。"之前的一项开创性工作是使用容器（也称为层）进行轨迹聚类，并显式地应用布尔运算进行聚类轨迹的组合。由于结果很难预测，使用灵活接口的方式很难生成布尔运算。FromDaDy 克服了这个缺点：交互式范式的所有操作（刷、拾取与释放）都隐含地执行了布尔操作。移除轨迹对应于异或（XOR）操作，释放轨迹对应于添加（AND）操作。以下示例演示了并集（AND）、交集（OR）和求反（NOT）的布尔运算。通过这三个基本操作，用户可以执行各种布尔运算：AND、OR、NOT、XOR 等。

在图 12.4 中，用户希望选择穿过区域 A 或区域 B 的轨迹。用户只需刷两个所需区域，然后将所选轨迹拾取/释放到新视图中。生成的视图包含了查询的结果，而前一个视图则包含了排除查询结果的数据集。

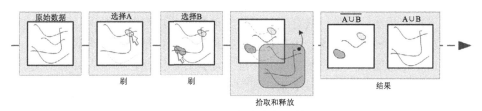

图 12.4　并集的布尔运算

12.4.6　使用示例

在这个场景中，我们使用一天中法国上空飞机的轨迹记录。在这个数据集中，每个轨迹都有一个唯一的增量标识符。该天第一条轨迹的标识符是 $0'$，下一个是 $1'$，依此类推。图 12.5 是该数据集的概括可视化示意图。其中，x 轴表示每个雷达图的时间，y 轴表示飞机的标识符。由于在一天中，这些标识符是递增的，可视化的结果是生成一个明显的连续图形。其中，每条水平线表示一次飞行的持续时间。连续图形的坡度表示白天交通量增加（由于增量分配的标识符），即交通量在早上 5 点显著增加，在晚上 10 点显著减少（通过坡度的变化来反映）。图形的宽度表示数据集中的平均飞行持续时间：约为 2.5 h（即飞越法国所需的平均时间）。但是，有些飞机飞行轨迹的持续时间更长。用户刷这些长的轨迹（即凸出连续图形的轨迹）后，当对这些轨迹进行可视化（使用纬度 y 轴和经度 x 轴进行视图配置）时，用户会发现一个 "8" 字形的轨迹。这条轨迹飞行时间持续 6 h，执行了 11 个循环。进一步调查发现该轨迹由一架军用补给飞机生成。

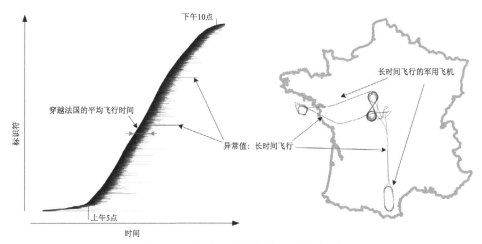

图 12.5　用概括可视化技术检测补给飞机

上述数据探索采用可视化工具完成。实际上，用户也可以使用文本工具（如 SQL 查询）执行相同的提取。但文本工具不会让用户产生探索长时间飞行，以提取军用飞机的想法。另外，只有通过增量轨迹探索，用户才能发现针对数据集的有效请求。从某种意义上说，用户探索数据集，同时也是对执行请求的探索。虽然这个过程是有效的，但直接操纵并不能自动执行。因此，分析人员需要使用工具来增强数据探索的能力。接下来，我们介绍扩展工作。

12.5　事　件　提　取

有一类典型的问题：分析人员需要确定某种类型的运动事件（m 事件）反复发生的地点，并在进一步分析中使用这些地点。这些地点只能通过处理移动数据来划定，也就是说，分析人员从没有预定义的地点集合（如版图划分的分区）中选择感兴趣的地点。这些地点可能具有任意形状和大小，且空间分布不规则，甚至可能在空间上重叠。因此，基于将版图划分为非重叠分区的方法[如 Andrienko 和 Andrienko（2011）]并不适用。在本节中，我们使用以地点为中心的移动性数据可视化分析程序（Andrienko et al.，2011c），对一天的飞机轨迹记录进行分析。分析过程包括 4 个步骤：①可视化提取相关的 m 事件；②根据不同属性对 m 事件进行交互式聚类，并在此基础上找到并描绘重要的地点；③根据发现的地点（或地点对）和时间间隔对 m 事件和移动数据进行时空聚合；④对聚集数据进行分析，以发现事件发生的时空模式和（或）地点之间的联系。

12.5.1　法国飞行动态分析

我们对 ATC 数据进行可视化分析，以实现以下目标：①识别正在使用的机场；②调查往返机场的航班（即着陆和起飞）的时间动态；③调查机场之间的联系，机场之间的航班强度及其在一天中的分布。

读者可能不明白为什么机场区域需要根据数据确定，而不直接使用官方已知的机场边界。问题产生的原因是数据的时间分辨率太低。对于许多航班，第一个记录的位置通常位于出发机场的边界之外和/或最后记录的位置不在目的地机场的边界内。因此，要将航班转移到其出发地和目的地机场内，必须在机场周围建立足够大的区域，以包括可用的第一个位置和最后一个位置。但是，通常情况下我们无法事先知道合适区域的面积和几何形状。

定义这些区域的方法是基于背景知识，即飞机通常以类似的方向（依据机场跑道的方向）着陆和起飞。我们使用基于密度的聚类方法 Optics（Ankerst et al.，1999）提取着陆飞机可用的最后位置和起飞飞机的第一个位置，并基于空间位置和运动方向对其进行聚类（使用针对时空事件设计的相似性度量，Andrienko et al.，2011c）。因此，如果位于机场外部甚至距离机场相当远的点与位于机场边界内的点具有类似的着陆（或起飞）方向，则将它们聚合在一起。机场"集水区"即是围绕这些聚类建立的缓冲区。我们可以使用机场的已知位置来验证这些区域，因为已知位置必定在这些区域内。

轨迹的起点和终点并不总是与起飞和着陆相对应。雷达观测数据还包含仅仅只是经过法国的部分过境轨迹，以及飞往法国境外和从国外飞往法国的航班。真实的起飞和降落必须从记录轨迹的可用起点和终点中提取。为了提取着陆，我们使用以下查询条件：在轨迹的最后 5 min 内，且高度小于 1 km。从包含这些点的轨迹中，我们提取最后一个点作为着陆的 m 事件[图 12.6（a）]。在分析过程的第二步中，我们分别使用 1 km 和 30° 的阈值，通过空间位置和方向（SD）对着陆事件进行聚类。得到的 SD 聚类显示在图 12.6（b）的时空立方体中，其中噪声（没有足够数量 SD 邻居的事件）被排除。不同颜色代表不同的聚类。垂直排列点的位置对应于白天发生多次着陆的机场。

在法国东南部的尼斯（Nice）地区可以观察到一种有趣的模式。有两个着陆的 SD 聚类，分别表示为黄色和绿色，它们的点在立方体的右边形成一列。其中，绿色聚类显示"侵入"黄色聚类。这意味着，由于风向变化（飞机迎风起飞和降落），该区域的着陆方向在白天发生了两次变化。图 12.6（c）中的地图部分显示：黄色聚类包含来自西南部的着陆点，绿色聚类包含来自东北部的着陆点，其中的蓝线显示了各自轨迹的最后 10 min 片段，并反映强制着陆的方向。

对于着陆方向变化的观察使我们认为：着陆的时间模式并不只由机场来确定，还应包括着陆方向。因此，我们在 SD 聚类周围建立了 500 m 的空间缓冲区，如图 12.6（c）所示。对于只使用机场信息，而不考虑着陆方向的分析，我们还应使用事件的空间位置进行二次聚类（去除噪声之后），然后在生成的空间聚类周围建立缓冲区。

在分析过程的第三步中，我们对着陆 m 事件进行时（以 1 h 为间隔）、空（基于缓冲区）聚合。在分析过程的第四步中，我们通过地图视图中的时间图来显示生成的时间序列[图 12.6（c）]。从图 12.6（c）可以看出：除了该天的某一段时间（即着陆方向改变为相反方向时），飞机几乎都从西南方向降落在尼斯机场。另外，当鼠标光标指向某个区域时，会显示确切的时间和数值。

图 12.6（d）显示了巴黎地区的时间图。我们可以看到奥利（Orly）机场和戴高乐机场的北跑道早晚都有明显的高峰。这是航空枢纽的典型模式：在短时间内有许多航班到达和起飞，并且最大限度地增加可能的连接数量。此外，戴高乐机场的南跑道在白天的使用强度几乎恒定。其他机场的使用频率较低，且主要集中在下午。

到目前为止，我们只分析了着陆。对于起飞，我们可以重复上述过程：第一步使用一个查询条件（轨迹开始处的高度必须小于 1 km）来提取起飞事件，其余步骤与着陆程序类似。

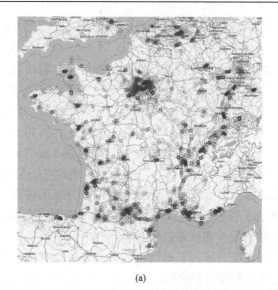

(a)

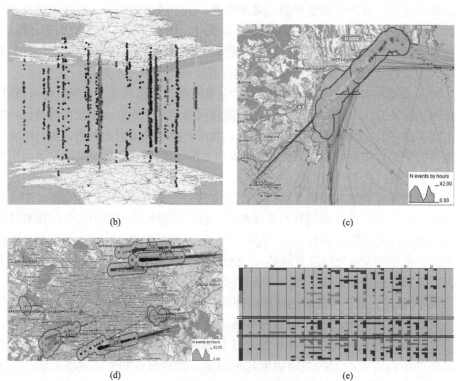

(b)　　　　　　　　　　　　　　　　　　　　(c)

(d)　　　　　　　　　　　　　　　　　　　　(e)

图 12.6　事件提取结果（请扫二维码看彩图）

（a）从飞行数据中提取的着陆事件位置以 50%的不透明度绘制；（b）时空立方体显示了按空间位置和方向聚类的着陆事件；（c）黄色和绿色的圆点代表尼斯机场的两个着陆点 SD 聚类，时间图从两个方向显示了着陆的动态；（d）时间图显示了巴黎机场着陆的动态；（e）机场之间按小时间隔的航班分布，突出显示的是连接马赛—巴黎（黄色）和巴黎—马赛（橙色）的航班

为了分析机场之间的联系，我们需要定义机场区域，以便同时包括起飞和着陆事件。首先，建立起飞和着陆事件（在 SD 聚类后通过去除噪声进行了过滤）集合。然后，通过空间位置进行聚类，将在同一机场产生的不同方向上的起飞和降落聚类连接起来。同时，基于空间聚类构建空间缓冲区，以获得机场区域。在第三步（时空聚合）中，基于成对的地点（机场区域）和时间间隔（1 h 长度）进行轨迹聚合，即对同时具有起飞和着陆事件的轨迹进行聚合。最终，我们获得每小时的聚合流（矢量）及航班总数。

为了研究聚合（第四步：聚合数据的分析），我们在流图上显示总的飞行计数信息。聚合流向通过定向箭头显示，其宽度与飞行计数成比例。通过交互式过滤，我们隐藏较少的流向（少于 5 个航班），并重点关注短距离流向（小于 100 km）。我们看到有很多航班（尤其是在巴黎地区）连接着附近的机场。正如一位领域专家所解释的，其中的一部分航班并没有乘客，主要用于在诸如戴高乐和奥利等大型机场之间的飞机调度。另外，小型机场之间的短距离流，主要是私人飞行员进行训练和休闲飞行所产生的，而长距离的流（100 km 及以上），对应的是以巴黎为中心的主要辐射连接。

为了研究流的时间动态，我们使用如图 12.6（e）所示的表格显示。表中的列对应每小时的时间间隔，行对应于流。单元格中彩色条段的长度与相应流和间隔的飞行计数成正比。这些颜色对应于指南针的 8 个方向（即每个方向用一个颜色表示）。表格视图链接到流图。我们在地图上点击连接巴黎奥利和马赛的向量，会得到两行高亮显示。黄色的一行对应于西北方向（从马赛到巴黎），橙色的一行对应于相反方向（从巴黎到马赛）。从马赛到巴黎的航班在 07～14 时和 15～18 时之间每小时有一到两次航班，从 22 时到午夜每小时有三次航班。相反方向（即从巴黎到马赛）的交通状况有所不同：从午夜到凌晨 2 点，每小时有三次航班，早、中、晚都有几次航班。从表格视图到地图的互补链接可用于定位特定动态的流。

12.5.2　结果的验证

首先，为了评估提取的起飞和着陆区域的有效性，我们将其与机场的已知位置进行了比较，发现这些区域包括在机场的范围内。此外，这些区域具有细长形状[图 12.6（d）]，其空间方向与各机场跑道的方向一致。其次，各地区的数据汇总结果（即机场之间的起飞、着陆和航班数量）与关于法国城市的机场规模和连通性的常识非常吻合。相关领域专家也对发现的模式进行了检查和解释，并确认了其合理性。

12.6　基于移动对象数据库系统的复杂模式提取

移动对象数据库系统是空中交通分析的另一个很好的备选方案。本节将展示使用 SECONDO MOD 系统从飞行轨迹中提取复杂时空模式的具体示例，即从 12.3 节所述的 ATC 数据集中提取复飞和逐步下降事件。SECONDO 中的**时空模式代数**提供一组通用查询操作，通过 SECONDO 查询语言，使用户可以表达任意复杂的模式，并可高效匹配到大型移动对象数据库系统。STP 代数定义的谓词，是本节主要说明的工具。为充分掌握本节内容，请读者首先阅读有关移动对象数据库系统的内容（见第 3 章），尤其是 SECONDO 的查询语言部分。

12.6.1　时空模式谓词

传统的 select-from-where 查询都是通过在 where 子句制定单一谓词来定义。但对于移动对象，这样的查询方案不适用。一个移动对象有一个生命周期，移动对象在其生命周期中需要满足多个谓词。在许多应用中，需要查找满足一组谓词（按时间顺序组合）的对象。例如，在 ATC 中，需要检测诸如复飞、进近失败和触地复飞等着陆程序。每个这样的程序都包含明确定义的步骤，飞行员必须按照特定的时间顺序来执行这些步骤。从飞机轨迹中提取这些程序需要一个查询工具，该工具能够识别其描述并将其与轨迹进行匹配。本节适用**时空模式谓词**，扩展传统的 select-from-where 方案，以让用户实现定制查询。

实质上，STP 谓词是一对 $\langle P, C \rangle$，其中 P 是一组谓词，C 是 P 要满足的一组时态约束条件。例如，给定一个元组 u 代表一个飞行轨迹，如果 u 按照 C 中所有约束所声明的时间顺序，满足 P 中的所有谓词，则 STP 谓词返回真。如考虑一个进近失败的复飞程序：首先，其可以用三个谓词（飞机靠近目的地、飞机下降到不足 1000 m 的高度、飞机爬升）来描述。然后，在时间顺序上，第三个谓词必须在第二个谓词之后被满足，并且这两个谓词都必须在第一个谓词满足的时间内被满足。使用 SECONDO 可执行语言定义的这种复飞查询语句为

```
... stpattern[
    Close: distance (.Position, .Destination) < 5000.0,
    Down: ( (.AltitudeDerivative < 0.0) and (.Altitude < 1000.0) ),
    Up: .AltitudeDerivative > 0.0;
    stconstraint ("Close", "Down", vec ("abba","a.bba","baba") ),
    stconstraint ("Close", "Up", vec ("abba","aba.b","abab") ),
    stconstraint ("Down", "Up", vec ("aabb","aa.bb") )] ...
```

其中，stpattern 是表示 STP 谓词的 SECONDO 操作符。为简洁起见，我们省

略了 stpattern 运算符前后的查询部分,用 "…" 表示。stpattern 谓词放置在查询中作为 SECONDO filter 运算符中的过滤条件。此处,stpattern 接收一个具有如下模式的元组:

tuple[Id: *int*, Position: *mpoint*, Altitude: *mreal*, Destination: *point*,
　　AltitudeDerivative: *mreal*],

其中,Position 代表飞机的 (lon,lat),并且 Altitude 单独表达。主要原因是 SECONDO 不包含三维移动点的类型。Destination 预先计算为轨迹的最终 (lon,lat),AltitudeDerivative 预先计算为 Altitude 的导数。构成 P 的三个谓词别名为 Close、Down、Up。Close 谓词表示飞机靠近目的地机场(5 km内)。注意,这是一个与时间相关的谓词,也称为**提升谓词**。也就是说,这种谓词的结果是一个时间相关的布尔型 *mbool*。当飞机远离目的地时,其返回值是false,否则为 true。同样,Down 和 Up 也是时间依赖谓词。实际上,这就是stpattern 操作符能够检查谓词是否满足时间约束的方式(因为 *mbool* 包含谓词何时被满足的时间信息)。STP 谓词要求 P 是一组时间依赖的谓词,每个谓词都是一个 *tuple* → *mbool* 的映射元组。另外,可以使用时间谓词的别名在时间约束中对其引用。

在这个例子中时间约束集 C 由三个时间约束(stconstraint)组成。每个时间约束都代表 P 中一对谓词之间的时间关系。时间关系表达为 vec 运算符,其中的每一项都指定了两个时间间隔之间的关系。第一个间隔的起点和终点记为aa,第二个间隔的起点和终点记为bb。符号的顺序描述了四个端点的时间顺序,点符号表示相等关系。例如,间隔 i_1、i_2 之间的关系 aa.bb 表示顺序为
$((i_1.t_1 < i_1.t_2) \wedge (i_1.t_2 = i_2.t_1) \wedge (i_2.t_1 < i_2.t_2))$。vec 运算符表示的时间关系是其分量的析取。两个谓词 p_i、p_j 之间满足时间约束的条件是:存在满足 p_i 的间隔和满足 p_j 的间隔,并且这两个间隔满足约束中的任何间隔关系,即要满足 STP 谓词,必须满足 C 中所有的时间约束。

形式上定义,给定一组时间依赖的谓词集合 $P = \{p_1, \cdots, p_m\}$,一组时间约束集合 $C = \{c_1, \cdots, c_n\}$ 和一个元组 u,令 $p_i(u)$ 表示元组 u 对 p_i 的评估[即 $p_i(u)$ 是 *mbool* 类型],令 $\left[p_i(u)\right]_j$ 表示 $p_i(u)$ 为 true 的第 j 个时间间隔,STP 谓词 $\langle P, C \rangle$ 对元组 u 的评估为 true,如果满足以下条件:存在 $j_1 \cdots j_m$ 使得时间间隔集合 $\left[p_1(u)\right]_{j_1} \cdots \left[p_m(u)\right]_{j_m}$,满足所有的时间约束 $c \in C$。我们称 $\left[p_1(u)\right]_{j_1} \cdots \left[p_m(u)\right]_{j_m}$ 是一个受支持的分配。当且仅当至少存在一个受支持的分配,STP 谓词为 true。该定义即为 STP 谓词的完整描述。

SECONDO 中 STP 代数定义了 STP 谓词的其他变体,如 stpatternexextendstream。STP 代数是一个三元组 $\langle P, C, f \rangle$，其中 P、C 与 STP 谓词中定义相同，f 是对于时间间隔（受支持分配的）的附加条件。例如，查询中的 Down 谓词必须满足至少 2 min 的附加条件。stpatternexextendstream 也是一个流操作符，而不是谓词。该流操作符使用包含时间间隔的属性（针对出现的模式）来扩展输入元组。由于一个轨迹可能包含模式的多个匹配项，stpatternexextendstream 将复制元组，并将每个副本扩展为一个匹配项。以下示例表示逐步下降的情况：

```
1. ...stpatternexextendstream[
2.    Dive1: .SecondAltitudeDerivative < 0.0,
3.    Lift: .SecondAltitudeDerivative >= 0.0,
4.    Dive2: .SecondAltitudeDerivative < 0.0 ;
5.    stconstraint ("Dive1", "Lift", vec ("aa.bb")),
6.    stconstraint ("Lift", "Dive2", vec ("aa.bb"));
7.    (end ("Lift") - start ("Lift")) > OneMinute ]
8. filter[isdefined (.Dive1) and
9.    (AverageDiveAngle (.Alt atperiods .Lift) < 30.0)]...
```

在这种情况下，飞机在最后进场间交替进行俯冲和巡航。具体表现为：下降率的增加、减少、再增加的序列。第 7 行要求 Lift 事件停留超过 1 min。第 9 行调用 SECONDO 函数对象 AverageDiveAngle 来要求飞机在 Lift 事件期间几乎水平飞行，与水平面的斜率小于 30°。本节中的两个查询在大约 1 min 内完成，查询的数据集包含 17 851 条轨迹（427 651 条记录）。存储这些飞行轨迹的 SECONDO 关系在 Linux 32 位机器上占用了大约 172 MB 的磁盘空间。

12.6.2　集成 MOD 和可视化分析的探索模式

到目前为止，我们已经证明 STP 谓词及其变体非常灵活，可以用来表示任意复杂的模式。但是，在实际应用中调整这些运算符的参数十分棘手。可以将 STP 谓词与可视化分析进行集成，以实现通过用户交互进行参数的微调。SECONDO 和 V-Analytics 的集成提供了一种可行的方案，两个系统可以双向交换查询结果。通常，用户首先将整个数据集加载到两个系统的数据库中。然后，利用 V-Analytics 进行探索，移除不完整的数据，并将候选轨迹的标识符发送给 SECONDO。接下来，在 SECONDO 中，用户发出 STP 查询，并将结果返回 V-Analytics 进行验证。V-Analytics 中的可视化功能可以帮助分析人员进行查询参数优化。SECONDO 和 V-Analytics 之间可以进行多轮交互，直到获得令人满意的结果。

STP 查询可以用 SECONDO 编写，以便结果包含模式发生的时间间隔。这些模式对应于 V-Analytics 中的运动事件（m 事件）。这样，我们就可以使用前面章节介绍的分析程序分析问题。例如，探索一天内逐步下降的百分比、每个机场的复飞百分比、给定机场复飞的时间分布等。

12.7 结　　论

在本章中，我们概述了探索和分析轨迹的最新技术，详细介绍了研究的目的，构建轨迹数据集的过程，以及三种轨迹探索技术（直接操纵、m 事件和 MOD 查询）。

首先，我们介绍了 FromDaDy，这是一种多维可视化工具，可以通过直接操作技术探索大量飞行轨迹集。FromDaDy 使用了一个极简界面：一个带有单元格矩阵的桌面，以及一个维度到视觉变量的连接工具。FromDaDy 的交互也是极简的：刷、拾取与释放。另外，这些交互可以进行组合以实现更多功能：工作视图的创建和销毁、选择的初始化和精化、数据集的过滤、布尔运算的应用等。FromDaDy 的核心是通过一个简单的刷/拾取/释放范式实现轨迹在多视图中的传播。通过增量轨迹探索和直接操作，用户可以发现有价值的数据集请求。从某种意义上说，用户探索数据集的同时也是对执行请求的探索。

其次，我们详细介绍了分析移动性数据的通用程序，该程序针对的问题是：根据移动性数据确定相关地点，以研究与地点相关的事件和运动的模式。具体的过程包括：①通过查询从轨迹中提取相关事件，查询涉及移动的不同瞬间、时间间隔和累积特征，以及移动对象与时空上下文元素之间的关系。②基于空间位置、时间位置、运动方向和其他属性（可能的话）对事件进行密度聚类。聚类分两个阶段进行，以有效去除噪声并获得清晰的聚类结果。③基于提取的位置进行事件和轨迹的时空聚合。④聚合数据的分析。可视化分析和 m 事件提供了一个丰富的数据转换和可视化工具箱，可以帮助分析人员进行数据探索。

再次，MOD 查询可以有效地处理各种大型数据集（理论上没有限制），并且能够表达复杂的查询（邻域、模式、聚合等）。尽管直接操纵很容易使用（用户习惯于操纵有形物体），但其不支持自动探索。此外，直接操作技术需要交互式进行，这也会影响到处理轨迹数据的规模大小。例如，FromDaDy 在可接受的帧速率显示的情况下，最多能处理 1000 万个点。如果需要显示或处理更多的数据，则需要开发新的计算技术。

由于我们的可视化分析过程使用 m 事件（地理和时间事件），不适用于模式提取等复杂计算。MOD 可以轻松提取模式，但需要用户提前知道查询什么，不适合数据探索。未来我们计划用新的交互范式（更复杂的布尔运算）打破直接操作数据集的限制，我们还计划结合 MOD、可视化分析和直接操作来探索大型数据集。具体地，首先可视化一个小样本，粗略计算查询参数，然后在 MOD 中发出查询，并通过可视化分析验证结果，优化 MOD 查询等。

12.8　文　献　综　述

为了进一步研究，我们推荐参考 Card 等（1999）的书，该书详细介绍了信息可视化研究领域。Tufte（1990）的书也包括了许多不错的可视化实例。另外，两个会议论文集也包含许多可视化和交互技术的示例。第一个是 InfoVis：电气与电子工程师学会信息可视化会议（*IEEE Transactions on Visualization and Computer Graphics*），包含所有信息可视化领域新颖的研究思路和创新应用。第二个是 VAST：电气与电子工程师学会视觉分析科学与技术会议，是致力于可视化分析科学与技术发展的国际会议。会议的主题包括视觉分析中的基础研究贡献及视觉分析的应用，包括在科学、工程、医学、健康、媒体、商业、社交互动及安全和调查分析等领域的应用。

时空模式谓词最早是在 Sakr 和 Güting（2011）中提出的，Sakr 等（2011）对此进行了证明，这是 12.6 节实例的基础。

第 13 章　动物运动行为

Stefano Focardi 和 Francesca Cagnacci

13.1　引　　言

13.1.1　研究历史

　　人类对动物运动的好奇可以追溯到远古时期，甚至史前时期。例如，亚里士多德在其《动物史》（*The History of Animals*）中就描述了动物迁徙。动物在长时间移动过程中表现出的精准性令人惊讶，直到近代仍被认为是自然界的一个谜。早在 1927 年植物学家罗伯特·布朗（Robert Brown）提出扩散的科学基础理论之前，罗马诗人卢克莱修（Lucretius）就详细描述了尘埃的运动。几个世纪以来，学者们坚持使用笛卡儿的观点，认为动物是没有思想的自动机。对于动物运动的现代实验研究可以追溯到 19 世纪末，即在 1859 年达尔文出版《物种起源》之后。这一时期对于动物行为和运动的研究采取了主观和拟人的观点。后来，学者们开始通过研究动物对环境中存在的刺激的反应，如重力场、光线的强弱、湿度梯度等，更客观、更科学地理解动物的运动。

　　动物个体将其活动限制在有限区域（称为**栖息地**）的概念可能与生态学本身一样古老。西顿（Seton）在 1909 年观察到，"没有野生动物会在全国随意游荡；每一种动物都有自己的栖息地，即使它们没有真正的家。"伯特（Burt）对栖息地的定义可以追溯到 1943 年，这可能是生态学中最持久和最广泛使用的定义之一："个体在正常活动中采集食物、交配和照顾幼崽时所经过的区域。偶尔突袭的区域，可能是探索性的，不应被视为栖息地的一部分。"伯特对栖息地的定义不包含其边界的定量表达，但表明其是一个可识别的区域，即动物的活动受到边界限制。伯特对栖息地定义的另一个含义是：空间的使用可能源自不同的行为活动，如寻找食物、住所、伴侣，以及在哪里生存、繁殖最适宜，即空间的使用与选择的压力密切相关。事实上，正是这些因素导致了更令人印象深刻的运动爆发，如迁徙。迁徙和居住之间的移动行为可以描述为如游牧或通勤的形式。还原论的研究方法是：在一个可感知的环境中，通过控制实验来观察生物体（通常是无脊椎动物）的行为。此类研究展示了动物如何采用简单的行为机制来避免压力因素，以及探索获取重要资源的机会。换句话说，此类研究引入了这样一种观点：生物体对环境中存在的线索做出适当的反应，使其能够实现对栖息地的简单选择，从而提高其生存能力。因此，对运动的分析完全融入了进化论。

过去的研究引出了一些重要的定义，这些定义仍在目前的动物运动研究中使用：

• **刺激**代表外部环境中产生生理变化（可预测）的线索。如果刺激不携带方向信息（如温度、化学浓度），则刺激可以是标量；而如果刺激携带方向信息（电磁场、光束），则刺激可以是矢量。

• 当定向基于标量刺激发生时，定向机制称为**不随意运动**（kinesis）。该信号可以引起运动速度（ortho-kinesis）或转向频率或转向角度（klino-kinesis）的变化。

• 当刺激为矢量性时，定向机制称为**趋向性**（taxis）。根据运动的方向和刺激的方向，分为正趋向性（positive taxis）或负趋向性（negative taxis）。根据刺激的性质，分为光趋向性（photo-taxis）、地理趋向性（geo-taxis）、化学趋向性（chemio-taxis）等。

13.1.2　技术现状

动物运动可以沿着定居主义—游牧主义的连续体分为多个不同的大类。

• **栖息地**：定居动物使用的稳定的活动范围。这一定义不包括偶尔的突袭或探索性活动。通常只有95%的内部时空位置被认为是栖息地的一部分。

• **通勤**：居住地和迁移地之间的空间使用被描述为"通勤行为"，即个体动物在空间上（而不是时间上）隔离的资源之间迁移。

• **迁徙**：迁徙运动定义了生物体在两个不重叠的栖息地之间的转移。通常，迁徙是一个季节性过程，但也可能跨越一个个体的生命周期，甚至是几代。垂直迁徙代表生物体在流体区域上下移动的特殊情况。海拔迁移表明在高低海拔之间的移动。必须指出的是，迁徙可能是群体也可能是个体。部分迁徙表明只有一部分群体迁徙，而兼性迁徙表明个体可能迁徙，也可能不迁徙。差异迁徙意味着群体的两个部分（通常是雄性和雌性）具有不同的迁移时间表。二型雄（proteroginic）迁徙表明雄性（雌性）在另一个性别之前迁徙。

• **分散**：在个体层面，分散表示相对于参考点或区域的传播。从运动原点开始的分散由其均方位移（MSD）表示，$MSD = (x_t - x_0)^2$，其中 x_t、x_0 分别表示时间 t、0 处的坐标。常见的分散类型包括出生分散（即一个有机体永远离开它出生的区域）和交配分散（即栖息地仅用于繁殖目的）。交配分散行为的适应性结果是可以减少近亲繁殖。

• **游牧**：游牧行为是指对空间的机会主义利用，即从一个地方到另一个地方不断地寻找资源。

迁徙是自然界中观察到的最令人惊讶的模式之一。动物可以移动数千千米，并最终返回到其越冬（或繁殖）地。事实上，人们在研究远距离迁徙方面已经开展了很多的工作，得到了一系列令人印象深刻的动物迁徙例子。例如，北极燕鸥（*Sterna meadowa*）从北极迁移到南极，每年飞行约 80 000 km。海洋和陆地哺乳动物也会进行长距离迁徙。太平洋中的灰鲸（*Eschrichtius* spp.）从其出生地下加利福尼亚州移动到北冰洋觅食；斑纹角马（*Connochaetes taurinus*）和其他有蹄类动物会移动数百千米，以获得有利觅食的栖息地。另一个令人印象深刻的例子是欧洲鳗鲡（*Anguilla anguilla*），其会从欧洲迁移到 5000 km 外的马尾藻海。

迁徙是一种出色的运动，使动物充分利用时空分离的资源（食物、繁殖地或避难所）。通过迁徙，动物在其季节性活动（如鸟类迁徙）的某一特定时间、生命周期[如鳗鱼或大西洋鲑鱼（*Salmo salar*）的迁徙]或跨世代生活[如君主斑蝶（*Danaus plexippus*）]，可以得到最适合其生存和繁殖的条件。当动物个体到达它们长期迁徙的最终目的地时，可以在较短的距离内选择和使用当地的资源。

在运动行为连续体的另一端，是非常常见的动物表现出的定居行为，即它们占据了一个栖息地。空间的占据及运动都与资源的使用紧密相关，如果不考虑后者（资源的使用），就很难理解前者（空间的占据及运动）的生态概念。许多动物会利用稳定的避难所产卵、哺育幼体、积累储备、克服不利的气候条件等。这些生物会在使用避难所和在外部环境中寻找资源（如食物和配偶）之间交替进行。显然，对于这些生物来说，快速安全地返回避难所至关重要。原鸽（*Columba livia*）是具有这种行为的典型生物。为了成功归巢，动物需要两种工具：地图（用于掌握其相对于家的位置）和一个定向机制（通常是用于向正确的方向移动的趋向性）。尽管我们已知多种基于不同线索（太阳、月球、星星、磁场、光偏振等）的定向机制，但动物使用的导航地图还不为所知。地球磁场可以用作全球地图。在较短的距离上可以使用嗅觉图，但对于动物的区域探索，基于记忆的地标图更为有效。地标可以是不同种类的，并且通常是自然存在于环境中的。但是有时一些地标也可能是动物本身故意布置的信息素，如蚂蚁、蜗牛和蝴蝶等留下的痕迹。导航，即使用"指南针和地图"的能力，已经在不同类群中的几种动物身上得到证明。

关于动物运动的另一个广泛研究领域是动物对避难所以外空间区域（如果有的话）的利用。当生物体在探索环境时，会面临相互矛盾的需求，需要在最小化风险和最大化资源获取之间进行权衡。因此，可用空间并不是随机使用的，一些区域是首选，另一些区域则要回避。即动物的活动范围决定于可用空间和资源的最佳利用，并受限于物理（如自然障碍物的存在）和生物（如竞争对手和捕食者的存在）因素。由此产生的区域被定义为栖息地或领地（取决于是否防御入侵者）。

人们提出了许多计算栖息地范围大小的方法。现在普遍认为核密度分布方法是描述栖息地结构的合适方法。最近，有学者提出了一种基于定义栖息地机械模型的创新方法。机械意味着研究人员能够根据有关的因果因素对动物运动的作用来建立相互竞争的模型。

　　动物在栖息地不同区域投入时间的策略称为生境选择（habitat selection）。生境选择代表了资源在可用性方面的差异化使用。生境选择通常被评估为不同级别的分层过程。第一级选择（或等级）是物种对地理范围的选择，第二级是相对于物种典型范围的栖息地选择，第三级是栖息地内不同生境的选择，第四级是栖息地内资源类型（通常是食物）的选择。更具体地说，生境选择是行为反应的分层过程，其可能会导致生境利用与其可用性的不相称。最后，生境选择研究利用了广义混合模型平台的发展，这使得研究人员能够获得真实和无假设的生境选择模型。

　　最优觅食理论（OFT）是分析资源获取优化问题的经典方法。OFT 描述了动物发现资源后对资源的最佳利用的过程，该过程也称遭遇后过程（post-encounter processes）。目前，出现了一个涉及最佳搜索的新的研究方法，该过程称为遭遇前过程（pre-encounter processes）。

　　技术的发展极大地促进了对各种动物运动的分析。记录动物在自然条件下的运动（即**动物追踪**）是理解动物为什么和如何运动的基础。即使在今天，这项任务也并非易事。第一个重要的技术突破是甚高频（VHF）遥测技术的发展。动物身上装有发射装置，信号由接收器记录，动物的时空位置（在生态学文献中称为"固定点"）可以通过多种定位方法获得（主要基于三角测量）。但甚高频（VHF）遥测技术方法也存在一些缺点。在早期的缺点是：由于发射器的重量，VHF 遥测技术更适合地面动物，不太适合飞行动物。但是，随着技术的发展，VHF 发射器逐渐小型化，目前甚至已经安装在昆虫身上（如大型蚱蜢）。甚高频（VHF）遥测技术方法的另一个缺点是：当动物快速移动时，监控人员可能会"丢失"动物，需要监控人员进行信号搜索。因此，VHF 遥测技术比较适合对居住在已知区域的动物进行追踪，对于远程位移的收集非常困难，会错过大量的迁徙或分散运动。20 世纪 80 年代，平台终端发射机（platform terminal transmitters, PPT）的发展，可以实现数据上传至 Argos 卫星（使用基于多普勒的定位计算动物位置）。基于 PPT 技术首次记录了海洋哺乳动物和鸟类的大范围移动（注意，要与卫星进行通信，设备必须在水面之上）。但是，真正推动动物运动研究的革命性技术是基于 GPS 的动物跟踪设备的出现（Cagnacci et al.，2010）。

　　在技术和实验发展的同时，研究时空过程所需的统计方法也有所改进。在第 1 章中，原始轨迹由一组元组描述，元组主要包含运动对象的瞬间（instant）和点。在本章中，我们使用另一种表示法，即向量列表，每个向量（二维空间加时间）以角度和距离为特征。然而，角度的统计分析具有挑战性，需要一种特定的方法：

角度在区间 $-\pi$ 和 $+\pi$ 中定义，并且需要改造常规线性分布（即 $-\pi = +\pi$ 或 $2\pi = 0$）。在动物定向研究中使用循环统计数据表达相关的改进。关于生物扩散的现代分析的第一份纲要是由 Okubo 撰写，Turchin 提供了全面的理论总结。其中，将研究动物路径的学科称为**轨迹计量学**。

关于动物运动的研究文献有两方面，这是该领域的初学者必须了解的两种不同方法。一方面是许多学者研究运动的初始原因，如动物使用哪种定向线索实现从 A 点移动到 B 点；另一方面学者对运动的最终原因比较感兴趣，如哪些因素决定动物栖息地范围的大小。但实际上，这两种方法之间并没有明确的区别。如今，使用复杂的统计模型可以在同一框架内研究两种层次的因果关系。另外，对动物运动的研究必须与进化理论、物种生活史和行为的生态调节等相关联。

本章的目的是介绍动物运动研究的最新进展，这有助于学生（或初学者）在这个相当烦琐的研究领域中确定自己的研究方向。在本章中，我们尽量避免使用数学公式，而是使用语言模型和模拟来说明主要概念。因此，读者可以：①使用本章内容作为更复杂、数学要求更高的论文的引言；②掌握主要概念，以便更好地规划数据收集和实验，并获得有助于促进与统计和数学专家合作的概念和术语。

13.2　动物运动研究

13.2.1　生物记录器技术

研究动物行为最简单的方法是使用个体识别的标签，如环、项圈和耳标。但是，使用标签方法获得的结果容易产生偏差，如回归率的差异（时间和/或空间），而且只在运动中存活下来的动物才能回归。虽存在一定限制，研究人员使用这些简单的方法还是可以了解许多物种生活史特征的重要信息[1]。

总的来说，遥测技术的使用改进了采样设计，减少了偏差，提高了可靠性。在本书中，我们用生物记录器表示所有的动物携带的设备（这些设备能够记录动物的位置和/或环境/生理数据）。全球定位系统（GPS）设备的小型化使得小型和轻型的生物记录器进一步发展，可用于更多的动物物种。同 VHF 遥测类似，使用生物记录器设备（GPS）可以将时空位置（或多或少在统计上独立）转移至非常密集（且高度相关）的位置进行采样，以实现动物遵循的实际路径的近似表达。GPS 设备可以使用多种不同的技术进行位置数据的传输。一种方式是使用 GPS 存储板设备（SOB），在使用后回收并下载数据。这种方式价格便宜，但需要重新捕获动物或找回 SOB 装置，比较适合于筑巢的鸟类或其他容易捕获的动物。因此，这种从动物身上分离 SOB 的脱落机制，并不一定总是性能良好。第二种方式是

---

[1] http://www.phidot.org/software/mark/docs/book/。

GPS-GSM，其使用全球移动通信服务（GSM）公共网络实现生物记录器和用户的数据交换［通常使用短消息（SMS）］。很显然，这种方法仅适用于 GSM 网络密集的区域。因此，在其他情况下，还需要可以远程下载 GPS 项圈并检索数据的其他系统。最便宜的方法可能是使用 VHF 信标：接收器可以在地面或使用飞机从空中接近带有标签的动物。该类系统比较适合获取数据量有限的荒野地区。另一种方式是使用卫星进行数据传输，如 Argos DCLS（只允许动物到用户的单向数据传输）及卫星移动电话系统［即铱系统（Iridium）和全球星系统（GlobalStar）服务］。

13.2.2　动物运动的解译

　　与人类移动研究技术（见第 1 章）一样，野生动物遥测技术在过去几年中发生了迅速的变化：出现了"一个勇敢的新世界"（Tomkiewicz et al.，2010）。现在研究人员拥有了一系列技术，能够高精度记录多种野生动物在世界各地不同生态条件（从沙漠到深海）下的轨迹。有效地利用这些运动数据中包含的信息（有些人可能会说是"隐藏的"），对于大量的科学研究和管理至关重要。在生态学中使用生物记录器，可以生成关于动物行为的大规模数据集。这些空间数据库为科学家的研究带来了新的挑战和机遇：需要合适的数据分析方法和数据管理工具。在过去 20 年中，已经积累记录了数百个物种和数千个个体的运动数据。这是一个"宝藏"，可以让研究人员在物种分布范围内开展研究，并进一步解决"一般性问题"。例如，MoveBank[①]、TOPP[②]、和 EURODEER[③]。

13.2.3　新兴的理论

　　最近，动物运动分析中出现了新的范式和技术挑战。在实验层面，生物记录器的广泛使用，使得人们能够首次系统地获取动物传播的信息，如位置、行为、生理和环境参数。在理论层面，由此获得的大量定量数据自然会促使研究者开发新的分析概念和计算工具，以分析和理解运动及其相关的行为/参数。数据挖掘程序可以首先筛选出大量数据中存在的一致的内部结构。这些程序可能非常有用，但必须使用良好的生态学解释进行监督分析。在理论层面上，最近提出了动物运动的统一框架和综合范式，称为**运动生态学**。

　　该框架将对运动的折中研究整合到一个结构化的范式中，旨在为假设的产生提供基础，并为理解运动的原因、机制、时空模式及其在各种生态和进化过程中的作用提供工具（Nathan et al.，2008: 19052）。

---

① http://www.movebank.org。

② http://www.topp.org。

③ http://www.eurodeer.org。

运动生态学旨在成为一门基于假设[sensu 卡尔·波普尔（Karl Popper）]的学科，其中，理论指导实验和观察。生态学研究：①对动物运动下的定向机制（如运动、导航）有着浓厚的兴趣，②强调运动自适应（如风险规避、资源收集）的重要性，③在社会分组和群体层面模拟个体运动的后果（如群集行为、扩散）。生态学家对了解某条鲸鱼或某只鹿具体在做什么并不特别感兴趣，其重点关注的是：是否可从个体轨迹样本中推断出一个物种运动的一般特征（策略）。运动策略通常随环境条件的变化而变化。在实际应用中，重建动物个体轨迹时，良好的精度对于提高统计检验的效果也很重要。生态学家对描述模式感兴趣，尤其是了解在时空模式下的过程，因此统计推断是其使用的基本工具。通过模型我们可以处理不同尺度的生态复杂性。其中包括两个相关轴——解释的时间尺度（近似值与最终值）和从个体到种群（通过亲属和社会群体）的采样单元。定向机制、扩散和觅食通常与个体相关，但产生的原因取决于不同的时间尺度（如分钟、年和世代）。种群扩散、空间分布和相互作用决定了生态系统的复杂性和生物多样性（即长期特性）。其中也有一些干预过程，如一个典型的栖息地通常会伴随个体的一生，而且个体的能量需求及个体与邻居的本地互动决定了栖息地的范围大小。运动分析有可能将这些不同方面统一起来。

13.2.4 数据采样

在生态学中，适当的采样设计是良好科学研究的基础，但其重要性往往被忽视。因技术、采样设计和研究目的相互关联而总结的不同分析类型见表 13.1。跟

表 13.1 标签类型、常用的采样计划和执行的分析类型

标记类型	采样密度	采样计划	分析的运动类型
标签	低（通常有 2 个可用）	不定期	迁徙 分散
VHF	中等（如每几天 1 个时空位置）	系统性（仅白天有飞机）	栖息地 生境选择
地理定位器	每天 1 次	系统性	迁徙
GPS	每隔几小时 1 次	系统性	栖息地 生境选择 迁徙 分散
GPS	每隔几分钟 1 次	系统性	搜索行为

注：地理定位器使用光照模式来计算一天的长度（从中推算纬度）和太阳正午时间（用于计算经度）。

踪设备的成本和样本量的设计通常需要权衡。例如，标签非常便宜，但要获得可靠的结果，需要为数百或数千只动物配置标签。系统抽样可以减少样本量，但要求样本量应能代表关注群体的变异性。就 GPS 设备而言，需要在采集时空位置的数量和采集持续时间之间进行权衡（在依据生物体规模确定负载设备数量的情况下）。一种折中的方法是：通常情况下采用标准低频率（通常每 4 h 一个）进行时空位置采集，但在特定的关注期（繁殖期、出生分散等）则需要更密集的时空位置采集。

　　VHF 和 GPS 采样有一个基本的区别。VHF 倾向于使用独立的时空位置，而 GPS 的目标是利用位置之间的自相关来推断有机体使用的运动策略。在 VHF 遥测中，时空位置之间的间隔很大（如至少 24 h），以保证一定程度的统计独立性。同时从一个时刻转移到下一个时刻（通常是一个或两个小时）的时间，要能够覆盖整整 24 h（通常按月份或季节进行分层采样）。然而，这种采样方法会使轨迹分析变得十分困难。与此相反，GPS 采样通常在一天中的固定时间（如午夜、2 时、4 时、…、22 时）进行，其时间间隔通常在 2~6 h（最好采用固定的时间间隔，以便对动物的速度做出良好的估计）。即将上市的现代项圈具有分析地理数据的内部功能，可以实现自定义的采样计划。但是，目前这种项圈的优点和潜力尚未得到认可。

　　许多方法可用于降低不确定性，以实现精确的轨迹重构。第 5 章介绍了造成不确定性的原因。在动物运动研究中，通常不使用模糊集进行空间不确定性的校正，目前流行的研究方法是状态空间贝叶斯模型。无论哪种方法，都需要进行轨迹过滤。另外，层次分析也是有用的方法：一阶分析用于个体内部，包括时空位置校正、路径插值、角度计算、平均位移速度等。二阶分析用于样本，其中统计数据与要进行推断的总体有关，无论个体是否进行独立采样。

13.2.5　动物轨迹分析

　　Turchin（1998）提出了该领域的经典文献。假设我们记录了动物的真实轨迹或路径，可以将路径表示为连接时空位置的一组向量。在第一种情况 [图 13.1（a）] 下，采样与行走路径有很大程度的重叠，在第二种情况 [图 13.1（b）] 下，路径表达比较粗糙，重要的生物学细节可能会丢失。显然，依据关注的过程可采用不同的采样方法，并没有统一的准则。因此，为了规划采样设计，研究人员需要对所研究过程的动态有一些初步的了解。在图 13.1 的示例中，图 13.1（b）中采样不能用于研究动物的食物选择行为，图 13.1（c）中采样适用于研究动物每年的栖息地。

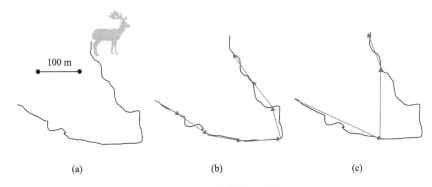

图 13.1　动物轨迹离散化

（a）一个动物（即一只觅食的鹿）的路径被完美地记录下来；（b）高分辨率路径采样；（c）低分辨率路径采样。
其中，采样基于固定的时间间隔

　　离散路径的参数化如图 13.2（a）所示。到目前为止，我们只使用固定时间间隔进行采样。时空位置之间的距离称为"步长"。"步长"本身是任意的，不代表所研究生物体的重要行为特征。在示例路径中，在前 4 个"步长"中，有机体可能具有相同的动机和行为策略：观察到的速度和"步长"方向发生微小变化，可能是因为环境或采样的干扰（如 GPS 项圈的精度、陆地生物遇到不规则地形或障碍物、飞行动物或水生动物遇到风或溪流产生漂移等）。但是，在 $t+1$ 的时空位置发生急剧的方向转变，这可能表明生物体的移动动机发生了变化。我们用"Move"表示路径中具有生物学意义变化的距离。因此，使用可变时间间隔对

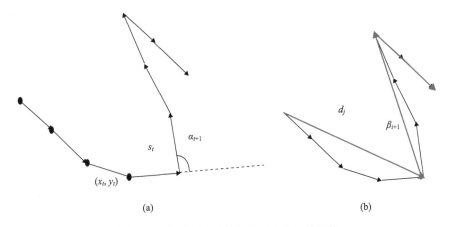

图 13.2　轨迹中转弯角度和移动长度的计算

（a）固定时间间隔（t）采样的路径。黑点表示时空位置（$t=1,2,\cdots,T$）。连接连续时空位置的箭头是具有模块 s_t
和角度 α_t 的离散化步骤（s_t 的取值区间为 $[1,T-1]$，α_t 的取值区间为 $[2,T]$）；（b）不等时间间隔（i）采样的路
径。其中的灰色箭头表示长度 d_j 的"Move"。请注意，α 表示"步长"之间的转角，β 表示"Move"之间的
转角

轨迹进行离散化处理，相比于使用固定"步长"，轨迹可能会更为平滑［图 13.2（b）］。但是，这种可变时间间隔的方法很难发现轨迹中发生有意义行为变化的转折点。识别"Move"的基本思想是：在每个"Move"中，α_t 是强相关的（即非常接近 0），而 β_i 是不相关的。

13.2.6　实例：黇鹿的觅食与社会行为

为了举例说明用于研究动物运动的方法，我们回顾了一些关于黇鹿（*Dama dama*）觅食和社会行为的研究。在图 13.3（a）中，可以观察到黇鹿不会随意使用牧场，即有些地方黇鹿更喜欢去，而且即使在同一个栖息地，黇鹿的运动也显得非常多变。在图 13.3（b）中，我们展示了黄昏时分在茂密森林包围的大型开放栖息地（白天黇鹿在那里停留，以尽量减少对新生鹿的干扰和风险；晚上它们移动到开阔的田野里觅食草地上的优质食物，尤其是在春天）中记录到的一些黇鹿的活动路径。时空位置由分散在研究区域的隐藏哨所中的观察者收集，通过这些时空位置数据可以了解黇鹿小尺度（short-scale）的生境选择和社会组织动态。

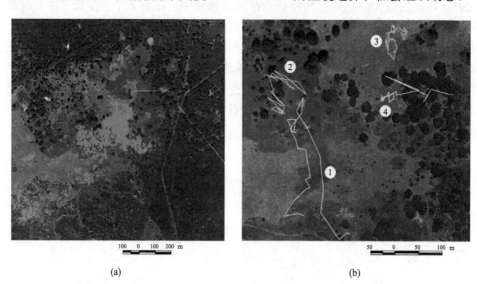

(a)　　　　　　　　　　　　　　　　　(b)

图 13.3　（a）意大利罗马 Castelporziano 研究区域内觅食点的分布和（b）黇鹿个体遵循的觅食路径示例

路径 2 和 3 以恒定弯曲度为特征，而路径 1 和 4 以区域限制搜索为特征

这项研究的目的是确定能够再现动物运动的一般机制。Okubo（1980）提出的基本模型是布朗扩散模型。在此特定模型中，转角 α_t 的分布是均匀的（即不存在方向持续性），而距离 d_t 的分布可以假定不同的形式（前提是原始分布具有有限方差的特征）。假设我们研究一维空间中的"跳蛙"运动（图 13.4）。"孤蛙"的

运动规则如下：

（1）青蛙从起始坐标 $d_0 = 0$ （时间 $t = 0$）跳跃，可能向左或向右移动，概率为 0.5。

（2）每次跳跃或移动的长度 δ 恒定，持续时间 τ 恒定。

（3）每一步都独立于之前的任何一步。

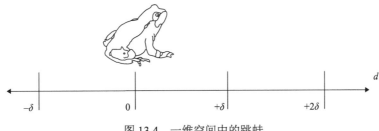

图 13.4 一维空间中的跳蛙

问题是如何计算 $p(d, t)$，即个体在给定时间 t，从起始点到达距离为 d 的位置的概率。很明显，第 n 次移动的位移是 $d = \sum_{i=1}^{n} \delta_i$，其中，根据规则（1），$\delta_i$ 可以是正数或负数。例如，$n=5$，可能的位移系列是：$w = \{-\delta, +\delta, -\delta, -\delta, +\delta\}$ 或 $w = \{-\delta, -\delta, -\delta, -\delta, -\delta\}$。每个位置序列 w_n，称为一个**随机游走**的随机过程。

从行为的角度来看，到达坐标 3（五步）的概率是向右走三次，向左走两次。换句话说，在五次"试验"中有三次"成功"（即两次"失败"）的概率，其服从二项分布。当然，向左（或向右）移动五次的概率，要比向右移动三次和向左移动两次的概率小得多。原因是后者更容易实现，移动的顺序与计算位移无关，位移 $\{+\delta, +\delta, -\delta, -\delta, -\delta\}$ 等同于 $\{-\delta, -\delta, -\delta, +\delta, +\delta\}$ 及 $\{-\delta, +\delta, -\delta, +\delta, -\delta\}$ 等。

结合实际情况，我们考虑一个二维空间。在许多情况下，动物的运动具有定向持久性，即动物倾向于沿其先前的方向持续运动。图 13.3（b）中记录的雌性黇鹿的运动路径 1 很明显地说明了这一点。**相关随机游动**（CRW）可用于表示方向持久性。除了方向相互关联外，CRW 与**不相关随机游动**（URW）的方法相似，即接下来的"步长"或多或少朝向相同的方向（如向北），这样转弯角度接近于零。因此，CRW 代表了描述动物运动的标准模型（Turchin, 1998）。例如，图 13.3 中的路径 2 和 3 比路径 1 和 4 更曲折。

在某些方面，CRW 似乎比 URW 更符合实际生物体的运动，然而，CRW 也存在一些缺点。首先，CRW 描述的运动看起来或多或少是曲折的，但路径的转向量是相似的（除了随机波动）。在步长 d 恒定的简单情况下，其弯曲度为 $S = \dfrac{\sigma}{\sqrt{d'}}$，

其中 σ 是角度分布的标准偏差。但是，许多动物有时会出现在弯曲度较高区域和路径较直区域的交界处。这种行为称为**区域限制搜索**（area-restricted search, ARS）。

然而，为提高搜索效率（即单位时间内遇到的资源量），动物策略可能更为复杂。例如，行走者在目标密度高于平均值的区域（如食物斑块）会加强搜索（增加路径弯曲度），而在斑块之间移动时可能执行更多线性路径，如图 13.3 中的路径 4。对于黇鹿的实例，可以通过计算移动长度的自相关函数，或角度和距离之间的互相关来得到区域限制搜索（ARS）。黇鹿的路径呈现出正的互相关函数，即大的位移都与转角相关。这种机制使得这些动物留在食物区内，并为 ARS 提供行为机制。

语义轨迹可以用来研究特定物种的生态学。本研究以黇鹿为研究对象，记录了该动物的觅食点，并测定了每个点的植物生物量。根据最优觅食理论，黇鹿应该在每个觅食点留下规定数量的植物生物量。这一点在观察记录中得到了证实。

有多个模型可以解释在动物的路径中存在 ARS 的原因。我们考虑两种基本的模型（也是通用的模型）来解决这个问题。可以直接基于 CRW 理论得到组合的 CRW（CCRW），该模型假设动物能够根据某些特定空间参数改变其运动参数（α_i 和 d_i），因此 CCRW 模型也称为自适应 CRW。

如上所述，到目前为止，我们一直假设移动长度 $p(d)$ 的概率密度函数（probability density function, PDF）具有有限的方差。然而，最近的文献已经转向长尾（long-fat tail）的分布（见第 15 章）。一些研究者推测，生物体的运动通常是重尾（heavy-tailed）的，以至于 PDF 的矩不再是有限的。其中，最著名的是 Lévy 分布，对应的 Lévy 行走（LW）是随机运动，其位移 d 的概率为 $p(d)=cd^{-\mu}$，其中，$d>d_{\min}$，$c=(\mu-1)d_{\min}^{\mu-1}$。Lévy 行为仅适用于分布的尾部，并且 $p(d)$ 仅在 d 大于某个最小值才有效。因此，研究者必须为特定数据集选择适当的 $d_{\min}$。放缩参数 μ 具有独立于测度的显著特性，因此可以跨研究进行直接比较。中心极限定理的应用表明，对于 $1<\mu\leqslant3$，Lévy 分布移动的总和也是 Lévy 分布的。相反，对于 $\mu>3$，移动总和的分布收敛为高斯分布，即恢复为布朗运动。显然，样本方差总是有限的，因此一些研究者认为使用截断的 Lévy 分布更符合动物的实际运动。

布朗和 Lévy 游走之间的基本区别如图 13.5（a）所示，其中使用秩频率（rank-frequency）图来区分布朗游走和 Lévy 游走。布朗游走中非常长的移动比例迅速下降到 0，而在 Lévy 游走中，这种下降要慢得多且遵循线性模式，这表明 Lévy 分布具有"胖"尾特征。

Focardi 等（2009）指出黇鹿中同时存在 CCRW 和 LW。结果表明，独居黇鹿采用 LW 策略，而成群的动物则表现出布朗运动[图 13.5（b）]。这种效应确实表明，觅食率随着群体规模的增大而降低（主要因为群体内麀鹿觅食效率的变化），而且群内麀鹿的觅食量少于群边界的麀鹿，即在享受大型群体提供保护的同时，要付出觅食少的代价。LW 和 CCRW 都可以模拟区域限制搜索的过程，两种模型的主要不同是：Lévy 游走是无标度的，而两级标度指定的 CCRW 是以指定标度为特征的两种运动（通常是斑块间和斑块内的运动）的混合。

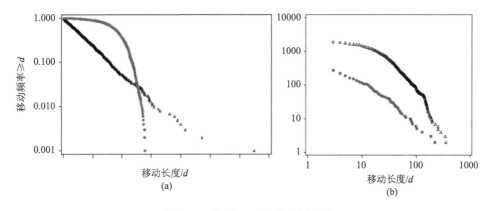

图 13.5　使用 $\log_{10}$ 轴的秩频率图

（a）布朗游走（灰点）和 Lévy 游走（三角形）的模型预测；（b）观察群体（黑色）和单独（灰色）动物的行为。给定移动长度为 $d_1, d_2, \cdots, d_n$ 的样本，按 $1 \sim n$ 的递增进行排序。对于每个 d_i，计算距离 $\geq d_i(s_i)$ 的数量。最后，在双对数图中，s_i 被绘制为 d_i 的函数

13.3　结　　论

近几年来，动物运动研究取得了令人瞩目的进展。重要的突破源于生物记录器设备的技术发展，这使得研究人员能够从大量动物身上收集庞大的运动数据。对所有可能的分析规模（从迁徙到食物搜索）都进行了调查研究。在技术发展的同时，我们见证了数据存储和数据挖掘方面的重大改进，统计模型变得越来越灵活。应用多尺度运动分析方法，对马鹿（*Cervus elaphus*）引入位移后进行了动物生态学研究。该分析记录了动物为能够在困难的环境中生存，在不同时空尺度下的行为变化。

尽管有这些改进，但对动物运动的分析仍然具有挑战性，还有很大的发展空间。

第一个显而易见的观察结果是生物样本往往存在偏差：为了给动物配备生物记录器，必须捕获动物，从而产生行为偏差，如有些动物比普通个体更容易逃跑或更容易识别诱饵陷阱。此外，由于设备具有重量和形状，其本身也可能会改变

动物的行为。此外，样本量可能不足以表示群体的可变性。另外，确定动物位置的装置和所有仪器一样也容易出错。最后，运动是一个连续的过程，但我们不得不以离散的方式对其进行采样。因此，实验设计应充分考虑这些因素。

正如第 1 章和第 2 章所述，使用语义丰富的轨迹非常重要。当然，使用具有生物意义的属性可以增强我们对动物行为的理解。因此，数据丰富是未来利用创新技术开发的一项重要任务。以黇鹿为例，在记录时空位置的同时，如果可以观察黇鹿的行为，可以使我们了解觅食行为是否是最佳的，并评估觅食效率和保护之间的权衡（这是决定这些动物生命的一个因素）。

动物运动的分析可以采用两种不同的方法：机械方法和统计方法。机械模型需要在与行为尺度兼容的空间和时间尺度上收集数据，在该行为尺度上，生物体做出自己的决定或与环境进行交互。例如，对食物或栖息地的选择、对捕食者的回避、与同种动物的相互作用等。收集此类数据的机会取决于应用背景（如野外或实验环境、研究物种等）和相应技术的发展。例如，最近发布的摄像机项圈，将允许研究人员以前所未有的分辨率收集大型哺乳动物的觅食数据。然而，实际技术所允许的分析步骤通常比典型的行为尺度要粗略。因此，机械统计模型比较适合对运动模式的分析，可为我们提供有关动物种群空间分布过程的理解，如扩散和栖息地的探索。另外，选择合适的模型来分析运动数据也取决于研究人员使用的采样设计，而采样设计需要在标签成本、捕获成本、设备重量等因素之间进行权衡。

正如 Viswanathan 等（2011）在书中所建议的那样，我们预计将统计力学方法应用于动物运动可能会产生重要的发展。已有许多统计力学的方法论转移到生态学的例子。自从 Okubo 的书出版以来，在物理学中提出的几种随机游动模型已应用于生物体运动的研究。甚至与扩散相关的结果也在这两个学科中共享。但是，这并不是一个快速的过程，因为也有一些在统计力学中已经确立的方法和思想已被证明不适合（或有问题）应用于生态学。对动物运动的研究是一项具有挑战性的任务：动物的行为是由长期进化的驱动力决定的。另外，影响动物运动的自然环境在时间和空间上通常也是高度异质的。工程师、物理学家、生态学家和动物行为学家之间的跨学科研究不仅仅是一种口号，而是未来相关突破的关键。

13.4　文　献　综　述

关于动物运动的文献很多，我们将引文量保持在最低限度。Fraenkel 和 Gunn（1961）对旧文献进行了有益的回顾。Okubo（1980）提出了一系列从物理学到生物学的模型和概念，以发展对动物运动的更定量的理解，并采用欧拉方法研究"平均"运动。有关欧拉方法和拉格朗日方法之间差异的讨论，请参阅 Smouse 等

（2010）。在 Alt 和 Hoffman（1990）中，我们可以找到一个非常有用的词汇表、许多关于独居生物和社会生物的研究实例、模拟方法的描述，以及第一次提到与动物运动有关的 Lévy 游走。Turchin（1998）的书是关于这一主题的最佳参考文献。它涉及数据分析和建模，并对文献进行了广泛的回顾。建议初学者从这本书开始。Gould 和 Gould（2012）提供了动物导航的有用参考。Nathan 等（2008）介绍了"运动生态学"理论。分级资源选择最初由 Johnson（1980）提出。自然界中存在的 Lévy 游走及区分 Lévy 游走和布朗运动的方法引起了很大争议。Smouse 等（2010）简要介绍了这场辩论，Viswanathan 等（2011）给出了更详细的讨论。最后，Cagnacci 等（2010）在专题文章中，对主要由基于 GPS 的设备驱动的动物运动研究中的最新技术、数据管理和分析中的问题进行了全面描述。对马鹿的研究来自 Fryxell 等（2008）。Focardi 等（2009）对黇鹿进行了实验研究。Tomkiewicz 等（2010）描述了与动物运动研究相关的生物记录器信息。Urbano 等（2010）提供了动物运动数据库有用的参考。

第14章 基于蓝牙追踪的人员监控

Mathias Versichele、Tijs Neutens 和 **Nico Van de Weghe**

14.1 测量人口流动性的困难

人类在不同时空尺度上的流动影响着当今世界上发生的许多过程。虽然大家都认为21世纪人类流动性的大幅增加改善了我们的总体生活质量,但也逐渐给我们带来一些更为负面的影响:日常通勤交通造成人口稠密地区及其周围的拥堵,由此对我们的环境造成压力;在相对较小的地区聚集大量人群所产生的安全问题;全球流行病的突发风险及控制疫情的难度等。因此,人类流动性的增加应该伴随着对这些流动过程的深入理解,以便更好地缓解其负面影响。

要想更多地了解这些流动,首先要充分地测量它们。直到最近,这仍是个问题。众所周知,跟踪和收集旅行日记等定性方法容易出错,而且会耗费大量人力。另一种在较小规模环境中跟踪人员的方法是通过视频监控系统。尽管在过去十年中技术取得了进步,但使用相机在真实环境中重建大量人群的流动仍然非常困难。由于移动对象之间的相互作用、室外环境中光照的变化等原因,在一个摄影机视图中正确识别个人的轨迹已经非常不容易,而在多个摄像头视图上重建轨迹更具挑战性。

测量人类流动的第三种方法是使用代理。代理的移动与人类的运动有某种联系,可以作为人类运动的指示器。一个典型的例子是:通过对美国各地一美元纸币的跟踪(见第15章),来了解人们如何随着时间的推移从一个州迁移到另一个州。目前,随着GPS等定位技术的快速发展,以及这些技术在车载套件和手机等移动设备中的不断渗透,GPS设备成为捕捉人类流动性的最好代理,极大地推动了相关领域的发展。

因此,移动数据集的数量迅速增加。由于这些数据集往往很大,数据量巨大,研究人员很难提取出有趣的相关知识。虽然这一问题的重要性(通常在"数据雪崩"等范例中使用)是不可否认的,但也应该强调的是:人的流动性并不总是像乍看之下那样容易衡量。首先也是最重要的是,人们可以以各种方式四处走动。目前,越来越多的车辆配备GPS导航套件,车辆的移动数据已经用于实时监测和预测交通堵塞等目的。然而,要获取骑车人和行人的移动数据非常困难。手机通常与其主人保持非常密切的联系,可以作为一个较好的代理候选。移动运营商保留了手机与基站的通信记录，因此可以通过挖掘通信记录来重构手机用户的移动轨迹。这种称为"移动定位"的方法，可为研究区域移动提供的非常大的移动数据集。另外，为受调查人员配置随身携带的 GPS 记录器，也是一种获取人类移动性的可行方法。这种方法的参与者可以在合作前后接受调查，并且得到的轨迹非常精确，所以越来越受到科学家的欢迎。

然而，这两种方法（即移动定位和 GPS 记录器）都有其不足之处。首先，与移动运营商就移动定位数据集进行合作已被证明是非常困难的。更重要的是，移动定位方法的空间精度（在城市环境中至多几百米）不足以在更小的尺度上研究人类流动。另外，使用 GPS 记录器的方法需要进行受调查人员的 GPS 记录器分配和回收，这是劳动密集型的工作，代价昂贵，导致收集的样本量很小。此外，这两种方法仅限于室外环境，而且密集的城市环境也会降低位置数据的质量。

在较小的尺度（即子区域的场景）上捕获人类流动性的困难性质表明：尽管研究人员面临着不可否认的数据雪崩，但除了数据处理外，在捕获运动数据方面仍然存在挑战。简而言之，有必要采取一种低成本、高效率的方法，在广泛的环境中采集到足够大的样本量，以便对全体人群的运动模式做出有代表性的表达。

14.2　基于蓝牙技术的解决方案

针对这些数据收集方面的问题，并考虑到手机和个人数字助理（PDA）等支持蓝牙设备的普遍性，越来越多的人建议将蓝牙技术作为一种简单、低成本的时空行为重建方案。14.5 节概述了一些已经使用蓝牙作为跟踪技术的研究。使用蓝牙发现过程中广播的唯一的媒体访问控制（media access control, MAC）地址，可以跟踪蓝牙设备及其所有者。由于此 MAC 地址不能直接连接到任何个人（或其他敏感）信息，因此个人仍保持匿名，避免了潜在的隐私侵犯风险。

14.2.1　蓝牙跟踪方法

蓝牙扫描器（图 14.1）可以感知附近可发现的蓝牙设备：通过不断地查找附近带有蓝牙传感器的设备，并记录做出响应的移动设备（在扫描器通信范围内）发送的广播信息。蓝牙扫描器每次检测到设备时，都会注册设备的 MAC 地址、设备类别（class of device, COD）代码和检测时间戳，并会记录查询响应的接收信号强度（RSSI）。RSSI 由接收功率电平（包含在扫描器检测到响应数据包中）推断出来，理论上与扫描器和检测设备之间的距离呈负相关关系。有时在检测到的设备会包含用户的名称、电话号码等个人信息，为保护隐私并不需要用户进行注册。查找阶段不需要蓝牙扫描器和移动设备之间的活动连接，因此不需要被跟踪个体的任何配合。

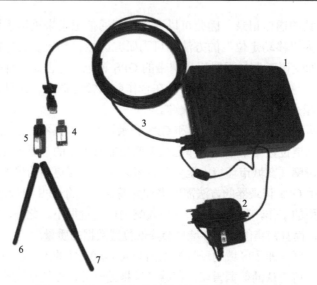

图 14.1　用于跟踪目的的蓝牙扫描器的组成部分

1. 计算单元；2. 电源；3. USB 电缆；4. 2 类蓝牙传感器；5. 1 类蓝牙传感器；6 和 7. 不同类型的外部天线

通过在不同的位置放置蓝牙扫描器，可以重构移动设备（或相应的所有者）产生的轨迹。由于环境背景复杂及蓝牙信号传播的不可预测性，目前的定位是基于**近似原理**，即检测到的移动设备的位置近似于检测到它的扫描器的位置。蓝牙扫描器的放置位置用于对生成的轨迹进行语义丰富，从而成为地理语义轨迹。与任何其他形式的移动数据稀疏采样（有时也称为**情节**）类似，不在任何扫描器范围内的移动设备位置设为未知。

所产生轨迹的空间粒度最终取决于蓝牙扫描器的探测范围，以及研究区域内蓝牙扫描器的数量和覆盖范围。理论上，探测范围取决于蓝牙设备的电源类型（1类：100 m，2 类：10 m，3 类：1 m）。在实际应用中，探测范围可能会发生变化：由于环境因素（屏蔽、反射等）会影响无线电信号的传播，导致检测区域边界模糊。另外，时间粒度也无法预测，因为蓝牙扫描器会在探测到移动对象时才进行采样，而不是使用固定的采样间隔。当设备与传感器可以直达时，每隔几秒会产生一个探测结果。

14.2.2　预处理和软件

原始跟踪数据由日志文件组成（以扫描器和传感器的 MAC 地址的组合命名），包含以下格式的日志行：检测时间戳、被检测设备的 MAC 地址、被检测设备的 COD 代码、被检测设备的 RSSI。为了获得一个压缩的数据集，扫描器在扫描过程中进行编程组合，创建以下压缩格式的日志文件：检测时间戳、被检测设备的 MAC 地址、被检测设备的 COD 代码、进入（in）/离开（out）/通过（pass）。缓冲时间为 10 s，用于从检测时间点创建检测时间间隔。当设备进入传感器的检测范围时写入 in，当设备离开传感器的检测范围时写入 out。Pass 表示单独检测（即在 10 s 内唯一检测到一个位置）。该日志系统的原理如图 14.2 所示。用专业术语表达为：这种压缩实际上将地理定位的语义轨迹转换为抽象的、结构化的语义轨迹，其中个体检测被压缩为检测间隔，表示一定时间间隔内扫描器范围内存在移动设备。

```
voyage103_01:A3:B5:0A:4B:42_rssi.log
20100720-175338-CEST,20:21:A5:45:40:40,5898756,-81
20100720-175340-CEST,20:21:A5:45:40:40,5898756,-80
20100720-175341-CEST,20:21:A5:45:40:40,5898756,-72
20100720-175353-CEST,20:21:A5:45:40:40,5898756,-78
20100720-175355-CEST,20:21:A5:45:40:40,5898756,-82
                      ↓
voyage103_01:A3:B5:0A:4B:42_scan.log
20100720-175338-CEST,20:21:A5:45:40:40,5898756,in
20100720-175341-CEST,20:21:A5:45:40:40,5898756,out
20100720-175353-CEST,20:21:A5:45:40:40,5898756,in
20100720-175355-CEST,20:21:A5:45:40:40,5898756,out
```

图 14.2　通过记录数据的提取显示原始的时间点检测数据（顶部）和压缩的时间间隔数据（底部），将单独的检测压缩成间隔，产生一个抽象的和结构化的地理定位轨迹

其中，一个蓝牙设备（MAC 地址 20:21:A5:45:40:40）被检测了 5 次（顶部）。通过设定 10 s 的缓冲时间将原始数据分成两个单独的检测时间间隔（in→out）。设备 COD 代码（5898756）表示这是一部手机

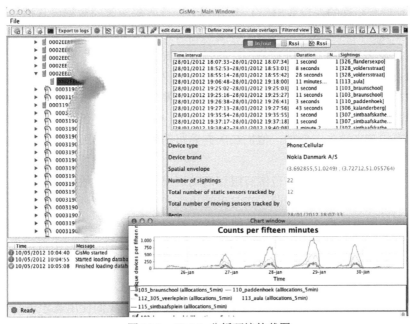

图 14.3　GisMo 分析环境的截图

出于隐私保护的原因，MAC 地址部分被模糊化

　　然后，将这种基于压缩间隔表达（遵循近似原理）的数据导入移动地理信息系统（GisMo）处理环境，以进一步分析。GisMo 是一个基于 Java 开发的桌面客户端，如图 14.3 所示。

14.3　实　例　探　究

　　为了介绍蓝牙跟踪方法的优点，我们将分析三种不同应用环境中的案例：群体活动中的人群管理和安全，以及两种零售环境（专业展会和购物中心）中的营销理解。

14.3.1　群体活动的人群管理和安全：2010 年和 2011 年的根特庆典活动

　　蓝牙可对大量个体进行非参与式、未经通知的同时跟踪，可用于监控大规模活动中的客流量。尽管存在这种潜力，但学术文献中有关大规模活动中使用蓝牙跟踪的研究寥寥无几（其中一些在 14.5 节中有描述）。我们将这一方法在根特庆典上进行测试。根特庆典是欧洲最大的户外文化活动之一，在 7 月份举办，持续 10 天，每年吸引约 150 万名游客。从人群规模、活动持续时间和研究区域的空间范围（根特历史城市中心约 4.5 km²）方面来看，根特庆典提供了一个具有挑战性的测试平台。庆典活动除了规模比较大外，还具有开放性（大多数活动都是免费的，而且没有明确的入口或出口），这使得客观地收集游客的数据更具挑战性。因此，定量数据的缺乏成为游客移动时空动态研究的瓶颈。计算参加庆典的游客总数的传统方法是使用代理进行估计，如每天收集的垃圾量和出售的电车或公共汽车票的数量。尽管估计结果略有不同，但普遍认为 2010 年约有 150 万名（非唯一）游客参加了庆典活动。除了这个粗略的数字，警察部门还使用视频技术定性地显示拥挤区域或其他安全问题。但是，除此之外，人们对游客在庆典现场内外的一般移动模式知之甚少。例如，他们在庆典停留的时间、参观庆典的天数、如何到达活动现场等。

　　鉴于蓝牙扫描器的工作范围有限和活动规模较大，从实际应用出发，不可能完全覆盖整个研究区域。因此，在与当地决策者和城市专家协商后，我们选择了一些重要的覆盖地点，以尽可能多地收集重要的个人活动信息。2010 年，共覆盖了 22 个地点，包括市中心的大型公共广场、进入活动区的一系列出入口、两个火车站及一个紧邻公园和骑行设施的电车站。2011 年，我们在市中心及其周围专门设置了 43 台扫描器，以更精细的方式获取游客在市中心的移动情况。

　　由于过度拥挤通常被视为大规模活动的主要危险，我们使用蓝牙跟踪作为计数方法，而不是跟踪方法。为了从检测到的设备数量推断出蓝牙扫描器检测范围内的真实人数，我们需要知道系统检测到的游客比例（即携带具有可发现蓝牙接口设备的人数占该区域人数的比例）。为此，我们将视频监控系统中摄影机发现的人数与一定时间内（通常为 15 min）多个狭窄通道中唯一蓝牙设备的数量进行了比较，将后者除以前者得到渗透率（也称为**检测率**）。渗透率通常因事件而异，在 2010 年达到（11.0±1.8）%。基于渗透率，我们可以对拥挤程度进行推断和粗略估计。作为这种计数方法的一个示例，图 14.4 显示了活动区拥挤度的每日和每小时变化。

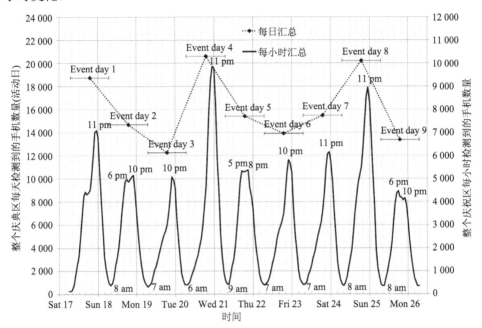

图 14.4　将整个 2010 年根特庆典活动区域中检测到手机的每日（虚线，活动日的开始和结束时间为上午 7 点）和每小时（实线）数量作为拥挤的指标

实心垂直网格线指向午夜，虚线垂直网格线每 4 h 绘制一次

　　每小时变化的特点是曲线非常平滑，早上有明显的谷值（通常在早上 7 点左右），晚上 11 点左右的峰值也很尖锐。除第 2、第 5 和第 9 天外，其他天的下午晚些时候可以观察到更宽的峰值。第 2、第 5 和第 9 天分别对应于两个星期日和比利时的国庆日（7 月 21 日），这些日子会吸引更多的白天游客（如带着孩子的工作夫妇）。而对于其他天，由于下午早些时候相对拥挤，午夜前后的尖峰不会出现。我们可以看到最繁忙的三天（第 2、第 5 和第 9 天）中第 5 天最拥挤，在晚上 11 点和上午 12 点之间的庆典活动区检测到近 10 000 部手机（或大约 90 000 名唯一访客）。要对一天的时间段进行汇总，我们必须仔细考虑如何定义一天。考虑每小时的拥挤情况，很明显，定义从午夜开始和结束的日子没有多大意义，因为那通常是一天中最拥挤的时段。这样做会导致蓝牙观测被不自然的中断分割。因

此，我们认为"活动日"（event day）的起点与一天中平均最不拥挤的时刻相吻合，即早上 7 点。每日汇总也显示了三个最繁忙的日子（Event day 1、Event day 4、Event day 8），其中，Event day 4 检测到的峰值接近 20 500 部手机（或大约 190 000 名唯一访客）。

尽管在某个地点和时间出现的游客数量已经是度量安全问题发生的可能性的一个很好的指标，但利用游客从一个地点到另一个地点的移动可以更深入地了解人群的时空动态。虽然只能重构携带可发现蓝牙设备的游客流，但发现的模式和趋势可以帮助管理者就人群管理和总体安全做出明智的决策。通过制作流程图的时间序列，可以研究某些游客流动的时间依赖性。

图 14.5 是 Google Earth 中动态游客流的可视化。KML 文件是在 GisMo 环境中生成的，并可以按照时间设置进行动画显示。图 14.5 包括四个快照显示，每个快照描述了 30 min 内的累计游客流。图 14.5（a）是下午的快照显示。除矩形所示区域（东北部）外，游客流在活动区域的分布相当均匀。除了外围游客流的方向是以向内为主外，大多数主要游客流在方向上也是平衡的。游客经常从活动区中心出发，穿过莱厄（Leie）河和 Lieve 河（活动区西部的椭圆形区域）。图 14.5（b）是晚上的快照显示，东北部地区明显恢复了生机。在活动区的其他部分，也有大量的游客。在活动区外围仍可见游客净流入。图 14.5（c）是凌晨晚些时候的快照显示。我们看到了与之前的一些显著差异。首先，活动区内的大多数游客流都向东北部迁移，似乎那里有很多活动。实际上，原因是在其他活动区的所有音乐表演都停止后，夜间游客都步行到该区域。此外，活动区周围的游客流也显示净流出（在东南部最明显）。游客也会更靠近活动区中心。图 14.5（d）是黎明前后的快照显示。最大的游客流位于东北部，而白天吸引大量人群的区域相比之下相当荒凉。更重要的是，现在大多数游客流都指向东北方向。这表示需要回家的游客持续不断地离开。

14.3.2　零售环境中的营销见解

如上所述，蓝牙跟踪是一种在大规模活动期间协助人群管理的有用工具。大量人群聚集可能会造成负面后果（如安全问题的风险更高），但是也会产生机遇。例如，在零售环境中，大量移动的人群其实也是大量的潜在消费者。用于人群安全管理的蓝牙跟踪方法，也可以应用于营销应用。实际上，位置也是经典营销方法的重要组成，其作用仅次于价格、产品和促销等。传统营销环境中的地点包括购买产品的线下地点、产品的分销链等。但是，客户在零售环境中浏览或购买产品的位置（变化）也很重要。因此，利用现代跟踪技术以自动（或半自动）方式测量客户的运动，被誉为"智能营销的第三次浪潮"。

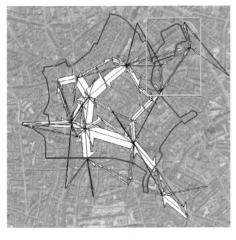

(a) 20/07/2011 14:00~14:30　　　　　　　(b) 20/07/2011 22:00~22:30

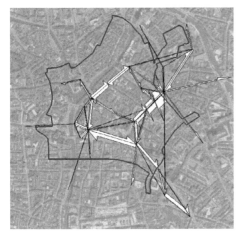

(c) 21/07/2011 04:00~04:30　　　　　　　(d) 21/07/2011 06:00~06:30

图 14.5　2011 年根特庆典活动期间游客流的时空变化

四个快照显示了四个 30 min 时间窗口内的累计客流。外部边界划定了官方活动区，在该区域有具体规定，以确保活动尽可能安全。箭头的方向指示游客流的方向；箭头的宽度表示游客流的大小。箭头的宽度分别按照每个时间段内最大游客流进行了均一化。因此，不能直接基于可视化结果比较不同时段的客流

1. 专业展会上的参观者流动

从严格意义上讲，展会可能并不代表零售环境，因为其主要目的是展示产品或服务，而不是销售产品或服务。但是，在展会环境中参观者的流动仍然非常有价值。展会组织者通常需要将有限的展示区域分配给大量公司。对于公司来说希望最大限度地提高曝光率，而对于展会组织者来说，则需要在参观者体验和展位

公司设想的投资回报之间进行优化，以实现整体提升。此外，展台占用区域的租金不仅取决于其规模，还取决于其位置。对于已知的某些会吸引更多参观者的地点（"热点"），想要在那里设立展位的公司，需要支付更高的租金成本。然而，展会组织者最终还需要基于详细的流动数据，对租赁价格进行更准确的估计，并基于从这些流动数据中提取的结果调整展台的分布。

　　针对这一应用背景，我们与一个知名展会主办方建立了合作关系，该展会主办方拥有 8 个展厅、面积超过 50 000 m² 的大型展览场地。在两届大型专业餐饮展览会（2009 年和 2010 年）期间，我们使用蓝牙跟踪方法在展览场地的室内环境中进行了测试。接下来，我们给出一些基本的测试结果。

　　测试表明，35% 的参观者被跟踪，明显高于根特庆典期间约 11% 的检测率。主要原因很可能是：蓝牙设备在餐饮专业人员中的普及率更高。图 14.6（a)显示了 2009 年和 2010 年展会中每个检测到的参观者参观展厅的数量分布。2009 年展会的曲线清楚地显示，参观四个或更少展厅的参观者比例较小，而参观五个或更多的展厅的参观者比例较高。简言之，与 2010 年相比，2009 年参观者平均参观的展厅数更多。图 14.6（b）中的折线图显示了在不同展厅花费的时间分布。出于可视化目的，少于 5 min 的持续时间被过滤掉（这代表穿过展厅，而不是"参观"）。在每个展厅花费的平均时间有明显的差异：参观者似乎大部分时间都在 1 号厅（主厅，也是最大的厅），其次是 8 号厅（第二大厅），其他厅（大小相同，且均小于 1 号和 8 号厅）之间的差异较小。参观者在 7 号、4 号和 3 号厅停留的时间大致相同，其次是 2 号厅和 5 号厅，6 号厅的平均参观时间最短。

2. 购物中心的顾客流动

　　前面已经介绍了现代跟踪技术在智能营销方面的价值。为进一步检验蓝牙跟踪技术的特殊优势，我们在严格意义上的零售环境进行技术测试：一个购物中心，其包括 39 家不同规模大小的商店，这些商店分布在三个楼层。我们对圣诞节前一个月内顾客从一家商店到另一家商店的流动情况进行了记录。另外，在购物中心的入口处和地下停车场也安装了扫描器，以便分析顾客进出购物中心的流向。表 14.1 是购物中心每家商店检测到的顾客数量信息，其排序为最受欢迎的服装店到吸引顾客比例最小的照相馆。这种情况和现实中的大多数购物中心一样，既有主力店，也有小商店。

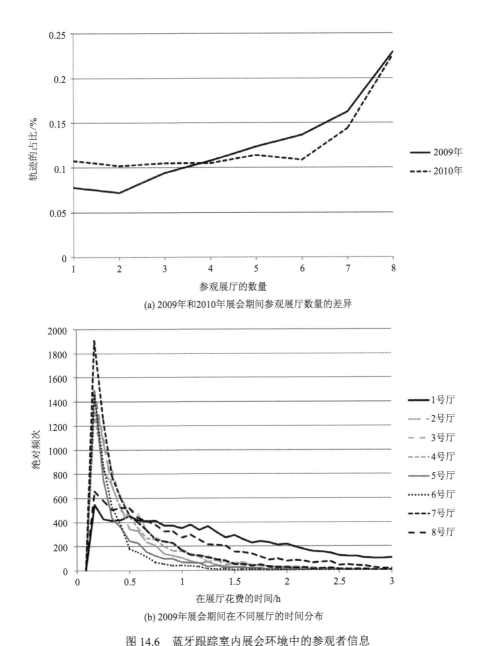

(a) 2009年和2010年展会期间参观展厅数量的差异

(b) 2009年展会期间在不同展厅的时间分布

图 14.6　蓝牙跟踪室内展会环境中的参观者信息

（b）中分类的时间宽度为 5 min，出于可视化目的，少于 5 min 的信息被过滤了

表 14.1　一个月的跟踪期内在购物中心的每个商店检测到的顾客数量（从高到低排列）

场所名	测到的顾客数量	场所名	测到的顾客数量
clothes_MF	8064	clothes_F_5	378
supermarket	2694	clothes_F_2	376
household_3	1964	clothes_M_1	354
household_1	1526	snacks_sweet	260
clothes_knitting	1461	lingerie_2	247
books_etc_1	1171	bistro_1	231
clothes_F_4	972	clothes_F_1	226
mobilephones_etc_1	889	bistro 2	199
cosmetics_1	810	clothes_M_2	160
shoes	799	interim_office	121
hobby	776	optician	101
snacks	717	mobilephones_etc_2	93
clothes_F_3	704	jewelry	92
home_entertainment	673	flowers	75
household_2	667	hair_salon	52
lingerie_1	588	leatherware	51
cosmetics_2	575	photo_services	41
books_etc_2	511		

注：商店名称根据其提供的产品/服务类型进行了匿名，其中 M 表示男性，F 表示女性。

　　接下来，我们通过实例介绍如何从这些跟踪数据中挖掘有趣的规律（或模式）。我们只关注顾客在一次购物行程中访问的不同商店之间的**关联规则**，并不考虑访问商店的先后顺序。另外，我们也不对顾客是否购买了商品进行区分。问题的形式定义如下：$I = i_1, i_2, \cdots, i_n$ 称为项集，其中的每项具有二元属性。项集表示有顾客访问过的所有商店。每个客户的访问模式构成了一个事务，其中包含 I 中项目的子集。进一步可以定义关联规则：$X \Rightarrow Y$，其中，X，$Y \subseteq I$ 和 $X \cap Y = \varnothing$。X 和 Y 项集分别被称为规则的前项和后项。可以使用不同的度量方法，从所有可能的规则集中选择感兴趣的规则。项集支持度的定义为：在数据集中包含项集的事务相对于数据集中所有事务的比例。而关联规则支持度的定义为规则的前项支持度。关联规则的置信度被定义为 $\dfrac{\text{support}(X \cup Y)}{\text{support}(X)}$，其用于度量基于前项预测后项的置信程度。关联规则进一步**提升**的方法是：关联规则的置信度（可信性）和支持度（代表性），定义提升为 $\dfrac{\text{confidence}}{\text{support}(Y)}$。

我们使用流行的 WEKA 数据挖掘平台（3.6.5 版）进行了一次非常简洁的挖掘实验。基于 Apriori 算法得到 10 条置信度最高的规则（最小支持度为 0.01）：

1. clothes_F_3=true clothes_F_4=true 238 → clothes_MF=true 201 conf:（0.84）

2. clothes_F_4=true clothes_knitting=true 267 → clothes_MF=true 217 conf:（0.81）

3. clothes_F_4=true clothes_F_5=true 220 → clothes_MF=true 174 conf:（0.79）

4. household_3=true clothes_F_4=true 258 → clothes_MF=true 199 conf:（0.77）

5. shoes=true clothes_knitting=true 221 → clothes_MF=true 169 conf:（0.76）

6. clothes_F_1=true 241 → clothes_MF=true 180 conf:（0.75）

7. clothes_M_1=true 385 → clothes_MF=true 281 conf:（0.73）

8. clothes_F_4=true 1089 → clothes_MF=true 777 conf:（0.71）

9. household_1=true shoes=true 236 → clothes_MF=true 168 conf:（0.71）

10. clothes_F_5=true 414 → clothes_MF=true 293 conf:（0.71）

从上述规则中，我们首先发现所有规则都在其后项中包含 clothes_MF。事实上，在发现所有 64 条规则中，有 54 条规则（最小支持度为 0.01，最小置信值为 0.3）的前项或后项都包含 clothes_MF。分析原因在于购物中心的这家主力店吸引了大多数顾客（表 14.1），其出现在大量的规则中，并且具有很高的置信度。但是，这些相当明显的规则也会"淹没"其他有用的规则。因此，我们在样本数据集中删除主力店 clothes_MF 的数据，并重新运行 Apriori 算法（最小支持度为 0.005，最小提升为 1.1，并按照提升值的大小对规则进行排序），以获取不太明显（即提升值不是很高，但更有意义）的规则。执行结果发现 266 条规则，其中最靠前的 20 条规则如下：

1. clothes_F_3=true clothes_F_4=true 238 → clothes_F_5=true 88 conf:（0.37）<lift:（14.9）> lev:（0） [82] conv:（1.54）

2. clothes_F_5=true 414 → clothes_F_3=true clothes_F_4=true 88 conf:（0.21）<lift:（14.9）> lev:（0） [82] conv:（1.25）

3. clothes_F_4=true 1089 → clothes_F_3=true clothes_F_5=true 88 conf:（0.08）<lift:（10.62）> lev:（0） [79] conv:（1.08）

4. clothes_F_3=true clothes_F_5=true 127 → clothes_F_4=true 88 conf:（0.69）<lift:（10.62）> lev:（0） [79] conv:（2.97）

5. clothes_F_2=true 414 → clothes_F_5=true 101 conf:（0.24）<lift:（9.83）> lev:（0.01） [90] conv:（1.29）

...

14. clothes_F_4=true 1089 → clothes_F_1=true 91 conf:（0.08） <lift:（5.79）> lev:（0） [75] conv:（1.07）

15. lingerie_2=true 267→clothes_F_4=true 99 conf:（0.37） <lift:（5.68）> lev:

（0）　[81] conv:（1.48）

16. clothes_F_4=true 1089→lingerie_2=true 99 conf:（0.09）<lift:（5.68）> lev:（0）　[81] conv:（1.08）

17. household_1=true clothes_F_3=true 162 → clothes_knitting=true 83 conf:（0.51）　<lift:（5.2）> lev:（0）　[67] conv:（1.83）

18. clothes_knitting=true 1645→household_1=true clothes_F_3=true 83 conf:（0.05）　<lift:（5.2）> lev:（0）　[67] conv:（1.04）

19. household_1=true clothes_F_4=true 209→clothes_knitting=true 103 conf:（0.49）　<lift:（5）> lev:（0）　[82] conv:（1.76）

20. clothes_knitting=true 1645 → household_1=true clothes_F_4=true 103 conf:（0.06）　<lift:（5）> lev:（0）　[82] conv:（1.05）

即使这样（即从样本数据中删除主力店 clothes_MF 的数据），我们发现包含服装店的规则仍然很丰富。其中，排名前 14 的规则中，甚至只包含卖女装的服装店。前 20 名的规则里其他规则中除了包含服装店外，还与家居用品店、内衣店相关联，其中一家服装店除了销售服装外还销售针织饰品。很明显，这表明商店之间存在着强烈的联系，这些商店更专注于面向女性顾客。因此，我们接下来把重点放在卖男装（clothes_M）的服装店，以发现涉及男性顾客的规则，这些规则对于吸引男性顾客可能会更有用。同样，我们对样本数据进行过滤，并重新运行 Apriori 算法，得到以下 4 条规则：

49. clothes_M_1=true 385 → snacks=true 83　conf:（0.22）　<lift:（4.12）> lev:（0）　[62] conv:（1.2）

50. snacks=true 874 → clothes_M_1=true 83　conf:（0.09）　<lift:（4.12）> lev:（0）　[62] conv:（1.08）

197. clothes_M_1=true 385 → household_3=true 111 conf:（0.29）　<lift:（2.08）> lev:（0）　[57] conv:（1.21）

198. household_3=true 2318 → clothes_M_1=true 111 conf:（0.05）<lift:（2.08）> lev:（0）　[57] conv:（1.03）

从这 4 条规则中，我们发现了一家男装店和一家零食店及一家家居用品店之间的联系。虽然这些规则明显不那么强烈（低置信度），但值得注意的是，与面向女性的规则相比，这些规则也很重要。男性主导的商店数量少、吸引力小。显然，需要更多的研究来挖掘有趣的模式，而不是陈述一些显而易见的模式，即提供一些有趣的新观点。

14.4　结　　论

在本章中，我们展示了蓝牙跟踪方法的优点——创新、廉价、不需要用户交互、灵活。该方法可用于在各种场景（环境）中进行人群移动性的测量。在大型活动中，可通过提供人群的规模和流向等定量数据协助进行人群管理；在零售环境中，可通过使用数据可视化、关联规则学习等数据挖掘技术方法提取发现知识，以进行智能营销（或其他商业智能）。

然而，跟踪过程中不需要用户交互的特性，也会带来一个方法论的问题。跟踪过程中会生成大量的位置数据，为实现对大规模样本数据的分析需要进行样本采样，由此可能产生样本偏差。另外，不同用户使用蓝牙设备也存在潜在差异，例如，与老年人相比，接受高等教育的青年可能拥有更多支持蓝牙的设备，而对于不使用蓝牙设备的婴幼儿，其可能永远不会被检测到。这种潜在的差异会严重影响对于数据分析结果的理解。因此，需要对不同人群使用蓝牙设备的情况进行更多的研究，以使蓝牙跟踪成为一种向决策者、人群管理者和营销研究人员提供准确可靠信息的技术。我们在实验中发现，一般观众的渗透率在 11%左右，专业展会参观者的渗透率在 35%左右。最后，为了进行更可靠的推断，有必要采用更系统的方法计算被跟踪人口的百分比。此外，还需研究时间和空间对检测率的影响。

本章中对购物中心数据的试探性关联规则分析，显示了对于小规模蓝牙跟踪数据的数据挖掘的可能性。对于关联规则，我们发现更需要一种可以从大量无意义规则中筛选出有趣规则的方法。为此，可以使用智能可视化和/或关联规则删减技术（具体方法不再单独列出）。除了关联规则发现外，其他数据挖掘方法（如第 6 章描述的方法）也可以从这种类型的稀疏运动数据中挖掘有价值的知识。但是，针对蓝牙跟踪数据的时空复杂性，需要对挖掘算法进行适当的修改。

14.5　文　献　综　述

Dee 和 Velastin（2007）对摄像机系统在现实世界（自动）监控中的科学进展及仍有待解决的挑战进行了回顾。Moore 等（2011）给出了使用视频技术分析大规模活动人群流量的具体示例。Millcr（2010）提出了"数据雪崩"范式。Ahas等（2008）讨论了移动定位方法、精度性及与移动运营商的复杂协作。Van der Spek等（2009）讨论了 GPS 跟踪在不同项目中的使用和附加值。Peterson 等（2006）提供了蓝牙协议的更多细节。尽管蓝牙技术在跟踪领域仍然有些特殊，但在不同的环境中也有一些使用的报道。有一类文献关注群体活动，将蓝牙跟踪技术用于分析游客流量。Versichele 等（2012）在根特庆典（比利时根特）期间使用了蓝牙跟踪技术作为计数方法，并对人流量、停留时间、公共交通使用情况等信息进行了分析。Leitinger 等（2010）在 Donauinselfest（奥地利维也纳）期间也对蓝牙跟踪技术进行了一次小规模的试验。Stange 等（2011）将蓝牙跟踪技术用于一级方程式赛车比赛中观众流动性的测试，并重点进行了拥挤度和流量的时空分析。其他一些相关应用还包括：Haghani 等（2010）基于蓝牙跟踪技术对高速公路路段上车辆行驶时间数据进行了收集，以及 Eagle 和 Pentland（2005）为研究复杂社会系统而部署了移动蓝牙传感器。本章中图 14.5 中游客流量可视化的最初灵感来自 Tobler（1987）的工作。Burke（2005）讨论了"智能营销的第三次浪潮"的概念。Agrawal 和 Srikant（2002）提出了关联规则发现的概念，Bruzzese 和 Davino（2003）讨论了基于关联规则可视化提取有意义规则的方法。

第四篇　未来的挑战和结论

第15章 人口移动性的复杂性科学视角

Fosca Giannotti、Luca Pappalardo、Dino Pedreschi 和 Dashun Wang

在各种高通量工具和技术收集的大数据的推动下，数据驱动的跨学科科学研究的新浪潮在过去十年中迅速蔓延，影响了从物理学和计算机科学再到细胞生物学和经济学等一系列学科。特别是信息通信技术（ICT）正在向我们提供大量有关人类活动的信息，使我们能够以前所未有的细节观察和测量人类行为。这些提供人类活动模式客观描述的大规模数据集，已经开始重塑并有望从根本上改变我们关于量化和理解人类行为的讨论。自21世纪以来，统计物理学和复杂系统理论发生了令人印象深刻的变化，分析人类活动和社会互动的大型数据集的可能性激发了人们对研究人类移动性和社交网络的新兴趣。

自19世纪罗伯特·布朗（Robert Brown）的开创性观察以来，理解物体如何移动，尤其是人类如何移动，是自然科学领域的一个长期存在的挑战性问题。近年来，由于数据可用性，以及与城市规划、病毒传播、应急响应等各个领域的相关性，该主题引起了人们特别的关注。本章简要介绍这一研究主题，重点是关于决定个人移动模式经验规律的最新结果：人们行程的关键变量（如长度、持续时间和回转半径）如何遵循普遍规律，并基于实际观察的不同数据集进行验证。此外，我们还讨论人们的移动是如何可预测的，最近的研究结果表明：人类移动具有高度的可预测性，这是所有个体的普遍特征(尽管每个人的具体行踪多种多样)。

接下来，我们从个人转向个人之间的互动（即联系），以进入社交网络分析领域。关于理解个人之间的相互联系已经开展了广泛的研究，具体包括我们所在社交网络结构是什么，以及这种结构如何影响社会现象（如某些个人或群体的重要性、信息的传播、社区的形成等）。本章还简要介绍迄今为止网络科学的主要发现：与随机网络相比，真实社交网络的显著特征是什么，真实网络的社区结构如何模拟社会结构，生成真实网络的机制过程是什么等，以此来讨论关于人类移动如何塑造和影响社会关系（或者社会关系如何塑造和影响人类移动）的最新研究结果。我们再次发现：经验法则提供了一种直观的定量解释，即来自同一社交圈的人比远离社交网络的人更倾向于在空间和时间上具有共位性。基于社交和移动变量之间的这种关系，我们可进一步了解社交网络（和移动性行为）的时间演变规律。

我们认为，本章中关于个人移动性规律及社会联系与个人移动之间关系的研究结果，可以成为各学科研究的基本工具。我们认为，数据挖掘研究与网络科学研究将进一步融合。现有的研究工作中这一趋势已经很明显，在不久的将来统计物理学的分析与知识发现相结合的趋势将更为明显。

15.1　人类移动性模型

我们生活在这样一个时代，了解个人移动性模式对于流行病预防及城市和交通规划至关重要。然而，人类的移动本质上是巨大的、动态的和复杂的。事实上，一方面，借助现代交通技术，我们可以在一两天内前往全球任何地方；另一方面，不同于我们的动物，其移动性主要取决于交配需求和食物资源，人类的移动性从根本上是由我们自己驱动的：从工作限制、家庭相关的计划到参与日常和社会活动。因此，量化人类移动背后的规律性和奇异性一直是一个难以实现的目标。由于现代技术（如美元钞票的注册、移动电话服务、GPS 设备及基于位置的网站等）在各个领域产生的大量数据集，目前针对人类移动性的研究数量激增。

在本节中首先介绍 19 世纪最基本的运动模型。然后描述对人类移动性的一些经验观察和新一代移动模型，并展示真实的人类移动模式在多大程度上偏离了简单扩散过程的预期结果。

15.1.1　运动模型：布朗运动和 Lévy 飞行

1827 年，植物学家罗伯特·布朗（Robert Brown）在研究植物的性关系时注意到，花粉粒中的颗粒不断运动，但这种运动不是由流体中的电流或蒸发引起的。起初，他认为是因为花粉颗粒具有生命（或者是因为花粉具有有机特性），所以才抖动。通过对死去的有机物和无机物进行了同样的实验，也发现具有同样的抖动。显然，这种运动与物质的生命无关。但是，这给布朗及其同时代的科学家留下了一个令人困惑的问题：让花粉不断运动的神秘动力是什么？

对所谓的**布朗运动**①的一种可能解释是，流体中的所有分子都在剧烈运动，当流体分子反弹时，这些微小的颗粒会由于这种来自四面八方的持续撞击而四处移动。我们想象在人群中间有一个大气球。当人们四处移动时，他们从各个方向推动气球：有时气球会向左移动，偶尔会向右移动，总体上显示出随机的、抖动的运动，其运动路径如图 15.1 所示。因此，一个花粉颗粒，就相当于在密集人群中的一个非常大的气球。

---

① 1785 年，荷兰医生扬·英根豪斯（Jan Ingenhousz）首次报道了布朗运动的观察结果。然而，布朗是发现这种现象普遍存在的第一人。

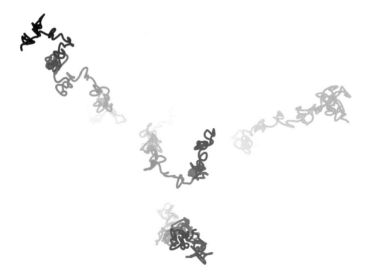

图 15.1　布朗运动的一些例子

　　这种原子-分子理论由爱因斯坦提出，他在 1905 年发表了布朗运动的理论分析，认为粒子从第一个碰撞点开始，其到达的平均距离随时间的平方根而增加。例如，4 s 后粒子到达的平均距离是 1 s 后到达的平均距离的两倍（$\sqrt{4}=2$），而不是通常认为的 4 倍。1908 年，物理学家让·巴蒂斯特·皮兰（Jean Baptiste Perrin）通过实验证实了爱因斯坦的这一计算公式，并得到了对原子-分子理论持有怀疑观点科学家的认可。

　　在爱因斯坦之前，路易斯·巴舍利耶（Louis Bachelier）独立地推导了布朗运动的几个数学性质，包括布朗随机游走者在时间 t 时位置 x 的概率方程 $P(x,t)$，其中，将随机游走者在时间 $t=0$ 时开始的位置作为原点。一维 $P(x,t)$ 的方程由扩散方程给出，具有高斯解。因此，布朗运动基本上是一种随机游走，在时间 t 后，随机游走者的位置呈正态分布，方差与 t 成正比。这意味着随机游走者在两次观测之间移动距离大致相同。然而，在某些情况下，例如，跳跃的距离非常大时（一些动物的动作可能会这样），布朗运动方程不再适用。对信天翁、猴子和海洋食肉动物的观测表明，动物的轨迹不遵循布朗运动，更接近于所谓的 Lévy 飞行。20 世纪 30 年代法国数学家保罗·莱维（Paul Lévy）研究了无限矩随机游走的数学，他发现：N 步的随机游走是 N 个独立同分布随机变量的和，其中，均值 $\mu=0$，方差为 σ^2，即 $S_N = X_1 + X_2 + \cdots + X_N$。Lévy 也提出了以下问题：何时 N 步之和的概率分布 $P_N(x)$ 与单步概率分布 $p(x)$ 具有相似的形式？对于具有有限跳变方差的游走，中心极限定理表明总概率 $P_N(x)$ 是高斯分布。对于无限方差随机游走，$p(x)$ 的傅里叶变换形式为 $\bar{p}(k) = e^{-|k|^\beta}$，$\beta<2$。高斯分布（布朗运动情况）对应

于 $\beta = 2$，柯西分布对应于 $\beta = 1$。因此，Lévy 飞行可以看作是布朗运动的泛化（图 15.2）。

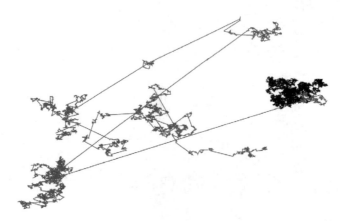

图 15.2　布朗运动（右边较暗的曲线）被描述为一种随机游走，其中所有的步都具有相同的贡献

当行程由几个非常大的步控制时，就会产生 Lévy 飞行

当 x 的绝对值较大时，$p(x)$ 近似为 $|x|^{-(1-\beta)}$，即当 $\beta < 2$ 时，$p(x)$ 的第二阶矩无穷大。这意味着，除 $\beta = 2$ 的高斯情形，随机游走跳跃没有特征尺寸。正是这种特征尺寸的缺失使得 Lévy 随机游走具有尺度不变的分形。

15.1.2　人类移动模式

人类的运动是类似于布朗运动中的花粉粒运动，还是像海洋食肉动物和猴子一样，受 Lévy 飞行控制，或是他们遵守自己的规则？为了回答上述问题，我们需要在"显微镜"下观察人类，就像让·巴蒂斯特·皮兰观察原子一样，以通过实验证实爱因斯坦的理论。移动电话、GPS 和其他手持设备的迅速普及，使我们能够跟踪人类的移动并测试模型。这些设备就是我们的社交显微镜。2006 年，德克·布罗克曼（Dirk Brockmann）和他的同事提出，以美元纸币的地理流通作为人类交通的代理（基于个人在旅行时携带纸币的想法）。通过分析最大的在线账单跟踪网站 www.wheresgeorge.com 收集的数据，结果发现：大多纸币都停留在其初始位置附近，只有小部分（但数量也不少）纸币穿越了整个美国（图 15.3）。这一发现与短途旅行比长途旅行更频繁的直观概念相一致。布罗克曼的团队得出纸币穿过距离 r 的概率 $P(r)$ 遵循幂律分布：

$$P(r) \sim r^{-(1+\beta)}$$

其中，指数 $\beta \approx 0.6$。此外，他们还发现，到初始起点的典型距离相对于时间的函

数 $X(t)$ 也遵循幂律分布：

$$X(t) \propto t^{1/\beta}$$

图 15.3　美国美元纸币的短期轨迹（摘自 Brockmann et al., 2006）

图中线路连接了时间少于一周的纸币的始发地和目的地

众所周知，对于布朗运动，距离 $X(t)$ 根据平方根定律缩放。对于幂律分布，指数 $\beta < 2$ 时方差发散。这意味着纸币扩散缺乏类似于 Lévy 飞行的典型长度尺度。而 Lévy 飞行是超扩散的，其相比于普通的随机游走扩散得更快。这一发现是理解全球范围内人类流动性的重大突破。鉴于这一发现，可以得出结论：人类与动物的扩散具有相似性。

然而，直觉表明：人类的移动并不是完全随机的。人类的生活是有规律的：大多数人都有自己的家、自己的工作场所和爱好。这些活动必然会塑造人类的轨迹。相反，如果人类的移动完全遵循 Lévy 飞行，人类就很少能找到回家的路。但是实际情况是：虽然人类的位置越来越远离最初的位置，但依然可以找到回家的路。

为了进一步研究人类的移动模式，2008 年，Barabási 和他的团队分析了 100 000 名匿名手机用户的轨迹，这些用户的位置被跟踪了六个月。不同于纸币，手机在人们的日常生活中通常由同一个人携带，为捕捉个人轨迹提供了最佳代理。研究结果表明：连续通话时位置的位移 Δr 近似为截断幂律分布

$$P(\Delta r)=(\Delta r+\Delta r_0)^{-\beta}\exp(-\Delta r/\kappa)$$

其中，指数 $\beta=1.75\pm0.15$；$\Delta r_0=1.5$ km；κ 是截断值。该公式表明，人类移动遵循截断的 Lévy 飞行，这也证实了先前对于纸币的观察。然而，可以通过采用其他度量进行随机性的区分。例如，回转半径 r_g，即用户在观察到时间 t 时行进的特征距离，其分布 $P(r_g)$ 也遵循幂律分布，这不同于随机游走（图 15.4 左）。这表明，大多数人通常在离家很近的地方旅行，而少数人会经常长途旅行。此外，人们在 t 小时后返回其第一次被观察到的位置的概率 $F_{pt}(t)$，在 24 h、48 h 和 72 h 均出现了峰值（图 15.4 右），显示了人类移动固有的重现性和时间周期性。

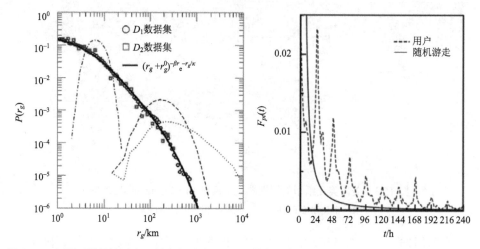

图 15.4　左图：测得的用户回转半径分布 $P(r_g)$，其中，实线表示类似的截断幂律拟合，点线、虚线和点虚线分别表示基于随机游走、纯 Lévy 飞行和截断 Lévy 飞行中获得的 $P(r_g)$。右图：与随机游走预测的平滑渐近行为（实线）形成鲜明对比，峰值捕捉到了人类定期返回先前访问位置的趋势（摘自 González et al., 2008）

我们发现最重要的结果是：在适当的重标度以消除各向异性和 r_g 依赖性后，所有个体似乎都遵循相同的一般概率分布 $\tilde{\Phi}(\tilde{x},\tilde{y})$，即个体都在给定的位置 (x,y) [图 15.5（b）]。因此，个体表现出明显的规律性：返回一些频繁的地点，如家或工作单位。这种规律性并不适用于纸币：纸币总是遵循其当前所有者的轨迹。也就是说，纸币会扩散，但人类不会。Song 等（2010）将实验扩展到一个更大的数据集，并测量了访问时间的分布（用户在一个位置花费的时间间隔 Δt）。所得曲线也近似于截断幂律，其中指数 $\beta=0.8\pm0.1$，截断值 $\Delta t=17$ h，这是人类典型的清醒时间。人类访问不同位置的数量 $S(t)$ 在时间上是次线性的，近似于 $S(t)\sim t^{\mu}$，其中，$\mu=0.6\pm0.02$，这表明人们访问以前未去过地点的趋势呈下降趋势。此外，访问频率，即用户访问给定位置的概率 f 也非常不均匀，具有类似 Zipf 的访问频率分布 $P(f) \sim f^{-(1+1/\zeta)}$。

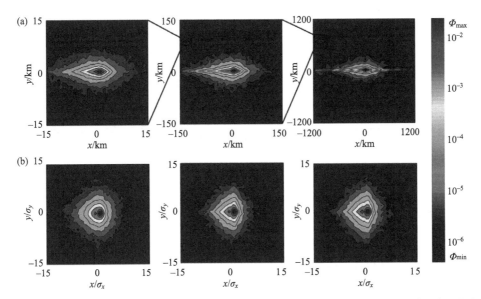

图 15.5　（a）在用户固有参考系中查找手机用户位置为 (x,y) 的概率密度函数 $\Phi(x,y)$。从左到右的三个图分是 10 000 个用户在 $r_g \leqslant 3$ km、20 km $\leqslant r_g \leqslant 30$ km 和 $r_g > 100$ km 时所对应的概率密度图。随着 r_g 的增大，轨迹变得更加各向异性。（b）在对每个位置进行重标度后，三个对应的概率分布，具有大致相同的形状（摘自 Song et al.，2009）

15.1.3　人类移动的可预测性

随机性在人类行为中的作用是什么？人类行为在多大程度上可预测？这些问题至关重要。实际上量化可预测和不可预测之间的相互作用，具有广泛的应用场景。例如，预测人类和电脑病毒的传播、城市规划、移动通信中的资源管理等。通过提高个人行踪和流动性的预测能力，可以帮助人们改善生活质量或挽救人类生命。Song 等（2009）使用约 50 000 人为期三个月的手机数据集，对人类步行的可预测性进行了定量评估。定义了三个熵值度量：以相等概率访问位置的随机熵 S_i^{rand}，仅取决于访问频率的熵 S_i^{unc}，以及考虑在轨迹中找到特定时序子序列的概率的真实熵 S_i。为了表征整个用户群体的可预测性，需要确定每个用户 i 的这三个熵值，并计算对应的熵值分布（即熵值频率）$P\left(S_i^{\text{rand}}\right)$、$P\left(S_i^{\text{unc}}\right)$ 和 $P(S_i)$，如图 15.6（a）所示，$P(S_i)$ 在 $S = 0.8$ 处有一个峰值，表明典型用户行踪的真实不确定性为 $2^{0.8} \approx 1.74$。这意味着，用户随机选择的下一个位置，平均通过两个位置就可以确定。而对于随机熵则具有很大的差异，其中 $S = 6$ 处的峰值，意味着要

找到该用户需要 $2^6 = 64$ 个位置。

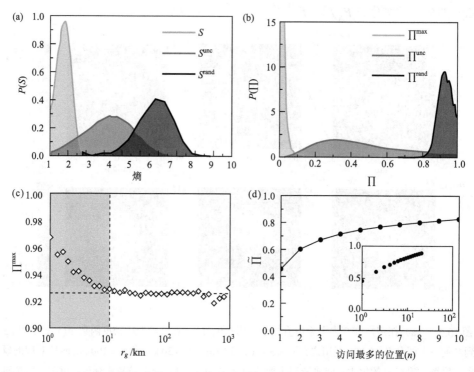

图 15.6 （a）45 000 个用户中熵 S、S^{rand} 和 S^{unc} 的分布。（b）所有用户中存在的 Π^{max}、Π^{rand} 和 Π^{unc} 分布。（c）Π^{max} 对用户回转半径 r_g 的依赖性。对于 $r_g > 10$ km，Π^{max} 很大程度上与 r_g 无关。（d）用户在前 n 个最常访问的位置所花费的时间部分，生成的度量 $\tilde{\Pi}$ 表示预测性 Π^{max} 的上限（摘自 Song et al.，2009）

　　为了表示个体可预测性的基本极限，Song 等（2009）定义了概率 Π，即能够正确预测用户未来行踪的合适算法。如果熵为 S 的用户在 N 个位置之间移动，其可预测性以 $\Pi^{max}(S, N)$ 为最大边界。对于 $\Pi^{max} = 0.2$ 的用户，无论预测算法有多好，只有在 20% 的时间内能预测用户的行踪。为每个用户分别计算 Π^{max}，发现分布 $P(\Pi^{max})$ 在 $\Pi^{max} \approx 0.93$ 附近达到峰值。图 15.6（b）表明 Π^{rand} 和 Π^{unc} 是无效的预测工具。

　　尽管个体轨迹具有明显的随机性，但在用户日常移动模式的历史记录中，用户移动的可预测性平均可达 93%。人类行为的固有规律是产生这一异常高值的原因。最令人惊讶的是：通过分析家庭、语言群体、人口密度及农村与城市环境的影响，发现整个人群的可预测性缺乏变性，即尽管人群具有内在的异质性，但最大可预测性 Π^{max} 变化很小，而且没有可预测性低于 80% 的用户。

了解个体的移动历史后，可以使用第 6 章和第 7 章中描述的高级模式挖掘技术发现人类移动的模式和规律，并进一步以极高的概率成功预测个体的当前位置。

15.2　社交网络和人类移动

在前一节中，我们介绍了人类移动性研究的演变，描述了表征个体移动行为的主要模式和模型。本节我们关注人类移动与社交网络之间的相互作用，以进一步了解人类行为，目的是强调人类移动在多大程度上影响社会动态，以及社会互动如何影响人们的移动方式。

我们首先简要概述网络科学及其在过去十年中的进展，然后重点介绍有关社会世界和人员移动之间相互作用的最新进展和发现。

15.2.1　网络科学导论

网络科学是一个真正的跨学科领域，它研究各种物理、工程、信息、生物、认知、语义和社会系统之间的相互联系。在数学术语中，网络由图 $G = \{V, E\}$ 表示，其中，V 是 n 个节点的集合，E 是连接 V 的边的集合。根据该定义，任何具有相互作用元素的系统都可以表示为网络。传统上，复杂网络的思维模式主要由随机图论主导，该理论最早由 Erdös 和 Rényi 在 20 世纪 50 年代提出。随机图模型给出了网络的一个简单实现：我们从 N 个断开连接的节点开始，以概率 p 随机连接每对节点，生成一个具有 $pN(N-1)/2$ 条边的图。20 世纪 90 年代末，随着计算机程序开始收集有关真实系统连接图的数据，关于真实网络的拓扑信息变得越来越容易获得。这促使许多科学家提出一个根本性的问题：蜂窝网络和互联网网络真的都是随机的吗？在过去十年中，我们目睹了这一方向的巨大进步，发现尽管节点及其交互的性质和功能存在本质区别，但许多真实世界的网络遵循高度可复制的模式。研究最多的刻画真实网络的三个特性如下。

平均路径长度，衡量网络中一个节点到达另一个节点所需的平均步长，通常也称为网络的直径。虽然真实网络通常由大量节点组成，但它们的直径非常小，这就是最广为人知的"小世界"属性或"六度分离"。也就是说，地球上的个体被六度的社会联系隔开。这很简单，可以使用随机图模型很好地捕捉这一特性：预测的平均路径长度 $d \sim \ln N$，其中 N 是网络的大小。

聚类，表示网络中紧密相连的集团，Watts 和 Strogatz（1998）对其进行了正式量化。他们为节点 i 引入了聚类系数 C_i，用于衡量 i 的邻居之间也相互连接的比例。在随机图模型中，由于链接在节点之间随机分布，因此预测 $C_i = p$。然而，在几乎所有真实网络中，聚类系数都显著高于随机图模型的预测。为了捕捉普遍存在的集群现象，Watts 和 Strogatz 引入了小世界模型，也称为 WS 模型：从一个常规网络开始，如一个环，其中每个节点都连接到其 k 个最近的邻居。让我们以概率 p 重定向链接，将边的一端移动到从晶格中均匀随机选择的新位置。当 $p=0$ 时，网络是一个规则晶格，其特点在于聚类系数非常高，但平均路径长度较长。当 $p=1$ 时，网络等价于随机图。当我们开始将 p 从 0 增加到 1 时，网络的直径迅速缩小，而聚类系数大致保持不变。因此，对于较大范围的 p，WS 模型产生具有高聚类系数和小直径的网络。

度分布，$P(k)$，度量随机选择的节点具有 k 条边的概率。随机图模型预测 $P(k)$ 遵循泊松（Poisson）分布，其对应于均质网络，每个节点具有大致相同的度数 $\langle k \rangle$。但是，对于 Internet、WWW、科学引文及演员合作等各种各样的真实网络，都表现出"无标度"的特性。这种"无标度"的特性是随机图模型或 WS 模型无法解释的高度可再现的模式，即 $P(k)$ 遵循幂律分布 $P(k) \sim k^{-\gamma}$。这表明实际网络是相当异构的：网络中大多数节点的度都很低，但有一些知名节点具有大量的连接。例如，Web 网站中的雅虎（Yahoo!）、代谢网络中的 ATP 蛋白、空中交通网络中的希思罗（Heathrow）机场。为了解释观察到的无标度属性的可能起因，Barabási 和 Albert（1999）引入了无标度模型（或 BA 模型），将网络视为一个动态对象，其随着节点和系统链接的增加而演化，这与之前主导文献的静态模型形成了强烈对比。假设一个由少量节点 m_0 组成的初始网络，在每个时间步中，我们添加一个具有 m 条边的新节点，这 m 条边将新节点链接到网络中已经存在的 m 个不同顶点。新节点连接到节点 i 的概率取决于节点 i 的连接性 k_i。在 t 个时间步之后，该模型将生成一个具有 $t+m_0$ 个节点和 mt 条边的网络。此时，网络演变为尺度不变状态，其中网络中节点具有 k 条边的概率遵循指数 $\gamma=3$ 的幂律分布。

除了上述度量特性外，在社交网络的研究中，**链接强度**的概念也引起了特别的关注。1973 年，社会学家马克·格兰诺维特（Mark Granovetter）引入这一概念，认为其由时间量、情感强度、亲密度（相互倾诉）和互惠服务等构成，而且这些也是链接的特征。他提出了一种社会模式，由小型的、全连接的朋友圈组成，即朋友由强链接联系在一起。而对应的弱链接，则负责将这些亲密朋友圈的成员与其熟人联系在一起，这些熟人也有关系密切的朋友圈。由于弱链接在不同的"社会微观世界"之间起着桥梁的作用，在许多社会活动中它们都起着至关重要的作用，如信息、思想和疾病的传播，或者寻找工作。相反，强链接则用于将亲密社区中的人联系在一起，并影响情感和经济支持。

最近的研究利用了现代工具和技术记录的大量人类交互，证实了联系强度和网络拓扑之间存在局部耦合。Onnela 等（2007）进行的一项研究分析了一个巨大的数据集，该数据集存储了 18 周内数百万人的手机交互。研究人员根据数据推断出一个社交网络：如果两个用户之间至少有一次通话，那么就用一个链接连接两个用户，并将联系的强度定义为通话的总持续时间。与 Granovetter 的假设一致，大多数强链接都是在高度连接的社区中发现的，这表明用户倾向于在大部分时间直接与朋友圈的成员交谈。相比之下，连接不同社区的链接大多都弱于社区内的链接。因此，由于网络的拓扑结构，删除最薄弱的链接会导致网络迅速解体，而首先删除最强链接只会导致网络规模缩小，但不会导致网络崩溃。

Onnela 等（2007）的研究发现的有趣结果和最近的研究成果，证实了链接强度在网络研究中的重要性，表明弱链接和强链接在我们理解社会的许多动态过程中发挥着不同但都至关重要的作用。

15.2.2　人类移动性与社交网络之间的相互作用

人类流动性和社交网络的最新进展，使得两者之间的相互作用成为我们对人类行为理解的重要环节。要在这一方向上取得进展，需要同时捕获个人移动和社会互动的动态信息的大规模数据。随着移动电话数据集和基于位置的在线社交网络（LBSN，见第 16 章）数量的逐渐增加，科学家们已经开始研究人类移动模式在多大程度上塑造和影响我们的社会关系，以及社会环境如何影响我们去哪里的问题。这里的核心假设是，社交活动随着物理上的接近而增加。事实上，从工作和家庭强加的共享项目到共同参与各种社会活动，社会联系往往由空间邻近性驱动。这些共同的社交焦点和面对面的互动，表现为个人轨迹的重叠，对社交网络的结构产生重大影响。目前的文献有三条研究路线：①地理上的邻近性产生更高链接（tie）关系的可能性；②轨迹重叠预测链接（tie）关系；③社会环境影响个体的移动性。

1. 地理邻近性

地理距离对友谊的形成、演变和强度的巨大影响，可能植根于我们社交大脑的本质。根据人类学家罗宾·邓巴（Robin Dunbar）的说法，人类大脑能够管理的强链接的数量存在着物理上的认知限制，部分原因是链接必须由一种社会修饰（social grooming）来驱动。社会修饰是一种耗时活动，主要基于地理上的接近和面对面接触。

最近对脸书（Facebook）和电子邮件数据的分析证实了邓巴的直觉，研究结果表明：通信量与地理距离成反比，在一定距离内拥有朋友的概率 $P(d)$ 会随着某种"万有引力定律"而降低。尽管在过去的几十年里，技术已经为减少距离做出了贡献，但近距离对于建立相关关系仍然很重要，这打破了我们对生活在"地球村"（一个物理和文化距离消失的小世界，生活方式具有完全的同质性）的幻想。

在研究社会与地理关系的问题时，LBSN 的数据证明非常有用。Scellato 等（2011）利用几个 LBSN 的社会和位置信息来确定友谊和地理距离之间的关系。他们注意到朋友数量与平均距离之间存在弱正相关性，并发现用户的社会空间结构无法通过单独考虑地理因素和社会机制来解释。Cranshaw 等（2010）研究了与 LBSN 位置相关的熵，以了解其如何影响潜在的社交网络。他们发现，与低熵位置的共位相比，高熵位置的共位更有可能随机发生。因此，如果两个用户只在高熵的地方（如购物中心或大学）一起被观察到，那么与在低熵的地方一起被观察到相比，这两个用户在潜在社交网络中实际存在联系的可能性较小。此外，访问熵较高的地点的用户往往更具社交性，与访问熵值较低地点的用户相比，他们在社交网络中具有更多的联系。

2. 轨迹重叠

假设两个人同时在同一地理位置多次出现，那么他们相互认识的可能性有多大？这是关于社会性和移动性之间相互作用的另一个有趣且开放的问题，即人们之间的社会联系在多大程度上可以从时间和空间的共现中推断出来。

Crandall 等（2010）通过分析流行照片共享网站 Flickr 的大量数据集，研究了这一问题，得出了有趣而惊人的结论。他们推断：如果两个 Flickr 用户都在大致相同的时间和地点拍照，那么就认为他们时空共存（spatio-temporal co-occurrence）。令人惊讶的是，他们发现即使是极少量时空共存的发生也会导致社会联系的概率增加几个数量级。事实上，当两个用户在 80 km 的距离内每天只需出现 5 次时空共存，则他们在 Flickr 上建立社交关系的概率就是基线概率的近 5000 倍。为了更深入地理解潜在的现象，他们开发了一个数学模型，其中友谊概率是时空共存的函数，定性地近似于他们在 Flickr 数据中观察到的分布。

Wang 等（2011）提出了一种数据挖掘方法，以解决个人移动模式在多大程度上影响社交网络的问题。根据三个月内约 600 万部手机用户的轨迹和通信模式，他们定义了三组相似性度量：移动同质性（轨迹相似性）、网络邻近性（通话网络图中的距离）和联系强度（两个用户之间的通话次数）。研究人员在探索这些指标之间的相关性时发现：这些指标之间存在着较强的相关性，即两个用户的移动模式越相似，他们在社交网络中接近的机会越高，互动的强度越强。从这些结果出发，他们设计了一个链路预测实验，构建了基于网络（和/或移动的数量）的有监督和无监督分类器的完整库。结果表明：仅仅基于移动性或网络邻近性度量，都可产生很高的预测能力。进一步，将移动性和网络度量相结合，在有监督分类的实验中发现：大约四分之一的新链接预测为误报（TP），三分之一的实际链接被预测遗漏。

Wang 等的研究结果表明，Granovetter 的理论应与"移动性"维度相结合：

如图 15.7 所示，联系的强度不仅与社会接近度（人们共享同一社区的程度）相关，还与他们的移动行为（时空轨迹的重叠）相关。

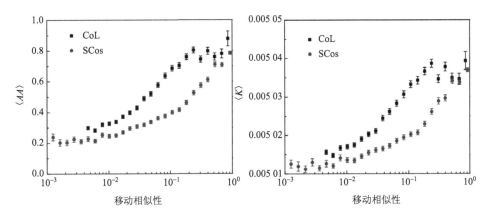

图 15.7　移动性度量与 Adamic-Adar 系数（左）和联系强度（右）之间的相关性（摘自 Wang et al., 2011）

其中，邻近度度量分别是从用户轨迹推断的空间共位（CoL）和时空共位（SCos）

3. 社会环境影响个人移动

Cho 等使用从 Gowalla、Brightkite 和电话位置跟踪数据中捕获的人类移动数据集，研究了个人社交网络结构和他（或她）的移动性之间的相互作用。结果发现：远方朋友对个人移动性的影响惊人地增加了。因此，Cho 等期望进一步了解友谊是否会影响人们行程的地点，或者是否更多的行程会影响和塑造社交网络。为了度量两个方面的因果关系，Cho 等下载了时间间隔为三个月的两个不同时间点 t_1 和 t_2 的 Gowalla 社交网络数据。对于时间 t_1 的友谊，他们计算了时间 t_1 后发生的签到集合 C_a，并通过测量社交活动在朋友家附近发生的比例，来量化社交活动对未来运动的影响。同样，通过计算 t_1 前的签到集合 C_b，并统计产生新友谊的签到数量，来量化移动性对建立新社会关系的影响。结果发现：用户访问现有朋友的平均概率为 61%，而签到会带来新友谊的概率只有 24%，即友谊对个人移动性的影响大约是移动对建立友谊影响的 2.5 倍。此外，实验结果还显示：建立友谊的概率和轨迹相似性之间具有强烈的依赖性，即社会和地理之间存在着强烈的同质性。

这些社会性和移动性之间的相互作用的主要发现最大的价值是：通过将周期性的日常移动模式与来自友谊网络的社会运动效应相结合，来开发人类移动动力学模型。

15.3　结　　论

在本章中，我们讨论了如何将统计物理学和复杂性科学的工具应用于人类移动性的研究：既关注个人移动，也考虑个人之间的社会关系。我们发现：基于个人移动和社会关系，利用最新可用的移动性数据，可进行通用规律的理论设计和实验验证，这为发现乍看之下似乎受混沌支配的现象背后的潜在机制提供了新的线索。

我们总结了当前研究趋势中自发出现的一个观察结果：网络/复杂性科学和数据挖掘研究正在朝着融合的方向发展，而且两个科学团体的逐渐融合才刚刚开始。同时，由于两种方法的结合可以实现优势互补，这一趋势正在稳步上升。但具体的原因究竟是什么呢？

我们在本章中了解到，统计物理学和网络科学旨在通过控制基本量的统计宏观规律，发现复杂社会现象的全局模型。幂律和其他长尾分布的普遍存在使我们能够见证整个社会的行为多样性，如人类移动的巨大可变性和个体差异。另外，数据挖掘旨在发现复杂社会现象的局部模式，即决定行为相似性或子群体规律的微观法则，如本书第 6 章和第 7 章中讨论的移动性模式和聚类。这种二元论方法如图 15.8 所示。在一个大城市的个人轨迹整体中，我们观察到了巨大的多样性：大多数行程都很短，但有一小部分行程却非常长。我们可以观察到诸如行程长度和用户回转半径等标量的长尾、无标度分布。尽管数据中存在这种复杂性，但移动性数据挖掘可以自动发现一些行程模式。这些模式对应于具有类似移动性的旅行者。即在这些子群体中，全局多样性消失，而类似行为出现。全局多样性（表现形式是无标度分布的出现）和局部规律性（在集群内或行为画像中）的双重场景，在今天被视为社会现象的特征，并似乎代表了计算社会科学的一个基本原则。由于网络科学和数据挖掘来自不同的科学社区，使用的工具大不相同，我们需要在统一的理论框架内协调第一种宏观/全球方法与第二种微观/局部方法。这样每种方法都可以从另一种方法中受益，共同为社会现象的模拟和假设推理提供真实而准确的模型支持。计算机科学、复杂性科学和社会科学之间的融合愿景如今已为大型研究计划（如 FuturICT 计划[①]）所认同。

---

① http://www.futurict.eu。

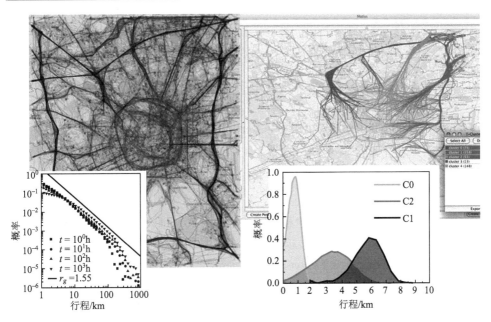

图 15.8　意大利米兰市一周内观测到的数万辆汽车的 GPS 轨迹及用户回转半径和行程长度的幂律分布（左），以及利用轨迹聚类方法从先前的数据集中挖掘出工作-家庭通勤模式和每个模式中行程长度的正态分布（右）

15.4　文　献　综　述

Erdös 和 Rényi（1959）是介绍随机图的开创性论文。Watts 和 Strogatz（1998）提出了著名的小世界模型，Milgram（1967）和 Granovetter（1973）分别对小世界现象和社会的派系性质进行了首次论证。Barabási 和 Albert（1999）首先引入了无标度模型。

Brockmann 等（2006）基于美元流动对人类移动性进行了分析。González 等（2008）描述了通过分析丰富的移动电话数据集发现的移动模式，这项工作后来由 Song 等（2010）进行了扩展。Song 等（2009）提出了人类移动可预测性的限制，而 Karamshuk 等（2011）则从时间、社会和空间维度对移动模式进行了分类。Cranshaw 等（2010）研究了 LBSN 位置相关的熵，以了解其如何影响潜在的社交网络。Crandall 等（2010）分析了 Flickr 的一组数据集，发现即使是少量的时空共存也会导致很高的社会联系概率。Wang 等（2011）提出了一种数据挖掘方法，以解决个人移动模式在多大程度上塑造和影响社交网络的问题。Cho 等（2011）通过分析基于位置的社交网络和手机网络的数据集，研究了社交网络和移动性之间的相互作用。

第16章 移动性和地理社交网络

Laura Spinsanti、Michele Berlingerio 和 Luca Pappalardo

16.1 引　　言

　　社交网络正在改变人们创建和使用信息的方式。每天都有数百万条信息通过一些在线社交网络媒体和具有社交功能的在线服务进行共享。典型的网络和服务包括 Facebook、Google+、Twitter、Foursquare 等。人们发现了一种进行社交的新方式：从工作到娱乐、从新的参与性新闻到宗教、从全球到地方政府、从灾害管理到市场广告、从个人状态更新到里程碑式的家庭活动，都出现了社会化趋势。用户通过发布图像或视频、博客或微博、采集和更新地理信息或玩基于位置的游戏，实现信息或内容的 Web 共享。考虑到接入移动互联网的智能手机数量的增加及可用（地理）社交媒体平台的数量，我们可以预计在不久的将来社交网络的信息量会持续增长。值得注意的是，近年来每天都会产生大量的"地理社会信息"，使得这种变化具有重要应用潜力。例如，2006 年 8 月 Flickr 推出了地理标记功能，2007 年就有超过 2000 万张带有地理标记的照片上传到 Flickr。2011 年 8 月 Flickr 发布了 60 亿张照片，在过去 5 年中同比增长了 20%[①]。同样，2006 年诞生的 Twitter，其消息的增长率令人印象深刻。2010 年平均每天发送的推文数量为 5000 万条[②]，而 2012 年 3 月，推文数量已增至 3.4 亿条[③]。2010 年时 Twitter 增加了地理标记功能，即使支持地理位置的消息数量仅为 1%，也意味着每天会有数百万条带有地理位置标记的消息。现在，人可以被看作是对其直接参与或目睹事件发出信号的传感器。发现、可视化和理解大量地理参考信息将实现对我们所在的这颗行星的多分辨率、多维的表达，即**数字地球**。

　　在线地理参考多媒体的多模性和异构性，使得传统地理数据分析和挖掘遇到新的挑战，引起了数据库、多媒体、数字图书馆和计算机视觉等不同知识发现领域的研究人员的关注。主要的挑战包括数据结构的频繁变化、内容的非结构化性质、信息的有限质量控制、地理信息不确定性的变化及发布内容的语义等。在

---

① http://blog.flickr.net/en/2011/08/04/6000000000/。

② http://blog.twitter.com/2011/03/numbers.html。

③ http://blog.twitter.com/2012/03/twitter-turns-six.html。

Web 2.0 时代，各种地理参考媒体大多由社会生成、合作创作和社区贡献。时间和地理参考及文本元数据，反映了媒体收集或创作的地点和时间，或者媒体内容描述的位置和时间。丰富的在线多媒体资源，为发现与地理位置和人类社会相关的知识和信息开辟了一个新的世界。

社交网络使用和创造地理社交信息，其重要性和受欢迎程度越来越高，出现了诸如基于位置的移动社交网络、地理社交网络、具有地理特征的简单社交网络等名词。目前，在互联网上具有时间和地理参考的几种典型媒体包括：①带地理标注的照片分享网站，如 Flickr；②地理参照视频网站，如 Youtube；③地理参照网络文档，如维基百科（Wikipedia）上的文章和 MySpace 上的博客；④地理参照微博网站，如 Twitter；⑤"签到"服务（用户在平台上发布自己的位置以联系朋友），如 Foursquare。上述这些服务的内容是无监督（地理空间）分类。上述社交网络的重要性日益增长，并出现了各种不同的术语：**众包**，用户是收集数据的传感器；**分布式智能**，用户是传输信息的基本解释器或预处理器；**参与式科学**，公民参与问题定义、数据收集和数据解释；**志愿地理信息**（volunteered geographic information, VGI），在贡献方面至关重要；**贡献地理信息**（contributed geographic information, CGI），用户主动提供地理特征；**用户生成地理内容**（user generated geographic content, UGGC），存在地理参考时，如地名，但用户贡献的主动性不可预知。上述不同术语的定义存在一定的模糊性，如，在不区分提供信息时的参与程度（或"自愿性"）时，众包数据与志愿地理信息（VGI）同义。在上述术语中，CGI 可以更广泛使用。本章在后续内容中也使用这一术语。

互联网上大量的地理参考内容通常是网络社区集体**地理标记**的结果。地理标记是指将地理标识元数据添加到媒体资源（如照片、视频、文章和网站）的过程。元数据通常包括纬度和经度坐标，有时还包括海拔、相机航向、IP 地址和地名。一般来说，地理标记的方法可分为两类：集成硬件（自动）和纯软件解决方案（手动）。GPS 和其他地理位置采集硬件为地理标记内容提供了自动解决方案。然而，到目前为止，只有一小部分地理参考信息通过集成硬件的方法进行地理标记。而且，所有的地理信息都主要取决于内容的性质。例如，互联网上的大多数地理参考照片都是由网络用户通过地理标记软件平台手动标记的。为了方便地理标记，商业媒体共享服务采用基于地图的标记工具，即地理标记工具允许用户将照片拖放到地图上的某个位置。直观的地图和用户友好的界面使地理标记过程简单明了。然而，纯软件地理标记过程的主要限制是，目前没有关于标记和存储媒体地理标记的行业标准。大多数商业媒体存储库采用类似于文本标记的存储方式，将地理标记存储在基于标记的系统中，最重要的结果是可检索位置存在不确定性的有关问题（本章后面将详述）。

接下来，本章首先概述基于 CGI 数据的现有和可预见的应用，尤其重点关注移动性。然后，描述从语义网重构轨迹的问题，以及与轨迹数据的地理和语义不确定性相关的研究问题。最后，由于该研究领域的新颖性，一些未解决的问题仍然存在，这些将在本章结尾部分进行描述。

16.2　地理社会数据和移动性

地理社会数据的使用涵盖了广泛的应用：基本上涵盖了位置（和时间）发挥重要作用的所有应用场景，如健康、娱乐、工作、个人生活和旅游等。我们重点关注地理社会数据的移动性，这一主题是近年来的前沿热点。目前的研究都基于移动电话数据开展，尽管地理社会数据和移动电话数据之间存在相似之处（如16.4.2节所述），但地理社会数据的概念框架和特征将会产生一个新的研究分支。目前，关于这一新领域的研究还远远不够。地理社会数据产生的轨迹由稀疏数据点集中构建而成（如16.3节所述）。接下来，讲述其不同的应用。

第一组应用，仅使用地理社会数据中的位置，通常用于对想要分析的区域或想要接收警报的区域（新闻馈送机制）进行内容（消息、照片、视频、新闻、推文等）的过滤。自然灾害领域的一些例子包括美国和法国的野火、美国的飓风、2010年海地的地震和英国的洪水。社会政治领域的例子是2010年末开始的"阿拉伯之春"。在所有这些情况下，都使用相关位置（如坐标、用户位置设置、文本或标记中的地名）进行消息过滤。危机事件期间（地理）社交媒体的影响已被证明对救援人员或协调员及受影响人群具有很高的价值。

另一组应用，使用位置集来发现模式。旅游知识情景就是一个例子。在Web 2.0社区中，人们在博客和论坛中分享他们的旅行体验。这些名为游记的文章包含各种与旅游相关的信息，包括地标的文字描述、景点照片等。游记为提取旅游相关知识提供了丰富的数据源。可以利用游记以视觉和文本描述的形式生成位置概览。该方法首先从游记中挖掘一组具有位置代表性的关键字，然后使用所学习的关键字检索Web图像。模型学习游记文档的词-主题（本地和全球旅游主题，如景点）分布，并识别给定位置内的代表性关键字。地理参考照片作为补充，也讲述了大量旅游知识。地理参考照片连同它们的时间和地理参考，隐含地记录了摄影师的时空运动路径。可以对游客访问的景点进行分组、挖掘、区分模式，并进一步用于景点排名和推荐。但是，目前大多数应用还只是从现实世界的人类轨迹中提取位置，并没有真正使用轨迹本身。

第三组应用，考虑用户的交互和关系。事实上，地理社交网络不仅提供了位置，还提供了明确的社会联系，在某些情况下还提供了明确的亲属关系和伙伴关系声明，从而克服链接强度推断技术的缺点。另外，地理社交网络还可提供高分辨率的位置数据：可以区分同一栋建筑不同楼层的签到记录。例如，雅虎研究实验室开展了一项研究，试图从 Flickr 大规模地理参考照片中提取特定位置的聚合知识。这里的知识是指最能描述和代表一个地理区域的词或概念，其中面临的挑战是从非结构化标记集中提取结构化知识。解决方案的前提是：基于嵌入在照片和标签中的人类注意和行为。也就是说，如果标签集中在一个地理区域内，在该区域外并不经常出现，那么该标签比那些分布在大空间区域的标签更能代表该区域。这个例子还表明，有必要对人类行为进行建模（这本身也是一个有趣的研究课题）。此外，模型和假设也取决于地理位置，如西方人在社会环境中的行为往往不同于东方人。然而，在线社交网络的缺点是：签到通常比电话更零星，提供的时间分辨率比移动数据要低。有关信息的一些参考资料见 16.7 节。接下来，介绍理论的应用场景。

在本节中，我们介绍一些在地理社交网络中进行虚拟运动分析有用，但研究人员尚未涉及的一些应用场景。例如，新兴的人类动力学领域中的关键问题：人类移动性和社交网络之间的相互作用，即移动模式和参数如何依赖于社交网络的特征？对这种互动的研究需要大量、可以同时捕获关于个人移动和社会关系动态信息的全社会数据集。传统上，可以通过使用移动电话网络来解决这一问题，因为移动电话网络可以同时提供时间信息和社会联系。然而，这种移动电话数据至少存在两个问题。首先，友谊不是明确的，其通过创建一个 who-call-whom 图来推断，可能会带来链接强度信息的不准确。例如，一个人通常不会经常给与他或她住在一起的人打电话，他们之间的通话次数少会被解释为弱链接，这与现实情况不相符。而社交网络可以克服这一问题，因为在社交网络中，紧密的联系通常会产生更直接的信息/互动。其次，在移动电话数据中，我们只知道用户在呼叫时的位置，即只知道管理用户所在区域的通信基站的位置，而不知道用户的真实地理位置。在地理社交网络应用中，用户的位置可以在他或她发布信息时获取，如果他或她与朋友一起移动，也可以从用户朋友发布的内容中获取。当然，后一种情况会带来一定的不确定性（见 16.4.4 节）。

生物病毒和手机病毒的传播是地理社会数据另一个可能的应用场景：流行病的传播取决于人群中社交网络、接触网络的结构及人类的移动模式。传染病的数学建模必须考虑到在一个城市或全世界范围内的传播模式，并根据病原体的性质和传染性准确塑造潜在的接触网络。例如，对于高度传染性疾病（如基于咳嗽和喷嚏的传播），接触网络将可能包括曾经待在同一地点的任何两个人。而对于需要密切接触的疾病（如性传播疾病），接触网络的结构将相对稀疏。在计算机病毒方面也存在类似的区别，通过互联网感染计算机的恶意软件将拥有比通过附近移动设备之间的短距离无线通信传播的恶意软件更广的接触网络。根据具体情况，可以通过使用地理社交网络、地理标记照片网站或地理参考微博网站的地理社会数据，来推断出基于同一地点共位（或显性社交网络）的接触网络。这方面已经开展了一些研究，但还远远不够。

　　为了定义流行病模型或进行模拟分析，可以使用用户的签到轨迹来提取人群的移动模式。一个非常有用的应用场景是为所谓的"机会网络"（opportunistic networks）开发移动性模型和路由算法。这是一种新的计算范式，其中没有固定的基础设施，移动性作为在网络断开部分之间传递数据的机会。当一个节点有数据要传输到另一个节点，但发送方和接收方之间不存在网络路径时，任何可能遇到的移动设备都代表着转发和携带数据的机会，直到遇到另一个被认为更适合将这些数据带到最终目的地的节点为止。在路由算法的设计和评估中，一种理想的方法是将空间维度合并到时变社会图网络的模型中。地理社会数据显然是最合适和最有用的工具，因其可以同时提供人类移动的所有三个维度——空间、时间和社会维度。另外，还可以利用在线社交网络中明确的社交关系，进行路由协议算法的优化设计，以更好地了解用户社交网络。例如，中心节点（联系人数最多的用户）在传播过程中的作用、新友谊和接触机会的预测等。

　　上述实例只是 CGI 数据几个典型应用场景，随着技术的发展和应用的快速变化，今后很快（甚至几个月内）将会开发出一些意想不到的创新性应用。

16.3　地理社交网站的轨迹

　　社交网站上的用户会留下他们的运动足迹：他们访问真实和虚拟的地方，他们的运动可以被记录和分析。按照前面的场景，我们现在要回答以下问题：可以从地理社交网络数据中重构什么样的轨迹？

　　通常情况下，从地理社交网络中检索和访问的数据虽然准时但不连续。迄今为止只有一个项目例外——GeoLife，该项目是微软研究院开展的一项实验，其中165 名用户在社交平台上跟踪他们的 GPS 轨迹。地理社交网络数据不连续性的原因不仅与定位系统（GPS 的使用降低了手机电池的续航时间）有关，还与用户在社交网络上的通信行为相关。通常，只有当用户需要与其他用户（或朋友）共享重要内容时才会进行信息发布，即用户不会进行持续的通信。此外，一些地理社交网络媒体更多地用于特定情况（即节假日期间的照片共享/存储），而有些则可用于日常事务（即签到或状态更新）。跟踪单个社交网络上的单个用户会生成有限的时空位置列表，以用于生成离散轨迹（见第 1 章）。离散轨迹的使用处于早期阶段，还存在一些限制。例如，Google Latitude 是一个日益流行的服务，它允许用户与朋友进行位置共享，以及将位置添加到其他 Google 应用的状态消息中。另外，历史记录选项（撰写本书时为 beta 版本）还可存储用户的历史位置。这样，用户就可以访问一个特定区域，并利用谷歌地图/地球（Google Maps/Earth）进行轨迹可视化，在仪表板上显示诸如行程、经常访问的位置、旅行距离和在不同地方花费的时间等信息。此类应用使用原始数据重构用户轨迹，并用语义信息丰富用户轨迹（见第 1 章中的语义轨迹和行为）。图 16.1 是在 Google Latitude 中显示从用户一个月的数据中重构的轨迹。从中我们可以看出，从社交网络中重构轨迹还存在一些具有挑战性的问题。例如，由于数据在时间上的不连续，存在数据采集问题。具体地，图中出现了一些连接距离很远点的长直线，我们没办法将其与路线图层（或交通工具）联系起来。

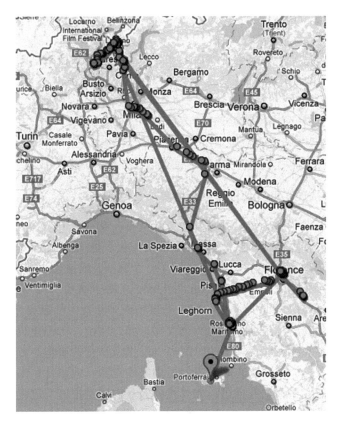

图 16.1　一个 Google Latitude 用户记录的在意大利东北部一个月的轨迹

　　跟踪单个用户在不同社交平台上的日常社交网络活动有助于创建不同的轨迹，或填补因仅使用一个社交网络数据源而存在的相关空缺信息。图 16.2 是一个非常好的**分段轨迹**示例（具体方法见第 1 章），其中的信息从火车上的 WiFi 连接广告中提取。目前，在不同社交网络之间共享信息、将内容从一个平台发布到另一个平台是一个新的趋势，科学界尚未对此进行深入研究。

图 16.2　社交网络使用分段轨迹

16.4　地理社交网站中的地理信息

在接下来的章节中，我们将重点关注与从社交网站中检索到的信息的相关地理知识，并回答以下问题：

- 位置信息如何与网站上生成的信息相关联？（16.4.1 节）
- 在线地理社交网络数据的特征是什么？（16.4.2 节）
- 如何检索网站中的轨迹足迹？（16.4.3 节）
- 有哪些不确定性来源（对应于位置信息）？（16.4.4 节）

16.4.1　位置：从现实世界到地理社会世界

我们将"内容"定义为：可以作为资源发布在 Web 上的任何信息（如文本、图像、音频或视频，格式不限）。内容由个人（代表他/她自己或更广泛的实体，如企业或机构）使用设备生成。内容描述了一个真实（或抽象）的对象（或事件）。根据《牛津英语词典》（*Oxford English Dictionary*）对"真实"和"事件"的定义，我们认为真实的物体/事件是"实际存在的事物或实际发生的事实，不是想象出来的"。一个真实的物体是世界上的一个实体，如一座山、一栋建筑等。一个真实的事件是在特定的地点和在有限的时间内"发生或举行的事情，尤其是重要的事情"，如森林火灾、足球比赛等。我们用抽象的对象（或事件）来描述其他类型的信息，包括情绪和感觉的描述，如"我今天真的感觉很好"这样的信息。抽象的对象（或事件）也可以具有相关的地理坐标。此处，我们只讨论真实的对象（或事件），并将其称为兴趣特征。在图 16.3 中，我们可以看到三个层次（现实世界、内容和社交网络）及不同层次中对象之间的关系。位于底部（现实世界）的实体是人、设备和感兴趣的特征。每个实体都有一个空间位置和一个扩展。

产生的任何信息都称为内容。与内容相关联、描述内容某些属性的信息通常称为元数据。地理内容（或 CGI）具有关联的地理空间信息（空间参照和以任何格式表达的几何图形），即地理参考可以是地理内容的元数据。元数据可以由设备自动生成（如数码照片的日期），也可以由个人手动添加（如标题或标签）。GPS 设备记录设备的坐标，并将地理信息与内容的元数据相关联。内容可以包括隐含的地理信息，如文本消息中的地名或照片中表示的对象。隐式信息可以使用不同的应用程序和策略进行显式显示，并作为元数据添加到内容中。内容及其元数据在 Web 上发布，成为发布内容，即特定社区的共享资源。值得注意的是，在 Web 级别每个人都有一个虚拟身份，即用户在社交网站上的个人信息，如用户通常居住的地方、访问的地方和/或与实际位置相关的地理信息。我们称这些信息为**用户地理信息**。用户地理信息，尤其是实际位置，可以通过 GPS 设备手动设置或自动更新。另外，不同级别中包含的地理信息需要进行同步以保持一致。对上述第一个问题（位置信息如何与网站上生成的信息相关联？）的总结和回答是：与感兴趣的特征或现实世界中的人相关联的空间位置，在地理社交网络中具有对应的表达，并通常作为内容关联的元数据。

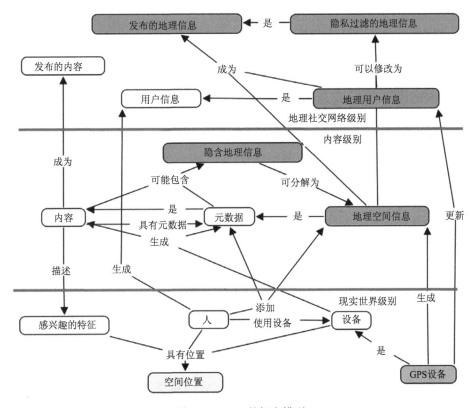

图 16.3　CGI 的概念模型

阴影部分的概念表示可以检索的空间信息的位置。其中，"空间位置"概念表示现实世界中实体（人、设备和感兴趣的特征）的物理扩展

16.4.2　GPS、GSM 和在线地理社交网络数据的比较

在过去的几年中，许多研究人员研究了地理标记数据，如 GPS 跟踪、GSM 数据和来自地理社交网络的数据。这些来自 GSM 和 GPS 的数据与在线社交网络上的地理标记数据有很大的区别，甚至被认为不具有可比性。然而，我们认为，对这些数据进行对比分析有助于读者对这些数据的理解。因此，本节从数据源和可执行的最终任务两个方面，对这些数据的差异性和相似性进行分析。我们首先回顾数据的不同类型。首先是在书中被广泛讨论的 GPS（全球定位系统）数据。有各种 GPS 数据处理设备：移动 GPS 导航系统、GPS 记录器、GPS 防盗系统、用于照相机的 GPS 设备等。显然，最终的用途可能有所不同，但是这些数据集有共同的特性：采用全球坐标系统（纬度、经度和时间），并为特定用途而存储。大多数 GPS 数据处理设备（如记录器和导航器），依据最终应用采用固定的时间间隔（从一秒到几个小时）获取信息。例如，逐向导航系统需要持续收集和处理 GPS 信号。正如第 1～3 章中所述，从这些 GPS 中一行通常至少提取以下信息：

```
ID, timestamp, latitude, longitude, quality of signal
```

其中，ID 是设备 ID；timestamp 是当前时间，通常以 1970 年以来的秒数表示（依据应用的需要，可以使用更高的分辨率）；latitude 和 longitude 是 GPS 空间坐标；quality of signal 是信号质量，表示信息测量的准确性。根据应用的不同，用户可以自主生成不同规模的数据。此外，GPS 数据的来源也不同，其中大部分都不是公开的。例如，防盗系统、GPS 记录器和导航器都是供个人使用的，除非用户在社交媒体上分享这些数据。

接下来是 GSM CDR（呼叫细节记录）数据。用户在拨打手机电话时会生成大量的通话数据，数据内容包括通话号码、时间和时长等。如第 2 章所示，这些数据的单个记录格式为

```
callerID, receiverID, time, antennaID, start, stop, callID
```

其中，antennaID 是手机呼叫时连接 GSM 基站的 ID；callID 用于跟踪呼叫（用户在空间移动时通过不同的天线）。正如我们所见，GSM CDR 数据的空间信息精度要低得多：GPS 可以精确到厘米级，但 GSM CDR 数据只能使用天线 ID 作为地理信息，非常粗略。事实上，单个天线可以覆盖圆形区域的半径也非常不同，具体取决于天线的功率、天线的位置（在城市或乡村）及其他因素。因此，呼叫者的位置通常以数百米数量级的精度进行估计。此外，GSM CDR 数据隐私敏感，通常不公开。

最后是来自在线地理社交网络和服务的数据。这类数据的形式与前两种不同，不仅包含潜在地理位置，还包括内容。事实上，我们可以在这类数据中检测到两

个信息块：地理位置和媒体有效载荷。后者可以是文本信息，也可以是图片、视频等。根据第一个信息块，第二个信息块中包含的内容被称为"地理标记"。在线地理社交网络和服务的数据所包含的地理信息通常是来自移动设备（如智能手机、平板电脑、相机）GPS 的派生数据，用户从这些移动设备生成内容。因此，我们仍然可以将在线地理社交网络和服务数据视为 GPS 数据源，虽然应用的特性不同（如不需要持续跟踪用户、不需要特定的精度等），此类数据在精度、时间分辨率和最终收集的数据量方面，与来自 GPS 导航器和记录器的数据有所不同。考虑到现在地理社交网络和服务数量较多，我们不可能列出所有可能的在线的信息。不过，我们可以在此介绍三种典型的系统——Twitter、Flickr 和 Foursquare，它们代表了大量在线社交网络。Twitter 是一个社交网络，用户可以在他们的时间轴上发布短消息（通常是公开的），这些信息会在所有关注者的时间线内自动出现。典型的消息是长度不超过 140 个字符的文本消息，其中可能包含图片或视频等附加媒体的文本和 URL。如果用户启用了定位功能，可对消息进行地理标记。一条典型的数据包含以下信息：

```
userID, messageID, text, geo-location, timestamp
```

Flickr 是一种带有社交网络层的照片共享服务，用户可以在其个人资料中发布照片和视频。标签、注释、地理位置和 EXIF 数据（有关图片的技术数据）通常与图片（或视频）关联。关于图片的典型数据包含以下内容：

```
pictureID, userID, geo-location, timestamp, tags, comments
```

Foursquare 是一个基于位置的社交网络，用户可以发布当前位置并与所有朋友共享。该服务包括游戏功能，鼓励用户分享他们的位置。一条典型的数据包含以下内容：

```
userID, geo-location, locationID, timestamp
```

表 16.1 总结了上述数据的一些特性。值得注意的是，表中数据只是真实场景的典型属性和个别示例，依据具体的应用可能会有不同。从表中我们可以看到：三种数据源在公共可用性、每个用户通常生成的数据量、数据的准确性、数据是否应出于隐私原因被视为敏感数据（如在线社交网络中，数据通常是稀疏的，可能是用户故意使得此类数据处于合理的无意义状态）及社会维度（即两个用户之间存在社会联系）等方面存在差异。因此，鉴于上述特点，在不同数据上执行的分析任务非常不同，应使用合适的数据执行相应的分析。例如，使用在线社交网络数据评估城市交通系统的有效性可能会产生不恰当的结果，因为数据中没有足够和准确的信息。

表 16.1　来自 GSM、GPS 和地理社交网络源的移动性数据的典型属性总结（实际场景可能因应用而异）

数据源	是否公开	每个用户的数据量	精度	是否隐私敏感	是否具有社会层
GPS	否	高	1 cm	是	否
GSM	否	从低到高	100 m	是	是
地理社交网络	是	从低到中	1 cm～1 m	否	是

16.4.3　地理社交网络的 CGI 检索

虽然 GPS 和 GSM 数据通常由私人实体、电信提供商或公民（其将轨迹存储在个人设备上）收集，但地理社会数据的特点是可以在社交媒体平台上公开获取。所有主要的地理社交网络系统都可通过提供的 Web API（"应用程序编程接口"）访问其庞大的数据集。许多开发人员已经创建并免费提供了一些库，这些库完成了与 API 交互所需的大量繁重工作，使得研究人员和数据分析人员能够重建和探索部分社交图和用户移动。API 几乎提供了访问系统所有功能的方法，通常定义一组 HTTP 请求消息及响应消息的结构（通常为 XML 或 JSON 格式）。API 的不断发展，一方面表示系统允许开发人员集成特定的功能，或者以新的创造性方式构建和扩展应用；另一方面也存在一些限制，如数据下载应遵守隐私政策，并有效管理服务器的负载。另外，还对获取数据的详细程度和准确性进行了限定。接下来，我们将简要介绍上述三个地理社交网络 API 面临的挑战。

Twitter 目前提供三个 API。其中两个提供访问状态数据和用户信息（姓名、个人资料、关注/关注者、推文）的方法，最大速率限制为每小时 350 个请求。第三个是流式 API，它是最适合数据挖掘或分析研究的访问，允许过滤检索用户实际执行的所有推文的 1%，过滤字段可以为关键字、标签、用户和地理边界等。这样的比率限制可以通过向 Twitter 请求 "gardenhose" 访问来提高，以便接收稳定的推文流，大约可以提高到所有公共状态的 10%。另外，随着流量的变化，该比率可能进行未经通知的自行调整。

与 Twitter 不同的是，Foursquare API 允许查看某个人的所有朋友，但出于隐私原因不允许某人 "跟踪" 特定用户。收集用户活动信息的唯一方法是在一个或多个特定区域选择一组场所，并下载在这些场所执行的所有活动（签到），速率限制为每小时 5000 个请求。Twitter 和 Foursquare 对数据检索都有严格的限制，只能收集用户活动的一小部分。

三种地理社交网络中，Flickr 的限制最少。在其在线照片管理系统中，几乎所有有价值的元数据，如标签和地理位置，都可以通过 API 进行访问。但是作者发现：在不同时刻使用相同查询，得到的检索结果会略有不同，这使得结果具有不确定性。应用可以生成原始数据或派生数据。原始数据是移动设备生成的消息的坐标（经纬度），派生数据是坐标的边界框、地点类型、地点名称或街道名称等。Flickr 的信息利用移动设备传递的坐标生成，同时检索、生成的信息会依据系统、设备、隐私设置等而变化。

16.4.4　CGI 的地理不确定性

如前所述，地理社会数据可能有多种不确定性来源。在进行统计分析和基于此类数据开发系统时，应考虑这些不确定性因素。在本节中，我们将讨论 CGI 数据的一些最重要的不确定性方面。本书第 5 章也介绍了不确定性的其他方面。

1. 关于精度的不确定性

在这个类别中，我们加入了与数据生成相关的问题。不确定性的第一个来源是信息粒度：轨迹中的每个点可以有不同的尺度，有时是特定位置的坐标，有时是边界框区域。第二个来源与设备有关。第三个是社交网络系统可以修改精度：在一些应用中（如 Foursquare），GPS 数据用来推断更高层次的信息，比如一个地方的地址，而具体传递的坐标被隐藏。另一个不确定性的来源是设备所使用的定位系统。图 16.1 显示了此类错误的一个示例。在轨迹的左下角，有一个点位于厄尔巴岛（Elba）的费拉约港（Portoferraio）。但是，用户从未去过这个岛。主要原因是用户为了节省手机电量关闭了 GPS 定位功能。因此，使用 GSM 天线进行定位时，其手机连接了位于费拉约港的基站，但实际上该用户位于厄尔巴岛北部几千米处的 Cost。因此，这些人为修改使得我们无法从生成数据中提取这些信息。

2. 关于可信度的不确定性

在某些情况下，我们可以看到"垃圾邮件发送者"用户的存在，他们用推文"轰炸"系统和/或随机改变相对于其地理位置的 GPS 坐标，以欺骗反垃圾邮件系统。而有时，用户也可能出于娱乐或保护隐私的目的，主动发布不同的位置。

3. 隐私设置带来的不确定性

在社交网络层面，出于隐私原因，可能会使用不太详细的地理级别进行地理信息的过滤和修改，尽管设备传输的是坐标信息。

4. 多重数据造成的不确定性

推文示例："丰沙尔（Funchal）后面的山脉发生了两起非常大的森林火灾，

浓烟遮住了太阳，阳光变成了深黄色的灰烬。[①]" 可以将此推文与空间上不重合的三个位置相关联。参考图 16.3 中描述的概念模型，内容描述的感兴趣特征是森林火灾，其本身有一个空间位置（森林位置）。内容还包含城市名 Funchal 的隐含地理信息，或者更准确的隐含地理信息是城市后面的山脉。值得注意的是，山上森林的定义和地名 Funchal 代表两个不同的位置，都存在一定程度的不确定性。第三个位置是用户/设备位置。假设推文消息本身具有来自源 GPS 设备的坐标，我们就可以假设：用户发送消息时距离森林火灾有一定的安全距离。

5. 用户和内容位置导致的不确定性

照片示例：让我们考虑一个人使用相机或带有 GPS 集成系统的智能手机拍照。人和设备坐标重叠，而照片中对象的坐标与相机有一定距离。这段距离有可能相当长。假设照片中的内容是珠穆朗玛峰。携带相机的用户必须远离山峰才能将其纳入照片中。如图 16.4 所示，山脉和相机始终彼此相距较远。

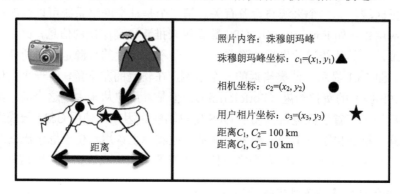

图 16.4　设备精度和语义精度的比较

最后两个示例说明内容的位置（发送消息或拍摄照片时注册的设备位置）与消息本身包含的地理内容之间存在差异。设备的位置不一定等于报告内容的位置：它们可能重叠，也可能相距很远。这种不一致不属于技术问题，而是语义特征的表达。

16.5　开放式问题

最后，我们想要提出一些新的关键问题作为未来研究的内容。我们相信，这将是未来几年计算机科学家、社会学家、物理学家和经济学家比较关注的问题。互联网上大量社会生成的媒体资源是网络社区分享经验的结果。这一快速增长的

---

① 由用户"Kevin bulmer"于 2010 年 8 月 13 日星期五 20:21 发布的 Twitter 消息。

媒体集合记录了我们的文化、社会和环境，并提供挖掘世界上语义和社会知识的机会。此外，最近基于位置的社会服务（如 Foursquare、Gowalla 和 Hot Potato）的流行，产生了大量详细的位置和事件标签。这些信息不仅覆盖了热门地标，还涵盖了不起眼的地方，从而以前所未有的规模提供了广泛的地点覆盖。这种大量的信息，通常是非结构化的，开启了数据流实时分析领域的第一个研究主题。这项研究涉及多个方面，例如，非标准数据结构中的超大数据存储库、提取标签的语义聚合、从非结构化文本中检测位置和事件，以及寻找自动链接不同来源数据的方法。这些主题与所谓的语义网的发展密切相关，谷歌和雅虎等大公司正在这些领域不断研究和开发。除了代表性之外，研究地理参考标签的地点和事件语义是使用地理社会数据的先决条件。地点标签被定义为显示重要空间模式的标签，而事件标签是指显示重要时间模式的标签。这两个定义都很模糊，并且受某些地理区域的限制。例如，"嘉年华"可能无法表示任何活动，但如果只考虑纽约市的嘉年华，则会非常具体。分析标签的空间和时间分布，识别具有相对地理尺度的事件和地点的分布，对于许多应用都很有用。例如，图像搜索、集合浏览、标签可视化及移动性分析等。另一个悬而未决的问题是（地理参考）网络媒体的多语种问题。地理参考媒体实际上是多语言的。然而，大多数系统将英语作为唯一的处理语言。这实际上排除了其他语言的媒体资源。其结果是，从地理参考媒体中挖掘的知识和模式偏向于英语国家和地区，尽管人们更习惯于使用当地语言（也包括方言和俚语）与朋友交流，尤其是在聊天、短信或状态更新中使用的口语的情况，或在有压力的情况，以及时间要求苛刻的情况，如灾难或危险情况。互联网上照片的地理位置开辟了许多新的研究和应用可能性。如 16.4.4 节中的照片示例所述，GPS 相机位置和照片中被摄对象的位置之间可能存在空间距离。了解照片的地理方向，即相机指向的方向，将有助于填补空间距离。虽然大多数相机没有配备传感器来测量设备的方向和倾斜度，但以 iPhone 和 HTC Magic 为代表的智能照片已经开始采用数字指南针技术。除了硬件传感器外，还可用估计照片方向的软件解决方案。例如，通过利用照片之间的视觉冗余来估计照片之间的相对平移和方向。到目前为止，照片的地理方位信息还很少。然而，随着配备指南针的相机和智能手机的发展，方向这种元数据有望在不久的将来出现。有了这种面向照片的元数据，就可以开发许多引人注目的应用。例如，使用照片对齐信息，可以根据用户在地图上的方向和视角，对照片集进行可视化汇总和浏览。此外，使用具有方向元数据的照片，也会使地理位置的三维重建更加高效。

16.6　结　　论

我们已经讨论了移动性和地理社交网络，这是当今一个非常有前景的研究领域，在过去几年中进行了广泛的多学科研究。我们已经看到，人们对这些话题的兴趣是如何被人类社会行为和移动行为之间的密切关系所广泛激发的：人们移动，与朋友或亲戚一起移动，分享经验，向朋友传播关于新地方的信息等。此外，在过去几年中，在大量在线（地理）社交网络和服务的支持下，这一过程是以近乎实时的方式广泛在线进行，并具有明显的社交和参与趋势。这些类型的交互和行为产生了大量与社会和移动性有关的人类行为的数据，为许多挑战性研究开辟了道路。尽管产生了大量的兴趣和数据，但迄今为止取得的结果与仍然存在的问题（大量和多样性）之间有着明显的不对称。我们认为，与数据相关的问题和特点（可用性、隐私性、粒度等）及新服务的可用性和趋势的快速增长，是这一方向的研究仍难以产生大量和强有力的分析结果的主要原因。许多研究人员迄今为止所开展的初步工作还是非常有前景的，而且显然，我们正面临着社会和人类行为研究的一个新时代。

16.7　文　献　综　述

本节介绍一些相关的工作，建议读者阅读，以深入地了解在地理社交网络领域正在进行的研究内容。最后三个文献与轨迹有关，其他文献则涉及地理社会数据。Warf 和 Sui（2010）的工作介于地理科学和哲学之间，主要讨论新地理学家在实践中如何以多种方式使用地理空间技术，而不是传统的 GIS。Craglia 等（2012）描述了如何利用 CGI 技术促进实现数字地球的愿景，通过倡导一种基于传感器和公民的近实时信息的交互式和动态框架，扩展了空间数据基础设施的范式。Chorley 等（2011）分析了由 Foursquare 签到数据组成的数据集，揭示了城市的一些个性特征。Cho 等（2011）利用从 Gowalla、Brightkite 和电话位置跟踪数据中捕捉的人类活动数据集，研究了个人的社交网络结构和其移动之间的相互作用，并试图了解友谊是否会影响人们行程的地点，或者是否更多的旅行会影响和创造社交网络。Gaito 等（2011）对地球社区进行定义并创建了一个基于复杂网络的方法，以使用聚类算法从 GPS 数据中提取地理社区。Kisilevich 等（2010a）提出了通过使用从照片共享网站 Flickr 收集的地理标签照片和一个维基百科的兴趣点（POI）数据库来分析人们轨迹的一种方法。Purves（2011）使用用户生成内容（UGC）作为数据源，研究了两个地理问题：方言区获取和轨迹分析。Jankowski 等（2011）为了发现城市环境中的线路和地标偏好，对从 Flickr 下载的地理标签照片进行聚合，找到了能够吸引摄影师注意的精确事件，并通过对运动轨迹的空间分析，得出了与摄影师行程相关的有趣发现。Lucchese 等（2012）从 Flickr 上发布的照片中提取城市的旅游景点，并自动生成个性化推荐。

第17章 总　　结

Chiara Renso、Stefano Spaccapietra 和 Esteban Zimányi

在过去十年中，移动性数据管理和分析已成为一个非常活跃的研究领域，由学术活动（如多次专门的会议、期刊和研讨会）、国际研发项目（如 GeoPKDD[①]、MODAP[②]、MOVE[③]）和工业倡议（如多个组织最近组织的多个移动竞赛）共同推动。本书介绍移动性数据管理各个领域的主要研究成果，并展示了从这些成果中受益的几个应用领域。同时，本书还强调了与最先进技术环境相关的两个非常重要的新应用领域，即社交网络和网络科学。但是，在移动性分析的各个方面仍有很大的进一步工作空间。接下来我们将对今后预期的发展方向，以及本书讨论的移动技术的方向进行简述。

1. 基本轨迹框架

首先，需要新的研究项目来扩大移动性研究的范围和覆盖面，目前主要局限于本书第 1 章中描述的有限的基本概念集。例如，到目前为止，分析变形区域（如洪水、污染云、风暴、疾病）运动的研究相对较少。然而，分析变形区域的经济重要性正在迅速增加，通过此类分析可以帮助政府管理部门了解气候变化相关的自然现象的灾难性影响，并进行辅助决策。此外，其他几种类型的运动也有待研究，包括移动的栅格表达、受限运动和相对运动等。

其次，必须进一步推动对群体行为的研究，即人、动物及由人类驱动的物体（如汽车、飞机、船只）的协调运动。动物的移动对生态学家来说非常重要，而人类的群体移动在许多方面有着更重要的应用，包括目前十分重要的国家安全和情报领域。

群体运动涉及一个更普遍的研究问题：如何分析轨迹之间的关系。目前该领域的进展主要是在聚类、分类和相似性分析方面。然而，还可以定义并使用其他关系：有助于识别回程的反向轨迹，以及使轨迹序列具有全局意义的轨迹串联。这两类关系都有助于扩展对轨迹知识的理解。此外，与群体运动相关的另一个研究是如何分析轨迹间的相互作用。实际上，一个移动对象的轨迹可能会影响附近

---

① http://www.geopkdd.eu/。

② http://www.modap.org/。

③ http://www.move-cost.info/。

移动对象的轨迹。例如，对于汽车交通情况，一个驾驶员的行为会影响附近的驾驶员。轨迹间相互作用的开放性研究问题还包括互动的检测、参与者及其角色的确定及互动如何影响移动对象之间信息传播等。

最后，未来研究的另一个方向是探索以用户为中心的移动性数据的新概念。将移动用户留下的、通过不同方式（如 GPS、社交网络和手机）收集的所有足迹结合在一起，形成用户移动的全局视图。由此，进一步产生了数据互操作性和集成问题，这些问题在本书尚未涉及。

2. 轨迹重构

数据采集需要可用、便捷的传感技术。技术进步会引入新的特性，从而推动轨迹重构方法的创新。该领域的未来工作包括：探索智能方法，依据数据集的多种特征自动提取轨迹重建的适当参数值；进一步进行技术扩展，识别不同的运动类型（行人、自行车、摩托车、汽车、卡车等），并设计相应的轨迹重构技术，最终实现更好的轨迹识别。

对于现有的轨迹重构技术，应设计更具全局的方法。例如，考虑语义（如轨迹中"stop"的目的）改进地图匹配。通过细化调整（如细化轨迹中"stop"的识别和解释，使其在短时间内也有效）及对多个相关注释和分段实施一致性来实现复杂的分析功能。

3. 轨迹存储

目前，商业软件尚未提供支持轨迹这种新型数据的管理功能。研究驱动的原型系统（已经达到操作系统级别）为轨迹数据的管理提供了较好的支持。本书介绍了 SECONDO 系统，它是专门为支持移动数据管理而构建的最先进的系统。SECONDO 团队正在进行的工作旨在扩展模型和系统。第一个方向是：与生态学家的讨论表明，在温度、海拔和积雪范围等环境数据背景下分析动物的移动至关重要。而这些环境数据通常采用栅格格式存储，有必要在系统查询功能中同时处理栅格数据和移动对象数据。为此，SECONDO 扩展了高级概念模型，以支持对空间连续的数据类型的操作。第二个方向是：使用 MapReduce 方法进行并行化，以使轨迹数据库应用程序具有可扩展性。MapReduce 通过控制网络中多台计算机上运行的 SECONDO 系统，来实现复杂查询的分布式执行。此外，轨迹数据的数据库管理的另一种研究方向是：为商业软件系统提供移动性数据管理的中间件，如 Hermes 系统。当然，这种方式的进展还依赖于 DBMS 行业的支持。

类似的问题也适用于数据仓库系统，但轨迹数据仓库相对于轨迹 DBMS 更为滞后，需要进一步对轨迹数据仓库的概念进行详细的定义、描述，对数据仓库范式进行升级扩展，以实现轨迹数据仓库。

4. 隐私问题

本书中讨论的隐私解决方案在使用范围上具有局限性：对不可信方的角色及其能力具有明确假设，并针对特定的隐私目标。另外，当前隐私技术还面临的一个新的挑战：如何克服隐私技术的碎片化，以奠定坚实的概念基础。这个问题对于今后隐私问题的研究至关重要。最近研究者提出了一个以位置隐私度量概念为中心的理论框架，以解决这个问题。通过量化隐私增强技术提供的保护量，位置隐私度量为定义用于严格比较隐私解决方案的方法铺平了道路。差异隐私范式是最近提出的度量标准。然而，通用度量规范虽然是创建严格概念体系的基础，也不能被视为解决隐私问题的灵丹妙药。显然，隐私是一个以用户为中心的要求。从这个角度来看，我们提出的任何隐私解决方案最终都应该经过用户的验证，即隐私可用性是一个首要问题。

隐私可用性有多个维度。第一个维度是个性化，即允许用户指定需要的隐私量。另一个是隐私适应性，也就是说，保护的数量因场景而异。另外，针对新应用产生的隐私要求也很重要。目前，现有的位置隐私研究大多集中在 LBS 中基于位置的查询，但新应用需要不同的位置隐私解决方案。典型的应用包括移动传感应用（如通过安装在移动设备上的传感器获取地理参考数据）、地理社交网络中的位置共享应用（如地点签到）和位置服务（如向第三方请求位置数据）。

5. 轨迹分析

只要仅涉及时空轨迹，轨迹分析就可以从数据挖掘、知识提取和可视化知识中获益匪浅。移动数据的语义丰富导致更高层次的分析，目前的研究和应用正转向分析移动对象的行为，而不是仅仅发现移动模式，这是移动性数据的最基本用途，也可能是轨迹数据分析的最终目标。但是，将分析提升到语义层面仍有很大的探索空间。SEEK[①]项目中专门讨论了这一主题，提出研究从语义上丰富轨迹知识发现过程的方法。了解人和动物为什么和如何移动、他们去了哪些地方、出于什么目的、有什么样的活动及使用什么资源等，这些信息对于各类决策者，尤其是负责管理社会资源的公共机构具有重要的意义。这一研究领域的相对新颖性，使得未来的工作具有多种实现途径。目前，在各种各样的应用领域和使用各种各样的技术方面已经取得了许多的成果，但还需要更多的工作用于构建科学语料库，这样才能使新的应用能够在良好的基础上轻松、迅速地开发出来。其中，领域专家的积极参与是一个必要的条件。

我们可以自信地期待知识提取技术的不断发展和改进，从主要基于单一属性

---

① http://www.seek-project.eu。

（速度）及预定义兴趣点和领域的方法转变为支持多标准分析的方法。

同样，我们期待视觉分析领域的重要发展。视觉分析在结果的即时性和可理解性方面具有优势，对领域专家非常有吸引力。具体包括：在查看相同数据的不同方式之间快速切换、更易探索给定属性对轨迹行为的影响、通过视觉证据进行模式检测（如将数据聚合到更高层次分析的流中）及背景驱动的研究等。因此，可以肯定可视化分析将在应用领域分析任务中发挥重要作用。

目前，大多数的工作都集中在移动性分析，少数尝试开发移动性的解释性和预测性模型。例如，DataSim 项目[①]旨在开发下一代交通仿真模型。为了提高仿真质量，需要对移动性集合之间的依赖关系进行建模，如速度（平均值或中值）和汽车数量。

6. 人员监控

由于定位技术的广泛应用，人员监控技术正在迅速发展。但是，从大量人群中收集时空信息仍然是一项复杂的劳动密集型（成本高昂）任务。本书介绍了基于蓝牙跟踪的解决方案。蓝牙跟踪非常容易部署，可用于室内/室外环境，而且不需要被跟踪人员的任何配合。可预见的应用是专业展会或购物中心的访客动态分析，这两个领域都有很好的市场应用前景。鉴于人员监控与定制营销之间的紧密联系，工业界也开始投入基于定位的人员监控这一领域，如谷歌推出的室内服务——Google Indoor。

7. 动物监测

过去几年见证了人类和动物运动研究之间的融合。以前，许多概念、数据仓库技术、模型和分析方法都是独立开发的。现在，我们可以强调，有必要进行促进方法和理论统一的研究。其中，对社会和生态网络的分析是共同挑战。运动生态学研究已经证明：机械或因果运动模型在许多不同的研究领域具有广泛的应用潜力。例如，随机游走和扩散等概念可与个人和集体模式建立联系。

8. 网络

社交网络改变了人们创建和使用信息的方式。与本书特别相关的是基于地理社会内容的服务激增。所谓的志愿地理信息（VGI）允许人们访问真实和虚拟的地方，并在社交网络上留下他们移动的足迹，以用于记录和分析他们的运动。由此产生的大量详细位置和事件标签信息，不仅覆盖了热门地标，还涵盖了不起眼的地方，从而以前所未有的规模提供了广泛的地点覆盖。这些大量信息（通常是

---

① www.datasim-fp7.eu。

非结构化的）为语义网中的数据流实时分析开辟了一条新的研究途径。移动性和地理社交网络研究之间的这种相互作用非常有应用前景。人类的社会行为和移动行为之间确实存在着密切的关系。例如，人们移动、与朋友或亲戚一起移动、分享经验、向朋友传播关于新地方的信息等。

社交网络中的轨迹重构也有一些具有挑战性的问题，如数据采集时间上的不连续，或者地理上的不确定（每个轨迹点可能有不同的尺度，如有时是特定位置的坐标，有时是边界范围）。

尽管产生了大量的兴趣和数据，但迄今为止取得的结果与仍然存在的问题（大量和多样性）之间有着明显的不对称。我们认为，与数据相关的问题和特点（可用性、隐私性、粒度等）及新服务的可用性和趋势的快速增长，是这一方向的研究仍难以产生大规模和强有力的分析结果的主要原因。目前，我们正面临着对社会和人类行为研究的一个新时代。

9. 大规模和数据流

如今，我们生活在一个信息超载的世界。我们掌握的信息是如此庞大和复杂，以至于传统的数据处理工具和范式已无法应对。这种现象被称为"大数据"。人们已经提出了基于新型计算范式的解决方案，其中，MapReduce 是最突出的技术方法，其通过并行化加快大规模数据集处理的过程。随着跟踪定位技术（如支持GPS 的移动设备）的普及，也产生了大量轨迹数据。因此，本书介绍的所有轨迹数据分析方法和软件工具，在处理数据量方面都非常有限，必须重新设计以扩展到更大的数据集。

另一个数据处理问题是流式轨迹数据。在许多实际应用（如电信、点击流监控、传感器网络、流量监控）中，数据采用连续数据流的形式，而不是有限的存储数据集。这些应用需要长期、连续地查询和分析，而不是一次性地查询和分析。在这种环境中，需要重新考虑数据管理和处理的许多方面，开发流数据库是一种可能的解决方案。与大规模处理类似，也必须设计新的方法和工具，以实现流式轨迹数据的处理。

10. 移动性工程

当然，还需要更系统的探索和实验，以巩固本书提出的理论和工具。目前，研究人员对大多数实验结果的评估都基于临时基础，并且仅限于研究人员可用的数据集。因此，还需系统探索移动性管理方法的适用性。在实际应用中对理论方法进行大规模验证需要使用不同的参数、不同的技术和不同的数据集进行重复测试。此外，还需要开发基本事实基准，以更好地评估算法的价值和可移植性。最后，所有相关的工具和设施都必须在线可用，以便对正在采集的轨迹进行持续分析和反馈。

　　将研究转化为工程是一项巨大的挑战，需要研究人员、行业部门、用户和公共机构之间的密切合作。最终目标是能够开发通用软件包（如将 GPS 轨迹转换为语义轨迹），以及能够调整创建、管理和操纵轨迹数据集的所有工具参数的通用平台。这是一条漫长的道路，但正如本书的目标，希望我们已经走在正确的道路上。

参 考 文 献

Abul, O., Bonchi, F., and Giannotti, F. 2010. Hiding sequential and spatiotemporal patterns. *IEEE Transactions on Knowledge and Data Engineering*, **22**(12), 1709–1723.

Agrawal, R., and Srikant, R. 2002. Mining sequential patterns. Pages 3–14 of: *Proceedings of the 11th International Conference on Data Engineering*. IEEE.

Ahas, R., Aasa, A., Roose, A., Mark, Ü., and Silm, S. 2008. Evaluating passive mobile positioning data for tourism surveys: An Estonian case study. *Tourism Management*, **29**(3), 469–486.

Alt, H., and Godau, M. 1995. Computing the Fréchet distance between two polygonal curves. *International Journal of Computational Geometry and Applications*, **5**(1), 75–91.

Almeida, V.T. de, and Güting, R.H. 2005. Indexing the trajectories of moving objects in networks. *GeoInformatica*, **9**(1), 33–60.

Alt, W., and Hoffman, G. 1990. *Biological Motion*. Springer-Verlag.

Alvares, L.O., Bogorny, V., Kuijpers, B., Macedo, J.A., Moelans, B., and Vaisman, A. 2007. A model for enriching trajectories with semantic geographical information. Pages 1–8 of: *Proceedings of the 15th Annual ACM International Symposium on Advances in Geographic Information Systems*. ACM Press.

Andrienko, G., and Andrienko, N. 2010. A general framework for using aggregation in visual exploration of movement data. *The Cartographic Journal*, **47**(1), 22–40.

Andrienko, G., Andrienko, N., Bak, P., Keim, D., Kisilevich, S., and Wrobel, S. 2011a. A conceptual framework and taxonomy of techniques for analyzing movement. *Journal of Visual Languages & Computing*, **22**(3), 213–232.

Andrienko, G., Andrienko, N., and Heurich, M. 2011b. An event-based conceptual model for context-aware movement analysis. *International Journal of Geographical Information Science*, **25**(9), 1347–1370.

Andrienko, G., Andrienko, N., Hurter, C., Rinzivillo, S., and Wrobel, S. 2011c. From movement tracks through events to places: Extracting and characterizing significant places from mobility data. Pages 161–170 of: *Proceedings of the IEEE Conference on Visual Analytics Science and Technology*. IEEE Computer Society Press.

Andrienko, N., and Andrienko, G. 2011. Spatial generalization and aggregation of massive movement data. *IEEE Transactions on Visualization and Computer Graphics*, **17**(2), 205–219.

Andrienko, N., and Andrienko, G. 2013. Visual analytics of movement: An overview of methods, tools and procedures. *Information Visualization*, **12**(1), 3–24.

Ankerst, M., Breunig, M.M., Kriegel, H.-P., and Sander, J. 1999. OPTICS: Ordering points to identify the clustering structure. Pages 49–60 of: *Proceedings of the 1999 ACM SIGMOD International Conference on Management of Data*. ACM Press.

Baglioni, M., Macedo, J.A., Renso, C., Trasarti, R., and Wachowicz, M. 2012. How you move reveals who you are: Understanding human behavior by analyzing trajectory data. *Knowledge and Information System Journal*.

Barabási, A. L., and Albert, R. 1999. Emergence of Scaling in Random Networks. *Science*, **286**, 509.

Barrett, G. 1996. The transport dimension. In: Jenks, M., Burton, E., and Williams, K. (ed.), *The Compact City: A Sustainable Urban Form?* E & FN Spon.

Bertrand, F., Bouju, A., Claramunt, C., T., Devogele, and Ray, C. 2007. Web architecture for monitoring and visualizing mobile objects in maritime contexts. Pages 94–105 of: *Proceedings of the 7th International Symposium on Web and Wireless Geographical Information Systems*. LNCS 4857. Springer-Verlag.

Bole, A., Dineley, W., and Wall, A. 2012. *Radar and ARPA Manual: Radar and Target Tracking for Professional Mariners, Yachtsmen and Users of Marine Radar*. Third ed. Butterworth-Heinemann.

Bonchi, F., Lakshmanan, L.V.S., and Wang, W.H. 2011. Trajectory anonymity in publishing personal mobility data. *SIGKDD Explorations*, **13**(1), 30–42.

Bouvier, D.J., and Oates, B. 2008. Evacuation traces mini challenge award: Innovative trace visualization. Staining for information discovery. Pages 219–220 of: *Proceedings of the IEEE Symposium on Visual Analytics Science and Technology*. IEEE Computer Society Press.

Brakatsoulas, S., Pfoser, D., Salas, R., and Wenk, C. 2005. On map-matching vehicle tracking data. Pages 853–864 of: *Proceedings of the 31st International Conference on Very Large Data Bases*. VLDB Endowment.

Bremm, S., Andrienko, G., Andrienko, N., Schreck, T., and Landesberger, T. 2011. Interactive analysis of object group changes over time. Pages 41–44 of: *Proceedings of the International Workshop on Visual Analytics*. Eurographics.

Brockmann, D., Hufnagel, L., and Geisel, T. 2006. The scaling laws of human travel. *Nature*, **439**, 462–465.

Bruzzese, D., and Davino, C. 2003. Visual post-analysis of association rules. *Journal of Visual Languages & Computing*, **14**(6), 621–635.

Burke, R.R. 2005. The third wave of marketing intelligence. Pages 103–115 of: Krafft, M., and Mantrala, M.K. (eds), *Retailing in the 21st Century*. Springer-Verlag.

Cabibbo, L., and Torlone, R. 1997. Querying multidimensional databases. Pages 319–335 of: *Proceedings of the 6th International Workshop on Database Programming Languages*. LNCS 1396. Springer-Verlag.

Cagnacci, F., Boitani, L., Powell, R.A., and Boyce, M.S. (eds). 2010. Challenges and opportunities of using GPS location data in animal ecology. Philosophical Transactions of the Royal Society, B. 365 (159 pp.)

Cao, H., Mamoulis, N., and Cheung, D.W. 2005. Mining frequent spatio-temporal sequential patterns. Pages 82–89 of: *Proceedings of the 5th International Conference on Data Mining*. IEEE Computer Society Press.

Card, S.K., Mackinlay, J.D., and Shneiderman, B. (eds). 1999. *Readings in Information Visualization: Using Vision to Think*. Morgan Kaufmann.

Cho, E., Myers, S.A., and Leskovec, J. 2011. Friendship and mobility: User movement in location-based social networks. Pages 1082–1090 of: *Proceedings of the 17th ACM SIGKDD International Conference on Knowledge Discovery and Data Mining*. ACM Press.

Chorley, M.J., Colombo, G.B., Williams, M.J., Allen, S.M., and Whitaker, R.M. 2011. Checking out checking in: Observation on Foursquare usage patterns. Pages 28–39 of: *Proceedings of the International Workshop on Finding Patterns of Human Behaviors in Networks and Mobility Data*.

Chow, C., Mokbel, M.F., and Aref, W.G. 2009. Casper*: Query processing for location services without compromising privacy. *ACM Transactions on Database Systems*, **34**(4), 24.

Coscia, M., Giannotti, F., and Pedreschi, D. 2011. A classification for community discovery methods in complex networks. *Statistical Analysis and Data Mining*, **4**(5), 512–546.

Craglia, M., Ostermann, F., and Spinsanti, L. 2012. Digital Earth from vision to practice: making sense of citizen-generated content. *International Journal of Digital Earth*, **5**(5), 398–416.

Crandall, D. J., Backstrom, L., Cosley, D., Suri, S., Huttenlocher, D., and Kleinberg, J. 2010. Inferring social ties from geographic coincidences. *Proceedings of the National*

Academy of Sciences.

Cranshaw, J., Toch, E., Hong, J., Kittur, A., and Sadeh, N. 2010. Bridging the gap between physical location and online social networks. Pages 119–128 of: *Proceedings of the 12th ACM International Conference on Ubiquitous Computing.* ACM Press.

Damiani, M.L., Bertino, E., and Silvestri, C. 2010. The PROBE framework for the personalized cloaking of private locations. *Transactions on Data Privacy,* **(3)2**, 123–148.

Damiani, M.L., Silvestri, C., and Bertino, E. 2011. Fine-grained cloaking of sensitive positions in location-sharing applications. *IEEE Pervasive Computing,* **10**(4), 64–72.

Dee, H.M., and Velastin, S.A. 2007. How close are we to solving the problem of automated visual surveillance? *Machine Vision and Applications,* **19**(5–6), 329–343.

Devogele, T. 2002. A new merging process for data integration based on the discrete Fréchet distance. Pages 167–181 of: *Proceedings of the 10th International Symposium on Spatial Data Handling.* Springer-Verlag.

Dodge, S., Weibel, R., and Lautenschütz, A.-K. 2008. Taking a systematic look at movement: Developing a taxonomy of movement patterns. In: *Proceedings of the AGILE Workshop on GeoVisualization of Dynamics, Movement and Change.*

Domingo-Ferrer, J., and Trujillo-Rasua, R. 2012. Microaggregation- and permutation-based anonymization of movement data. *Information Sciences,* **208**, 55–80.

Douglas, D. and Peucker, T. 1973. Algorithms for the Reduction of the Number of Points Required to Represent a Digitized Line or its Caricature. *The Canadian Cartographer,* **10**(2): 112–122.

Dricot, J.-M., Bontempi, G., and Doncker, P. 2009. Static and dynamic localization techniques for wireless sensor networks. Pages 249–281 of: Ferrari, G. (ed), *Sensor Networks: Where Theory Meets Practice.* Springer-Verlag.

Düntgen, C., Behr, T., and Güting, R.H. 2009. BerlinMOD: A benchmark for moving object databases. *VLDB Journal,* **18**(6), 1335–1368.

Eagle, N., and Pentland, A. 2005. Reality mining: Sensing complex social systems. *Personal and Ubiquitous Computing,* **10**(4), 255–268.

Egenhofer, M. 2003. Approximation of geospatial lifelines. In: *Proceedings of the Workshop on Spatial Data and Geographic Information Systems.*

Erdös, P., and Rényi, A. 1959. On random graphs. *Publicationes Mathematicae (Debrecen),* **6**, 290–297.

Etienne, L., Devogele, T., and Bouju, A. 2012. Spatio-temporal trajectory analysis of mobile objects following the same itinerary. Pages 47–58 of: Shi, W., Goodchild, M., Lees, B., and Leung, Y. (eds), *Advances in Geo-Spatial Information Science.* CRC Press.

Fayyad, U.M., Piatetsky-Shapiro, G., and Smyth, P. 1996. From data mining to knowledge discovery: An overview. Pages 1–34 of: *Advances in Knowledge Discovery and Data Mining.* American Association for Artificial Intelligence.

Focardi, S., Montanaro, P., and Pecchioli, E. 2009. Adaptive Lévy walks in foraging fallow deer. *PloS ONE.* doi 10.1371/journal.pone.0006587.

Fraenkel, G.S., and Gunn, D.L. 1961. *The Orientation of Animals: Kineses, Taxes, and Compass Reactions.* Dover Publications.

Fryxell, J.M., Hazell, M., Börger, L., Dalziel, B.D., Haydon, D.T., Morales, J.M., McIntosh, T., and Rosatte, R.C. 2008. Multiple movement modes by large herbivores at multiple spatio-temporal scales. *Proceedings of the National Academy of Sciences,* **105**, 19114–19119.

Gaffney, S., and Smyth, P. 1999. Trajectory clustering with mixture of regression models. Pages 63–72 of: *Proceedings of the 5th International Conference on Knowledge Discovery and Data Mining.* ACM Press.

Gaito, S., Rossi, G.P., and Zignani, M. 2011. From mobility data to social attitudes: A complex network approach. Pages 52–65 of: *Proceedings of the International Workshop on Finding Patterns of Human Behaviors in Networks and Mobility Data.*

Ghinita, G., Damiani, M.L., Silvestri, C., and Bertino, E. 2009. Preventing velocity-based linkage attacks in location-aware applications. Pages 246–255 of: *Proceedings of the 17th*

ACM SIGSPATIAL International Conference on Advances in Geographic Information Systems. ACM Press.

Giannotti, F., and Pedreschi, D. (eds). 2008. *Mobility, Data Mining and Privacy: Geographic Knowledge Discovery.* Springer-Verlag.

Giannotti, F., Nanni, M., Pinelli, F., and Pedreschi, D. 2007. Trajectory pattern mining. Pages 330–339 of: *Proceedings of the 13th International Conference on Knowledge Discovery and Data Mining.* ACM Press.

Giannotti, F., Nanni, M., Pedreschi, D., Pinelli, F., Renso, C., Rinzivillo, S., and Trasarti, R. 2011. Unveiling the complexity of human mobility by querying and mining massive trajectory data. *VLDB Journal,* **20**(5), 695–719.

Gómez, L.I., Gómez, S., and Vaisman, A. 2012. A generic data model and query language for spatiotemporal OLAP cube analysis. Pages 300–311 of: *Proceedings of the 15th International Conference on Extending Database Technology.* ACM Press.

González, M.C., Hidalgo, C.A., and Barabási, A.L. 2008. Understanding human mobility patterns. *Nature,* **454**, 779–782.

Gould, J.L., and Gould, C.G. 2012. *Nature's Compass: The Mystery of Animal Navigation.* Princeton University Press.

Granovetter, M.S. 1973. The strength of weak ties. *America Journal of Sociology,* **78**, 1360–1380.

Greenfeld, Joshua S. 2002. Matching GPS observations to locations on a digital map. *Proceedings of the 81st Annual Meeting of the Transportation Research Board,* **1**(3), 164–173.

Gruteser, M., and Grunwald, D. 2003. Anonymous usage of location-based services through spatial and temporal cloaking. Pages 31–42 of: *Proceedings of the 1st International Conference on Mobile Systems, Applications and Services.* ACM Press.

Gudmundsson, J., van Kreveld, M.J., and Speckmann, B. 2004. Efficient detection of motion patterns in spatio-temporal data sets. Pages 250–257 of: *Proceedings of the 12th International Workshop on Geographic Information Systems.* ACM Press.

Guo, D. 2007. Visual analytics of spatial interaction patterns for pandemic decision support. *International Journal of Geographical Information Science,* **21**(8), 859–877.

Guo, H., Wang, Z., Yu, B., Zhao, H., and Yuan, X. 2011. TripVista: Triple perspective visual trajectory analytics and its application on microscopic traffic data at a road intersection. Pages 163–170 of: *Proceedings of the IEEE Pacific Visualization Symposium.* IEEE Computer Society Press.

Güting, R.H., and Schneider, M. 2005. *Moving Objects Databases.* Morgan Kaufmann.

Güting, R.H., Böhlen, M.H., Erwig, M., Jensen, C.S., Lorentzos, N.A., Schneider, M., and Vazirgiannis, M. 2000. A foundation for representing and querying moving objects. *ACM Transactions on Database Systems,* **25**(1), 1–42.

Güting, R.H., Almeida, V.T. de, and Ding, Z. 2006. Modeling and querying moving objects in networks. *VLDB Journal,* **15**(2), 165–190.

Güting, R.H., Behr, T., and Xu, J. 2010. Efficient *k*-nearest neighbor search on moving object trajectories. *VLDB Journal,* **19**(5), 687–714.

Hägerstrand, T.H. 1970. What about people in regional science? *Papers of the Regional Science Association,* **24**, 7–21.

Haghani, A., Hamedi, M., Sadabadi, K.F., Young, S., and Tarnoff, P. 2010. Data collection of freeway travel time ground truth with Bluetooth sensors. *Transportation Research Record: Journal of the Transportation Research Board,* **2160**, 60–68.

Hurter, C., Tissoires, B., and Conversy, S. 2009. FromDaDy: Spreading aircraft trajectories across views to support iterative queries. *IEEE Transactions on Visualization and Computer Graphics,* **15**(6), 1017–1024.

IALA, International Association of Marine Aids to Navigation & Lighthouse Authorities. 2004. *The Automatic Identification System (AIS), Volume 1, Part I, Operational Issues, Edition 1.3.* IALA Guideline No. 1028.

IHO, International Hydrographic Organization. 2000. *Transfer Standard for Digital Hydrographic Data, Edition 3.1*. Special Publication No. 57.

IMO, International Maritime Organization. 2008. *Development of an E-Navigation Strategy*. Reports of Sub-Committee on Safety of Navigation, 54th session.

Inan, A., and Saygin, Y. 2006. Privacy preserving spatio-temporal clustering on horizontally partitioned data. Pages 459–468 of: *Proceedings of the 8th International Conference on Data Warehousing and Knowledge Discovery*. LNCS 4081. Springer-Verlag.

Jankowski, P., Andrienko, N., Andrienko, G., and Kisilevich, S. 2011. Discovering landmark preferences and movement patterns from photo postings. *Transactions in GIS*, **14**(6), 833–852.

Jensen, C.S., Lu, H., and Yiu, M.L. 2009. Location privacy techniques in client-server architectures. Pages 31–58 of: Bettini, C., Jajodia, S., Samarati, P., and Wang, S.X. (eds), *Privacy in Location-Based Applications: Research Issues and Emerging Trends*. Springer-Verlag.

Jeung, H., Yiu, M.L., Zhou, X., Jensen, C.S., and Shen, H.T. 2008. Discovery of convoys in trajectory databases. *Proceedings of the VLDB*, **1**(1), 1068–1080.

Johnson, D. 1980. The comparison of usage and availability measurements for evaluating resource preference. *Ecology*, **61**, 65–71.

Kalnis, P., Mamoulis, N., and Bakiras, S. 2005. On discovering moving clusters in spatio-temporal data. Pages 364–381 of: *Proceedings of the 9th International Symposium on Spatial and Temporal Databases*. LNCS 3633. Springer-Verlag.

Kapler, T., and Wright, W. 2005. GeoTime information visualization. *Information Visualization*, **4**(2), 136–146.

Karamshuk, D., Boldrini, C., Conti, M., and Passarella, A. 2011. Human mobility models for opportunistic networks. *IEEE Communication Magazine*, **49**(12), 157–165.

Keim, D., Andrienko, G., Fekete, J.-D., Carsten, G., Kohlhammer, J., and Melançon, G. 2008. Visual analytics: Definition, process, and challenges. Pages 154–175 of: Kerren, A., Stasko, J., Fekete, J.-D., and North, C. (eds), *Information Visualization*. LNCS 4950. Springer-Verlag.

Kellaris, G., Pelekis, N., and Theodoridis, Y. 2009. Trajectory compression under network constraints. Pages 392–398 of: *Proceedings of the 11th International Symposium on Advances in Spatial and Temporal Databases*. LNCS 5644. Springer-Verlag.

Kimball, R. 1996. *The Data Warehouse Toolkit*. J. Wiley and Sons.

Kisilevich, S., Keim, D.A., and Rokach, L. 2010a. A novel approach to mining travel sequences using collections of geotagged photos. Pages 163–182 of: *Proceedings of the 13th AGILE International Conference on Geographic Information Science*. Lecture Notes in Geoinformation and Cartography. Springer-Verlag.

Kisilevich, S., Mansmann, F., Nanni, M., and Rinzivillo, S. 2010b. Spatio-temporal clustering. Pages 855–874 of: Maimon, O., and Rokach, L. (eds), *Data Mining and Knowledge Discovery Handbook*, 2nd ed. Springer-Verlag.

Klug, A. 1982. Equivalence of relational algebra and relational calculus query languages having aggregate functions. *Journal of the ACM*, **29**(3), 699–717.

Koubarakis, M., Sellis, T., Frank, A., Guting, R., Jensen, C.S., Lorentzos, A., Manolopoulos, Y., Nardelli, E., Pernici, B., Schek, H.-J., Scholl, M., Theodoulidis, B., and Tryfona, N. 2003. *Spatio-Temporal Databases: The Chorochronos Approach*. Springer-Verlag.

Kuijpers, B., and Othman, W. 2009. Modeling uncertainty of moving objects on road networks via space-time prisms. *International Journal of Geographical Information Science*, **23**(9), 1095–1117.

Kuijpers, B., Moelans, B., Othman, W., and Vaisman, A.A. 2009. Analyzing trajectories using uncertainty and background information. Pages 135–152 of: *Proceedings of the 11th International Symposium on Spatial and Temporal Databases*. LNCS 5644. Springer-Verlag.

Laube, P., van Kreveld, M., and Imfeld, S. 2005. Finding REMO: Detecting relative motion patterns in geospatial lifelines. Pages 201–214 of: *Proceedings of the 11th International Symposium on Spatial Data Handling*. Springer-Verlag.

Lee, J.-G., Han, J., Li, X., and Gonzalez, H. 2008a. TraClass: Trajectory classification using hierarchical region-based and trajectory-based clustering. *Proceedings of the VLDB Endowment*, **1**(1), 1081–1094.

Lee, J.-G., Han, J., and Li, X. 2008b. Trajectory outlier detection: A partition-and-detect framework. Pages 140–149 of: *Proceedings of the 24th International Conference on Data Engineering*. IEEE Computer Society Press.

Leitinger, S., Gröchenig, S., Pavelka, S., and Wimmer, M. 2010. Erfassung von personenströmen mit der Bluetooth-tracking technologie. Pages 220–225 of: *Angewandte Geoinformatik 2010*.

Li, N., Li, T., and Venkatasubramanian, S. 2007. t-Closeness: Privacy beyond k-anonymity and l-diversity. Pages 106–115 of: *Proceedings of the IEEE 23rd International Conference on Data Engineering*. IEEE Computer Society Press.

Lucchese, C., Perego, R., Silvestri, F., Vahabi, H., and Venturini, R. 2012. How random walks can help tourism. Pages 195–206 of: *Proceedings of the 34th European conference on Advances in Information Retrieval (ECIR'12)*. Lecture Notes in Computer Science. Springer-Verlag.

Machanavajjhala, A., Kifer, D., Gehrke, J., and Venkitasubramaniam, M. 2007. *L*-diversity: Privacy beyond *k*-anonymity. *ACM Transactions on Knowledge Discovery from Data*, **1**(1), 3.

Malinowski, E., and Zimányi, E. 2008. *Advanced Data Warehouse Design: From Conventional to Spatial and Temporal Applications*. Springer-Verlag.

Mannila, H. 1997. Inductive databases and condensed representations for data mining. Pages 21–30 of: *Proceedings of the 1997 International Symposium on Logic Programming*. MIT Press.

Marketos, G., Frentzos, E., Ntoutsi, I., Pelekis, N., Raffaetà, A., and Theodoridis, Y. 2008. Building real-world trajectory warehouses. Pages 8–15 of: *Proceedings of the 7th ACM International Workshop on Data Engineering for Wireless and Mobile Access*. ACM Press.

MarNIS, Maritime Navigation Information Services. 2009. *Final Report*. MarNIS/D-MT-15/Final Report/DVS/05062009/version 2.0.

Meratnia, N., and de By, R.A. 2004. Spatio-temporal compression techniques for moving point objects. Pages 765–782 of: *Proceedings of the 9th International Conference on Extending Database Technology*. LNCS 2992. Springer-Verlag.

Milgram, S. 1967. The small world problem. *Psychology Today*, **2**, 60–67.

Miller, H.J. 1991. Modeling accessibility using space-time prism concepts within geographical information systems. *International Journal of Geographical Information Systems*, **5**(3), 287–301.

Miller, H.J. 2010. The data avalanche is here. Shouldn't we be digging? *Journal of Regional Science*, **50**(1), 181–201.

Miller, N.P. 2003. Transportation noise and recreational lands. *Noise/News International*, **11**(2), 9–20.

Mlich, J., and Chmelar, P. 2008. Trajectory classification based on hidden Markov models. Pages 101–105 of: *Proceedings of the 18th International Conference on Computer Graphics and Vision*.

Mokbel, M.F., Ghanem, T.M., and Aref, W.G. 2003. Spatio-temporal access methods. *IEEE Data Engineering Bulletin*, **26**(2), 40–49.

Monreale, A. 2011. *Privacy by Design in Data Mining*. Ph.D. thesis, Department of Computer Science, University of Pisa, Italy.

Monreale, A., Pinelli, F., Trasarti, R., and Giannotti, F. 2009. WhereNext: A location predictor on trajectory pattern mining. Pages 637–646 of: *Proceedings of the 15th ACM SIGKDD International Conference on Knowledge Discovery and Data Mining*. ACM Press.

Monreale, A., Pedreschi, D., and Pensa, R.G. 2010. Anonymity technologies for privacy-preserving data publishing and mining. Pages 3–33 of: Bonchi, F., and Ferrari, E. (eds), *Privacy-Aware Knowledge Discovery: Novel Applications and New Techniques*. Chapman & Hall/CRC Press.

Moore, B.E., Ali, S., Mehran, R., and Shah, M. 2011. Visual crowd surveillance through a hydrodynamics lens. *Communications of the ACM*, **54**(12), 64–73.

Nanni, M., and Pedreschi, D. 2006. Time-focused clustering of trajectories of moving objects. *Journal of Intelligent Information Systems*, **27**(3), 267–289.

Nathan, R., Getz, W.M., Revilla, E., Holyoak, M., Kadmon, R., Saltz, D., and Smouse, P.E. 2008. A movement ecology paradigm for unifying organismal movement research. *Proceedings of the National Academy of Sciences*, **105**, 19052–19059.

Newson, P., and Krumm, J. 2009. Hidden Markov map matching through noise and sparseness. Pages 336–343 of: *Proceedings of the 17th ACM SIGSPATIAL International Conference on Advances in Geographic Information Systems*. ACM Press.

Nguyen-Dinh, L.-V., Aref, W.G., and Mokbel, M.F. 2010. Spatio-temporal access methods: Part 2 (2003–2010). *IEEE Data Engineering Bulletin*, **33**(2), 46–55.

Okubo, A. 1980. *Diffusion and ecological problems: Mathematical models*. Springer-Verlag.

Onnela, J.P., Saramäki, J., Hyvönen, J., Szabó, G., Lazer, D., Kaski, K., Kertész, J., and Barabási, A.-L. 2007. Structure and tie strengths in mobile communication networks. *Proceedings of the National Academy of Sciences*, **104**(18): 7332–7336.

Orlando, S., Orsini, R., Raffaetà, A., Roncato, A., and Silvestri, C. 2007. Spatio-temporal aggregations in trajectory data warehouses. *Journal of Computing Science and Engineering*, **1**(2), 211–232.

Ortúzar, J., and Willumsen, L.G. 2002. *Modelling Transport*. John Wiley and Sons.

Othman, W. 2009. *Uncertainty Management in Trajectory Databases*. Ph.D. thesis, Transnationale Universiteit Limburg.

Parent, C., Spaccapietra, S., and Zimányi, E. 2006. *Conceptual Modeling for Traditional and Spatio-Temporal Applications: The MADS Approach*. Springer-Verlag.

Pauly, A., and Schneider, M. 2010. VASA: An algebra for vague spatial data in databases. *Information Systems*, **35**(1), 111–138.

Pelekis, N., and Theodoridis, Y. 2005. *An Oracle Data Cartridge for Moving Objects*. Tech. rept. University of Piraeus.

Pelekis, N., Kopanakis, I., Marketos, G., Ntoutsi, I., Andrienko, G., and Theodoridis, Y. 2007. Similarity search in trajectory databases. Pages 129–140 of: *Proceedings of the 14th International Symposium on Temporal Representation and Reasoning*. IEEE Computer Society.

Pelekis, N., Frentzos, E., Giatrakos, N., and Theodoridis, Y. 2008a. HERMES: Aggregative LBS via a trajectory DB engine. Pages 1255–1258 of: *Proceedings of the ACM SIGMOD Conference on Management of Data*. ACM Press.

Pelekis, N., Raffaetà, A., Damiani, M. L., Vangenot, C., Marketos, G., Frentzos, E., Ntoutsi, I., and Theodoridis, Y. 2008b. Towards trajectory data warehouses. In: Giannotti, F., and Pedreschi, D. (eds), *Mobility, Data Mining and Privacy*. Springer-Verlag, p. 189–211.

Pelekis, N., Kopanakis, I., Kotsifakos, E.E., Frentzos, E., and Theodoridis, Y. 2011. Clustering uncertain trajectories. *Knowledge and Information Systems*, **28**(1), 117–147.

Peterson, B.S., Baldwin, R.O., and Kharoufeh, J.P. 2006. Bluetooth inquiry time characterization and selection. *IEEE Transactions on Mobile Computing*, **5**(9), 1173–1187.

Pfoser, D., and Jensen, C.S. 1999. Capturing the uncertainty of moving object representations. Pages 111–132 of: *Proceedings of the 6th International Symposium on Advances in Spatial Databases*. LNCS 1651. Springer-Verlag.

Pfoser, D., Jensen, C.S., and Theodoridis, Y. 2000. Novel approaches in query processing for moving object trajectories. Pages 395–406 of: *Proceedings of the 26th International Conference on Very Large Data Bases*. Morgan Kaufmann.

Potamias, M., Patroumpas, K., and Sellis, T. 2006. Sampling trajectory streams with spatio-temporal criteria. Pages 275–284 of: *Proceedings of the 18th International Conference on Scientific and Statistical Database Management*. IEEE Computer Society.

Purves, R.S. 2011. Answering geographic questions with user generated content: Experiences from the coal face. Pages 297–299 of: *Proceedings of the 27th Annual ACM Symposium on Computational Geometry*. ACM Press.

Quddus, M.A., Ochieng, W.Y., and Noland, R.B. 2007. Current map-matching algorithms for transport applications: State-of-the-art and future research directions. *Transportation Research Part C: Emerging Technologies*, **15**(5), 312–328.

Raffaetà, A., Leonardi, L., Marketos, G., Andrienko, G., Andrienko, N., Frentzos, E., Giatrakos, N., Orlando, S., Pelekis, N., Roncato, A., and Silvestri, C. 2011. Visual mobility analysis using T-Warehouse. *International Journal of Data Warehousing and Mining*, **7**(1), 1–23.

Ratti, C., Sobolevsky, S., Calabrese, F., Andris, C., Reades, J., Martino, M., Claxton, R., and Strogatz, S.H. 2010. Redrawing the map of Great Britain from a network of human interactions. *PLoS One*, **5**(12), e14248+.

Rietveld, P. 1994. Spatial economic impacts of transport infrastructure supply. *Transportation Research-A*, **28A**, 329–341.

Rinzivillo, S., Pedreschi, D., Nanni, M., Giannotti, F., Andrienko, N., and Andrienko, G. 2008. Visually driven analysis of movement data by progressive clustering. *Information Visualization*, **7**(3–4), 225–239.

Rinzivillo, S., Mainardi, S., Pezzoni, F., Coscia, M., Pedreschi, D., and Giannotti, F. 2012. Discovering the geographical borders of human mobility. *Künstliche Intelligenz*, **26**(3), 253–260.

Ruiter, E.R., and Ben-Akiva, M.E. 1978. Disaggregate travel demand models for the San Francisco Bay Area. *Transportation Research Record*, **673**, 121–128.

Sakoe, H., and Chiba, S. 1978. Dynamic programming algorithm optimization for spoken word recognition. *IEEE Transactions on Acoustics, Speech and Signal Processing*, **26**(1), 43–49.

Sakr, M.A., and Güting, R.H. 2011. Spatiotemporal pattern queries. *GeoInformatica*, **15**(3), 497–540.

Sakr, M.A., Güting, R.H., Behr, T., Adrienko, G., Andrienko, N., and Hurter, C. 2011. Exploring spatiotemporal patterns by integrating visual analytics with a moving objects database system. Pages 505–508 of: *Proceedings of the 19th ACM SIGSPATIAL International Conference on Advances in Geographic Information Systems*. ACM Press.

Salomon, I., Bovy, P., and J.-P., Orfeuil. 1993. *A Billion Trips a Day*. Kluwer.

Samarati, P., and Sweeney, L. 1998. Generalizing data to provide anonymity when disclosing information (abstract). Page 188 of: *Proceedings of the 17th ACM SIGACT-SIGMOD-SIGART Symposium on Principles of Database Systems*. ACM Press.

Scellato, S., Noulas, A., Lambiotte, R., and Mascolo, C. 2011. Socio-Spatial Properties of Online Location-Based Social Networks. *Proceedings of the 5th International Conference on Weblogs and Social Media*. The AAAI Press.

Scheaffer, R.L., Mendenhall, W., III, Ott, R.L., and Gerow, K. 2005. *Elementary Survey Sampling*. Richard Stratton.

Shneiderman, B. 1983. Direct manipulation: A step beyond programming languages. *Computer*, **16**(8), 57–69.

Shu, H., Spaccapietra, S., and Quesada Sedas, D. 2003. Uncertainty of geographic information and its support in MADS. In: *Proceedings of the 2nd International Symposium on Spatial Data Quality*.

Smouse, P.E., Focardi, S., Moorcroft, P.R., Kie, J.G., Forester, J.D., and Morales, J.M. 2010. Stochastic modelling of animal movement. *Philosophical Transactions of the Royal Society B*, **365**, 2201–2211.

Song, C., Qu, Z., Blumm, N., and Barabási, A. L. 2009. Limits of predictability in human mobility. *Science*, **327**, 1018–1021.

Song, C., Koren, T., Wang, P., and Barabási, A.L. 2010. Modelling the scaling properties of human mobility. *Nature Physics*, **6**, 818–823.

Spaccapietra, S., Parent, C., Damiani, M.L., Macedo, J.A., Porto, F., and Vangenot, C. 2008. A conceptual view on trajectories. *Data & Knowledge Engineering*, **65**(1), 126–146.

Stange, H., Liebig, T., Hecker, D., Andrienko, G., and Andrienko, N. 2011. Analytical workflow of monitoring human mobility in big event settings using Bluetooth. Pages 51–58 of: *Proceedings of the 3rd ACM SIGSPATIAL International Workshop on Indoor Spatial Awareness*. ACM Press.

Tan, P.-N., Steinbach, M., and Kumar, V. 2005. *Introduction to Data Mining*. Addison-Wesley.

Tobler, W.R. 1987. Experiments in migration mapping by computer. *The American Cartographer*, **14**(2), 155–163.

Tomkiewicz, S.M., Fuller, M.R., Kie, J.G., and Bates, K.K. 2010. Global positioning system and associated technologies in animal behaviour and ecological research. *Philosophical Transaction Royal Society B*, **365**, 2163–2176.

Trajcevski, G. 2011. Uncertainty in spatial trajectories. Pages 63–107 of: Zheng, Y., and Zhou, X. (eds), *Computing with Spatial Trajectories*. Springer-Verlag.

Trajcevski, G., Wolfson, O., Hinrichs, K., and Chamberlain, S. 2004. Managing uncertainty in moving objects databases. *ACM Transactions on Database Systems*, **29**(3), 463–507.

Trasarti, R., Giannotti, F., Nanni, M., Pedreschi, D., and Renso, C. 2011. A query language for mobility data mining. *International Journal of Data Warehouse and Mining*, **7**(1), 24–45.

Tufte, E. 1990. *Envisioning Information*. Graphics Press.

Tukey, J.W. 1977. *Exploratory Data Analysis*. Addison-Wesley.

Turchin, P. 1998. *Quantitative analysis of movement*. Sinauer Associates, Inc.

Urbano, F., Cagnacci, F., Calenge, C., Cameron, A., and Neteler, M. 2010. Wildlife tracking data management: A new vision. *Philosophical Transactions of the Royal Society*, **365**, 2177–2186.

Vaisman, A., and Zimányi, E. 2009a. A multidimensional model representing continuous fields in spatial data warehouses. Pages 168–177 of: *Proceedings of the 17th ACM SIGSPATIAL International Symposium on Advances in Geographic Information Systems*. ACM Press.

Vaisman, A., and Zimányi, E. 2009b. What is spatio-temporal data warehousing? Pages 9–23 of: *Proceedings of the 11th International Conference on Data Warehousing and Knowledge Discovery*. LNCS 5691. Springer-Verlag.

Van der Spek, S., Van Schaick, J., De Bois, P., and De Haan, R. 2009. Sensing human activity: GPS tracking. *Sensors*, **9**(4), 3033–3055.

Versichele, M., Neutens, T., Delafontaine, M., and Van de Weghe, N. 2012. The use of Bluetooth for analysing spatiotemporal dynamics of human movement at mass events: A case study of the Ghent festivities. *Applied Geography*, **32**(2), 208–220.

Viswanathan, G.M., da Luz, M.G.E., Raposo, E.P., and Stanley, H.E. 2011. *The Physics of Foraging*. Cambridge University Press.

Wang, D., Pedreschi, D., Song, C., Giannotti, F., and Barabási, A.L. 2011. Human mobility, social ties, and link prediction. Pages 1100–1108 of: *Proceedings of the 17th ACM SIGKDD International Conference on Knowledge Discovery and Data Mining*. ACM Press.

Warf, B., and Sui, D. 2010. From GIS to neogeography: Ontological implications and theories of truth. *Annals of GIS*, **16**(4), 197–209.

Watts, D. J., and Strogatz, S. H. 1998. Collective dynamics of 'small-world' networks. *Nature*, **393**, 440.

Willems, N., Van De Wetering, H., and Van Wijk, J.J. 2009. Visualization of vessel movements. *Computer Graphics Forum*, **28**(3), 959–966.

Wood, Z., and Galton, A. 2009. Classifying Collective Motion. Pages 129–155 of: Gottfried, B., and Aghajan, H. (eds), *Behaviour Monitoring and Interpretation – BMI: Smart*

Environments. IOS Press.

Wood, Z., and Galton, A. 2010. Zooming in on collective motion. Pages 25–30 of: *Proceedings of the ECAI 2010 Workshop on Spatio-Temporal Dynamics*.

Xu, J., and Güting, R.H. 2013. A generic data model for moving objects. *GeoInformatica*, **17**(1): 125–172.

Yan, Z., Parent, C., Stefano, S. and Chakraborty, D. 2010. A hybrid model and computing platform for spatio-semantic trajectories. Pages 60–75 of: *Proceedings of the 7th International Conference on The Semantic Web: Research and Applications – Volume Part I*. LNCS 6088. Springer-Verlag.

Yan, Z., Chakraborty, D., Parent, C., Spaccapietra, S., and Aberer, K. 2011. SeMiTri: A framework for semantic annotation of heterogeneous trajectories. Pages 259–270 of: *Proceedings of the 14th International Conference on Extending Database Technology*. ACM Press.

词 汇 表

抽象模型（abstract model）：用无限集表示依赖时间的数据类型的模型。例如，与时间相关的点值表示为从时间到点值的函数。与抽象模型相对的概念是离散模型。

匿名化（anonymization）：对个人数据进行转换，以防止从其数据中被识别的过程。

关联规则（association rule）：表示数据集中频繁出现的变量之间的关系模式。

攻击模型（attack model）：攻击者试图发现某些敏感信息的能力。

攻击者（attacker）：未经授权的代理，其访问数据以推断有关人员的敏感信息。

单元格（cell）：在数据仓库中，包含要分析度量值的立方体的基本分解单元。每个单元格由一组坐标定义，立方体（cube）的每个维度都有一个坐标。单元格有时也称为事实（fact）。

分类（classification）：将实体与预定义类集中的类相关联的过程。在数据挖掘中，实体分类规则通常通过自动学习步骤直接从数据中推断出来。

隐藏算法（cloaked algorithm）：生成隐藏位置的算法。

隐藏位置（cloaked location）：为模糊移动对象的确切位置而定义的区域，也称为模糊位置。

聚类（clustering）：将一组实体分组为同质组的过程，称为集群，同一个集群中的实体具有共同的属性，即集群内实体的度量相似，而不同集群中实体的度量不同。

紧凑表达（compact representation）：时间依赖的数据类型的关系表达，其中每个时间依赖值都存储为单个元组中的单个属性值。

立方体（cube）：在数据仓库中，由单元格（cell）组成的多维数据结构，其中每个单元格（cell）包含一组度量。立方体用于实现在线分析处理（OLAP），有时也称超立方体或多维立方体。

数据挖掘（data mining）：一种知识发现过程，通过分析大量数据，识别可能对应用有价值的意外或未知的模式。

数据后处理（data postprocessing）：知识发现过程中的一个步骤，应用在数据挖掘算法提取模式后。此步骤通常包括模式评估、解释和可视化。

数据预处理（data preprocessing）：知识发现过程中的一个步骤，即在数据挖掘算法应用之前是数据准备。此步骤通常包括数据清理（减少数据中的噪声）

和数据准备（将数据格式化以便挖掘）。

数据仓库（data warehouse）：专门为支持决策过程而设计的数据存储库。在数据仓库中，信息在概念上表示为一个立方体（cube），其中包含根据维度和层次结构组织的事实（fact）和度量（measure）。

密度图（density map）：显示所覆盖空间区域内现象分布的地图。例如，给定区域中移动对象的分布可以表示为每个区域单位中对象的数量（即密度）。密度通常用颜色编码表示，其中，较亮的颜色对应于较高的密度。

维度（dimension）：在数据仓库中，维度具体化了用于分析事实的特定视角。例如，空间、时间和乘积是常用的维度。维度可以由层次结构组成。例如，时间维度可由小时、日、周、月和年等级别构成。

离散模型（discrete model）：有限表达时间相关数据类型的模型。例如，与时间相关的点值可以表示为 (x, y, t) 空间中的一条折线。离散模型与抽象模型相对应。

片段（episode）：轨迹的最大子序列，其中的所有时空位置都符合给定的谓词。例如，停止片段、移动片段和交通工具（步行、公共汽车、地铁、火车、私人汽车）片段等。

提取-转换-加载（ETL）：从一个或多个数据源填充数据仓库的过程，包括三个步骤：从数据源中提取数据、转换数据、将数据加载到数据仓库中。ETL 过程可以指定的频率刷新数据仓库，以保持其中的数据是最新的。

流（flow）：从同一位置开始并在同一位置结束的多个运动的集合。例如，通勤人数或运输货物的数量。流可以被视为连接两个位置的向量，并与一个或多个聚集属性（从聚集的单个移动派生）相关联。

流图（flow map）：地理空间中显示的流的制图表达。通常流由连接起点和终点位置的直线或曲线表达，其宽度与聚集属性的值成比例。或者，属性值通过不同级别的透明度或颜色编码来表达。

频繁模式（frequent pattern）：在数据挖掘中，数据集中频繁出现的一种模式。

模糊空间对象（fuzzy spatial object）：一种空间对象，其空间范围由一个隶属函数表示。该隶属函数确定对象范围内每个点的隶属度。空间对象边界的不精确造成了不确定性。例如，不可能确定地定义将山脉与下方山谷分开的线。空间对象的模糊性不同于概率性。

层次结构（hierarchy）：在数据仓库中，一组层次相关的维度级别，用于定义度量所需的聚合路径。

标识符（identifier）：在数据库中，其值唯一标识对象的属性（或属性组合）。例如，社会安全号码的每个值都唯一地标识与之关联的个人。标识符与准标识符相对应。

知识发现（knowledge discovery）：从数据中提取有用和重要知识的过程。它包括三个主要步骤：数据预处理、数据挖掘、数据后处理。当应用于轨迹数据时，它通常被称为移动性知识发现。

提升（lifting）：在时空数据库中，针对空间或时间依赖的参数类型，从基本数据类型派生出相应操作的一种技术。例如，一个计算两个固定点之间距离的函数被提升，以获得两个固定点或移动点之间的距离。

基于位置的服务（location-based service）：通过移动设备访问的信息服务，其利用移动用户的地理位置来生成用户查询的结果。

位置 k-匿名（location k-anonymity）：一种针对移动用户标识的隐私保护范式。如果用户的位置与至少 $k-1$ 个其他用户的位置无法区分，则该用户的位置是 k-匿名的。

位置预测（location prediction）：针对移动对象的预测模型，能够预测对象未来将访问的位置。模型通常根据用户历史的行为构建。

位置隐私（location privacy）：涉及个人位置信息保护的信息隐私问题。

地图匹配（map matching）：对于在网络内移动的对象，将记录对象的位置与网络的数字地图相结合，以获得对象在网络内的真实位置的过程。

度量（measure）：在数据仓库中，对立方体（cube）中的事实进行量化的一种测度。为了进行分析，沿立方体的维度聚集度量值。例如，可以沿着分店维度聚集表示产品在零售商店的给定分店中销售的价格的度量，以获得所有分店中产品的平均零售价格。

运动轨迹（movement track）：表示对象在整个运动期间的运动的原始数据序列。

在线分析处理（OLAP）：对数据仓库中包含的数据进行交互式分析。它包括一组操作：下钻、上卷、切片和切块等。

本体（ontology）：在计算机科学中，一个领域内一组概念的形式表达及这些概念之间的关系。形式表达使用推理机制来对本体进行逻辑推理。

起点-终点矩阵（OD-matrix）：以矩阵形式表示流，其中行和列对应于不同的位置，单元格包含来自各个轨迹属性的聚合值。

模式（pattern）：以概括的方式刻画一组数据的表达。在数据挖掘中，模式是一种模型，表示所分析数据集相对于某些标准的概括。另见"轨迹行为"。

兴趣点（POI）：在特定环境中感兴趣的位置。例如，纪念碑、旅馆和餐馆等。请注意，兴趣点是一个通用术语，并不一定意味着特定位置具有点的几何图形，也可以是一条线或一个区域。因此，它也可以称为兴趣位置。

隐私（privacy）：不可能根据存储的数据发现一个人的身份，并且保护个人敏感信息免受未经授权的披露。

设计隐私（privacy by design）：将隐私保护嵌入信息处理技术和系统的设计、操作和管理中的方法。

隐私增强技术（privacy-enhancing technologies）：用于保护信息隐私的信息和通信技术，也称隐私保护技术。

隐私个性化（privacy personalization）：用户对所请求的隐私类型和级别的偏好。

概率空间对象（probabilistic spatial object）：其范围由概率（或密度）函数表示的空间对象，函数确定给定点位于对象范围内的概率。这种不确定性是由于缺乏知识造成的，如在给定位置发生石油泄漏时，石油覆盖的海域面积。与其相对的概念是模糊空间对象。

准标识符（quasi-identifier）：从语用角度（可能使用外部来源）可以用来识别数据集中的一个人（或一群人）的一个或多个属性。例如，邮政编码和出生日期。与其相对的是标识符。

原始数据（raw data）：由传感设备捕获并传输至接收器的数据，其是一个时空位置序列。

原始轨迹（raw trajectory）：仅包含原始数据的轨迹。与其相对的是语义轨迹。

分段轨迹（segmented trajectory）：将轨迹分割成片段（根据时空位置属性计算的表达式的值）的一种轨迹语义表达。例如，可以根据瞬间静止或速度将轨迹分割为停止和移动片段。

语义轨迹（semantic trajectory）：记录语义信息的轨迹，其内容包括地理对象、事件、语义注释。与其相对的是原始数据。

敏感信息（sensitive information）：不应与个人身份相关联的个人数据，如医疗或工资数据，也称私人信息。

切片表达（sliced representation）：基于离散模型的时间相关类型的表达。在这种表达中，轨迹被分成由不相交的时间间隔定义的切片。切片内的轨迹由一个简单的函数（如一条直线）表达。

完好轨迹（sound trajectory）：经过预处理的轨迹，干净（即无噪声）、准确（即地图匹配）、紧凑（即压缩）。

时空立方体（STC）：以三维立方体的形式直观地表示空间和时间，其中二维表示空间，一维表示时间。在 STC 中，时空位置表示为点，轨迹表示为线。

时空棱镜（space-time prism）：在给定最大可能速度及时空点的起点和终点的情况下，移动物体可以到达的所有时空点的集合。时空棱镜可以表示运动物体在两个已知（测量）位置之间的不确定性。

稀疏采样运动数据（sparsely sampled movement data）：关于运动对象空间位置的数据，由于测量之间的时间间隔过大，测量之间的位置无法通过插值、地图匹配或其他方法可靠地重构。例如，移动电话的位置数据。

空间事件（spatial event）：在空间中具有特定位置的事件，但位置在事件存在期间不一定固定。事件是否被视为空间事件，取决于分析事件的空间尺度。

时空位置（spatio-temporal position）：运动物体在给定瞬间的位置，由包含至少两个数据（instant, point）的元组表示，其中 point 是二维（x, y）或三维（x, y, z）空间点。其他特征可以通过元组补充时空数据来表达。例如，即时速度或静止、方向、旋转、加速度，或已捕获或推断的语义标注（如活动或交通工具）。

时间依赖数据类型（time-dependent data type）：表示其值随时间变化的数据类型。例如，移动对象的位置由时间相关点表示。

轨迹（trajectory）：指定应用关注对象的一部分运动，由包含在对象生命周期内的时间间隔定义。轨迹两个端点的时空位置称为开始位置和结束位置。

轨迹行为（trajectory behavior）：表征某些轨迹的趋势。从数据管理的角度来看，轨迹行为是关于轨迹的布尔谓词，它依赖于轨迹的特征（如时空位置、片段）、轨迹场景数据（如与"停止"片段相关的地理对象属性值）及与地理对象、事件或其他移动对象的关系。例如，Loop 和 Flock 就是两类轨迹行为。轨迹行为也称轨迹模式。

轨迹聚类（trajectory clustering）：根据表征轨迹的一个或多个属性将一组轨迹划分为同质组的过程。这些属性可以是空间的（如起点、终点、长度）、时间的（如开始时间、结束时间、持续时间）或动态的（如时空位置、方向、某些时刻的速度）。

轨迹集体行为（trajectory collective behavior）：与一组轨迹相关的行为，即布尔谓词 $p(S)$，其中 S 是包含多个轨迹的一组轨迹。例如，Flock 轨迹行为。

轨迹压缩（trajectory compression）：通过移除尽可能多的时空位置，减少原始轨迹存储的数据大小的任务。前提是不扭曲轨迹趋势或扭曲数据集。

轨迹数据挖掘（trajectory data mining）：应用于一组轨迹数据的数据挖掘过程，也称为移动性数据挖掘。

轨迹数据仓库（trajectory data warehouse）：存储轨迹数据的数据仓库。

轨迹数据库（trajectory database）：存储轨迹数据的数据库，也称为移动对象数据库。

轨迹个体行为（trajectory individual behavior）：与一条轨迹相关的，即布尔谓词 $p(T)$，其中 T 表示一条轨迹。例如，Loop 轨迹行为。

轨迹插值（trajectory interpolation）：在两个记录的时空位置之间，重构运动对象最可能的时空位置。

单元表达（unit representation）：切片表达的关系实现，其中时间依赖值存储为一组元组，每个元组表示一个切片。

模糊空间对象（vague spatial object）：一种空间对象，其范围由核心部分的空间范围表达。其中，核心部分可以是对象的一部分，而推测部分的范围可以只包含对象的一部分。例如，野生动物的栖息地，其核心部分是已知的栖息地，而推测部分是我们假设属于野生动物的区域。与其相对的是概率空间对象。

可视化分析（visual analytics）：将自动分析技术与交互式可视化相结合的科学，用于在非常大和复杂的数据集基础上进行有效的理解、推理和决策。

作 者 索 引

主 题 索 引